普通高校电子信息类专业
基础课程思政案例集

电子信息基础课程虚拟教研室◎编著

清华大学出版社
北京

内 容 简 介

本书是一本涵盖电路分析基础、模拟电子技术、数字电路、信号与系统、电磁场与电磁波5门电子信息类基础课程，以及创新创业实践课程的思政案例集。

全书共7章。第1章是引言，对编写本书的目的以及本书的内容进行简单介绍，并给出涵盖的5门课程之间的关系。第2～6章分别给出了5门课程理论及实验的思政案例，这几章的第一节都对课程进行了简单介绍，并给出了课程知识图谱。第7章介绍了创新创业课程的思政案例。书中的每个案例都围绕知识图谱中的知识点进行设计，由案例简介与教学目标、案例教学设计、教学效果及反思三部分组成。在案例教学设计部分，从教学内容、思政元素融入点、融入方式3方面给出详细的教案。

本书适合作为高校电子信息类专业的教材，也可供其他相关专业的教师参考，为教师更好地进行课程思政建设提供借鉴和思路。

版权所有，侵权必究。举报: 010-62782989, beiqinquan@tup.tsinghua.edu.cn。

图书在版编目（CIP）数据

普通高校电子信息类专业基础课程思政案例集 / 电子信息基础课程虚拟教研室编著. -- 北京: 清华大学出版社，2024. 11. -- ISBN 978-7-302-67697-3

Ⅰ. TN; G641

中国国家版本馆CIP数据核字第2024RU5804号

策划编辑：刘　星
责任编辑：李　锦
封面设计：李召霞
责任校对：王勤勤
责任印制：丛怀宇

出版发行：清华大学出版社
网　　址：https://www.tup.com.cn, https://www.wqxuetang.com
地　　址：北京清华大学学研大厦A座　　邮　编：100084
社 总 机：010-83470000　　邮　购：010-62786544
投稿与读者服务：010-62776969, c-service@tup.tsinghua.edu.cn
质量反馈：010-62772015, zhiliang@tup.tsinghua.edu.cn
课件下载：https://www.tup.com.cn, 010-83470236

印 装 者：三河市铭诚印务有限公司
经　　销：全国新华书店
开　　本：186mm×240mm　　印　张：17　　字　数：382千字
版　　次：2024年12月第1版　　印　次：2024年12月第1次印刷
印　　数：1～1500
定　　价：69.00元

产品编号：104321-01

前言

课程思政建设是高等教育的重要内容之一,如何在课程教学中融入思政元素是教师需要深入思考和研究的问题之一。基于此,教育部电子信息基础课程虚拟教研室经过近两年的交流、探讨、研究,针对本教研室涵盖的课程,整理了相关的课程思政教学案例,并集成出版,供广大教师参考。

本书共 7 章,各章按照一般本科培养计划的开课前后顺序安排,第 1 章是引言,第 2 章到第 7 章分别是电路分析基础、模拟电子技术、数字电路、信号与系统、电磁场与电磁波及创新创业实践课程,其中,除信号与系统和创新创业实践课程外,其他课程都有理论教学和实验教学的案例,且每章均有 10 个左右的案例,每章的案例顺序是先理论后实验,内容按照其在课程中的前后顺序排列。所有的案例都按照课程知识图谱的相关知识单元进行设计,思政元素则涵盖科学思维、分析能力、科学精神、人文素养、职业道德、工匠精神、家国情怀、辩证观、科学观、人生观、价值观等方面。为了方便教师参考和借鉴,每个案例都给出针对知识单元的详细教案,包含教学内容、思政元素融入点、融入方式 3 部分,且与知识点一一对应。

本书由教育部电子信息基础课程虚拟教研室编写完成,参与编写的学校有北京邮电大学、华北电力大学、北京科技大学、北京电子科技学院、西北师范大学、烟台大学、山东大学、同济大学、江苏理工学院、河北工业大学、中国计量大学、青岛理工大学、扬州大学、德州学院共 14 所高校,参与编写的教师近 60 位。其中,北京邮电大学俎云霄老师编写了第 1 章,北京邮电大学俎云霄老师、北京电子科技学院靳济方老师和北京科技大学冯涛老师对第 2 章进行了审阅整理,烟台大学孙元平老师和华北电力大学刘向军老师对第 3 章进行了审阅整理,北京邮电大学孙文生老师对第 4 章进行了审阅整理,北京邮电大学李巍海和俎云霄老师对第 5 章进行了审阅整理,北京邮电大学张洪欣老师和杨雷静老师对第 6 章进行了审阅整理,北京邮电大学崔岩松和高英老师对第 7 章进行了审阅整理,在此向所有参与编写的老师表示感谢! 全书由北京邮电大学俎云霄老师统稿。

本书由教育部电子信息类专业教学指导委员会副主任委员、教育部产学合作协同育人专家组成员、北京大学王志军教授,北京邮电大学电子工程学院党委书记李学明教授,北京邮电大学电子工程学院学术分委员会主任刘元安教授审阅。3 位教授对本书提出了宝贵的修改意见,在此向他们表示衷心的感谢!

  更多思政案例,可以在清华大学官方网站本书页面下载,或者扫描封底的"书圈"二维码在公众号下载。

  由于编者水平有限,书中难免存在错漏或不妥之处,恳切希望同行专家、学者及读者提出宝贵意见,以便今后改进。

编 者
2024 年 8 月

目录

第 1 章　引言 …………………………………………………………………………… 1

第 2 章　电路分析基础 ………………………………………………………………… 3
 2.1　电路分析基础课程简介 ………………………………………………………… 3
 2.2　电阻元件 ………………………………………………………………………… 5
  2.2.1　案例简介与教学目标 …………………………………………………… 5
  2.2.2　案例教学设计 …………………………………………………………… 5
  2.2.3　教学效果及反思 ………………………………………………………… 8
 2.3　电容元件和电感元件 …………………………………………………………… 8
  2.3.1　案例简介与教学目标 …………………………………………………… 8
  2.3.2　案例教学设计 …………………………………………………………… 9
  2.3.3　教学效果及反思 ………………………………………………………… 11
 2.4　叠加定理——分而行之,叠而共赢 …………………………………………… 11
  2.4.1　案例简介与教学目标 …………………………………………………… 11
  2.4.2　案例教学设计 …………………………………………………………… 12
  2.4.3　教学效果及反思 ………………………………………………………… 15
 2.5　戴维南定理 ……………………………………………………………………… 15
  2.5.1　案例简介与教学目标 …………………………………………………… 15
  2.5.2　案例教学设计 …………………………………………………………… 15
  2.5.3　教学效果及反思 ………………………………………………………… 19
 2.6　最大功率传输定理 ……………………………………………………………… 20
  2.6.1　案例简介与教学目标 …………………………………………………… 20
  2.6.2　案例教学设计 …………………………………………………………… 20
  2.6.3　教学效果及反思 ………………………………………………………… 22
 2.7　三要素法 ………………………………………………………………………… 22

	2.7.1 案例简介与教学目标 ································· 22
	2.7.2 案例教学设计 ····································· 23
	2.7.3 教学效果及反思 ··································· 25

2.8 相量法的概念 ··· 26
    2.8.1 案例简介与教学目标 ································· 26
    2.8.2 案例教学设计 ····································· 26
    2.8.3 教学效果及反思 ··································· 27

2.9 RLC 串联电路的谐振 ·· 28
    2.9.1 案例简介与教学目标 ································· 28
    2.9.2 案例教学设计 ····································· 29
    2.9.3 教学效果及反思 ··································· 33

2.10 基本电子元器件认知与工程应用 ······························ 34
    2.10.1 案例简介与教学目标 ································ 34
    2.10.2 案例教学设计 ···································· 34
    2.10.3 教学效果及反思 ·································· 37

2.11 一阶 RC 电路"非正常"现象研究 ······························ 38
    2.11.1 案例简介与教学目标 ································ 38
    2.11.2 案例教学设计 ···································· 38
    2.11.3 教学效果及反思 ·································· 44

2.12 使用继电器实现的 Boost 升压电路设计 ························ 44
    2.12.1 案例简介与教学目标 ································ 44
    2.12.2 案例教学设计 ···································· 45
    2.12.3 教学效果及反思 ·································· 48

参考文献 ·· 48

第 3 章 模拟电子技术 ··· 49

3.1 模拟电子技术课程简介 ······································ 49
3.2 半导体基础知识 ··· 50
    3.2.1 案例简介与教学目标 ································· 50
    3.2.2 案例教学设计 ····································· 51
    3.2.3 教学效果及反思 ··································· 54

3.3 晶体三极管的电流放大原理 ·································· 54
    3.3.1 案例简介与教学目标 ································· 54
    3.3.2 案例教学设计 ····································· 55
    3.3.3 教学效果及反思 ··································· 59

3.4 放大电路静态工作点的稳定问题 ······························ 60

3.4.1　案例简介与教学目标 ······ 60
　　　3.4.2　案例教学设计 ······ 61
　　　3.4.3　教学效果及反思 ······ 69
3.5　晶体管单管放大电路的3种基本接法 ······ 69
　　　3.5.1　案例简介与教学目标 ······ 69
　　　3.5.2　案例教学设计 ······ 70
　　　3.5.3　教学效果及反思 ······ 76
3.6　反馈的基本概念及判断方法 ······ 76
　　　3.6.1　案例简介与教学目标 ······ 76
　　　3.6.2　案例教学设计 ······ 77
　　　3.6.3　教学效果及反思 ······ 79
3.7　集成运算放大器 ······ 79
　　　3.7.1　案例简介与教学目标 ······ 79
　　　3.7.2　案例教学设计 ······ 80
　　　3.7.3　教学效果及反思 ······ 85
3.8　比例运算电路 ······ 85
　　　3.8.1　案例简介与教学目标 ······ 85
　　　3.8.2　案例教学设计 ······ 86
　　　3.8.3　教学效果及反思 ······ 91
3.9　直流稳压电源 ······ 91
　　　3.9.1　案例简介及教学目标 ······ 91
　　　3.9.2　案例教学设计 ······ 91
　　　3.9.3　教学效果及反思 ······ 94
3.10　常用仪器的使用与共射极单管放大电路性能指标测试 ······ 95
　　　3.10.1　案例简介与教学目标 ······ 95
　　　3.10.2　案例教学设计 ······ 96
　　　3.10.3　教学效果及反思 ······ 97
3.11　输出可调的直流稳压电源实验 ······ 98
　　　3.11.1　案例简介与教学目标 ······ 98
　　　3.11.2　案例教学设计 ······ 99
　　　3.11.3　教学效果及反思 ······ 102
3.12　集成运算放大电路的分析与设计 ······ 103
　　　3.12.1　案例简介与教学目标 ······ 103
　　　3.12.2　案例教学设计 ······ 104
　　　3.12.3　教学效果及反思 ······ 110
参考文献 ······ 110

第 4 章　数字电路 …………………………………………………………………… 111

4.1　数字电路课程简介 ………………………………………………………… 111
4.2　进位计数制 ………………………………………………………………… 113
  4.2.1　案例简介与教学目标 ……………………………………………… 113
  4.2.2　案例教学设计 ……………………………………………………… 113
  4.2.3　教学效果及反思 …………………………………………………… 117
4.3　逻辑函数的表示方法 ……………………………………………………… 117
  4.3.1　案例简介与教学目标 ……………………………………………… 117
  4.3.2　案例教学设计 ……………………………………………………… 118
  4.3.3　教学效果及反思 …………………………………………………… 122
4.4　二极管逻辑门电路 ………………………………………………………… 123
  4.4.1　案例简介与教学目标 ……………………………………………… 123
  4.4.2　案例教学设计 ……………………………………………………… 123
  4.4.3　教学效果及反思 …………………………………………………… 128
4.5　TTL 与非门 ………………………………………………………………… 128
  4.5.1　案例简介与教学目标 ……………………………………………… 128
  4.5.2　案例教学设计 ……………………………………………………… 128
  4.5.3　教学效果及反思 …………………………………………………… 132
4.6　钟控触发器 ………………………………………………………………… 132
  4.6.1　案例简介与教学目标 ……………………………………………… 132
  4.6.2　案例教学设计 ……………………………………………………… 133
  4.6.3　教学效果及反思 …………………………………………………… 136
4.7　时序逻辑电路 ……………………………………………………………… 136
  4.7.1　案例简介与教学目标 ……………………………………………… 136
  4.7.2　案例教学设计 ……………………………………………………… 137
  4.7.3　教学效果及反思 …………………………………………………… 140
4.8　移位寄存器在加密算法硬件实现中的应用 ……………………………… 141
  4.8.1　案例简介与教学目标 ……………………………………………… 141
  4.8.2　案例教学设计 ……………………………………………………… 141
  4.8.3　教学效果及反思 …………………………………………………… 143
4.9　存储器及其应用 …………………………………………………………… 144
  4.9.1　案例简介与教学目标 ……………………………………………… 144
  4.9.2　案例教学设计 ……………………………………………………… 144
  4.9.3　教学效果及反思 …………………………………………………… 148
4.10　FPGA 及其应用 …………………………………………………………… 148

4.10.1 案例简介与教学目标 ……………………………………………… 148
    4.10.2 案例教学设计 …………………………………………………… 148
    4.10.3 教学效果及反思 ………………………………………………… 152
  4.11 数模转换器 ……………………………………………………………… 152
    4.11.1 案例简介与教学目标 ……………………………………………… 152
    4.11.2 案例教学设计 …………………………………………………… 153
    4.11.3 教学效果及反思 ………………………………………………… 158
  4.12 模数转换器 ……………………………………………………………… 158
    4.12.1 案例简介与教学目标 ……………………………………………… 158
    4.12.2 案例教学设计 …………………………………………………… 159
    4.12.3 教学效果及反思 ………………………………………………… 164
  4.13 精简指令集 CPU 设计 …………………………………………………… 164
    4.13.1 案例简介与教学目标 ……………………………………………… 164
    4.13.2 案例教学设计 …………………………………………………… 165
    4.13.3 教学效果及反思 ………………………………………………… 169
  4.14 随机数生成电路的设计与实现 …………………………………………… 170
    4.14.1 案例简介与教学目标 ……………………………………………… 170
    4.14.2 案例教学设计 …………………………………………………… 170
    4.14.3 教学效果及反思 ………………………………………………… 174

第 5 章 信号与系统 ……………………………………………………………… 175
  5.1 信号与系统课程简介 ……………………………………………………… 175
  5.2 周期信号的傅里叶级数 …………………………………………………… 176
    5.2.1 案例简介与教学目标 ……………………………………………… 176
    5.2.2 案例教学设计 …………………………………………………… 177
    5.2.3 教学效果及反思 ………………………………………………… 181
  5.3 抽样信号的频谱分析与抽样定理 ………………………………………… 182
    5.3.1 案例简介与教学目标 ……………………………………………… 182
    5.3.2 案例教学设计 …………………………………………………… 182
    5.3.3 教学效果及反思 ………………………………………………… 186
  5.4 系统的无失真传输 ………………………………………………………… 186
    5.4.1 案例简介与教学目标 ……………………………………………… 186
    5.4.2 案例教学设计 …………………………………………………… 186
    5.4.3 教学效果及反思 ………………………………………………… 189
  5.5 理想低通滤波器 …………………………………………………………… 190
    5.5.1 案例简介与教学目标 ……………………………………………… 190

    5.5.2 案例教学设计 ··· 190
    5.5.3 教学效果及反思 ··· 193
  5.6 调制与解调 ·· 193
    5.6.1 案例简介与教学目标 ······································· 193
    5.6.2 案例教学设计 ··· 194
    5.6.3 教学效果及反思 ··· 197
  5.7 通信中的频分复用 ··· 197
    5.7.1 案例简介与教学目标 ······································· 197
    5.7.2 案例教学设计 ··· 197
    5.7.3 教学效果及反思 ··· 199
 参考文献 ··· 200

第 6 章 电磁场与电磁波 ··· 201

  6.1 电磁场与电磁波课程简介 ·· 201
  6.2 接地电阻 ·· 202
    6.2.1 案例简介与教学目标 ······································· 202
    6.2.2 案例教学设计 ··· 203
    6.2.3 教学效果及反思 ··· 209
  6.3 麦克斯韦方程组 ··· 209
    6.3.1 案例简介与教学目标 ······································· 209
    6.3.2 案例教学设计 ··· 209
    6.3.3 教学效果及反思 ··· 212
  6.4 磁场力的计算 ··· 213
    6.4.1 案例简介与教学目标 ······································· 213
    6.4.2 案例教学设计 ··· 213
    6.4.3 教学效果及反思 ··· 217
  6.5 电磁波的极化 ··· 217
    6.5.1 案例简介与教学目标 ······································· 217
    6.5.2 案例教学设计 ··· 217
    6.5.3 教学效果及反思 ··· 222
  6.6 有耗媒质中电磁波的传播 ·· 222
    6.6.1 案例简介与教学目标 ······································· 222
    6.6.2 案例教学设计 ··· 223
    6.6.3 教学效果及反思 ··· 225
  6.7 电磁辐射 ·· 225
    6.7.1 案例简介与教学目标 ······································· 225

    6.7.2 案例教学设计 …… 226
    6.7.3 教学效果及反思 …… 233
  6.8 位移电流 …… 233
    6.8.1 案例简介与教学目标 …… 233
    6.8.2 案例教学设计 …… 234
    6.8.3 教学效果及反思 …… 237
  6.9 电偶极子的辐射 …… 237
    6.9.1 案例简介与教学目标 …… 237
    6.9.2 案例教学设计 …… 237
    6.9.3 教学效果及反思 …… 242
  6.10 电磁波反射与折射实验 …… 242
    6.10.1 案例简介与教学目标 …… 242
    6.10.2 案例教学设计 …… 243
    6.10.3 教学效果及反思 …… 246
  参考文献 …… 246

第 7 章 创新创业实践 …… 248

  7.1 电子电路创新设计课程 …… 248
    7.1.1 课程简介与教学目标 …… 248
    7.1.2 案例蕴含的思政元素分析 …… 249
    7.1.3 案例整体设计 …… 250
    7.1.4 教学实施过程 …… 252
    7.1.5 教学反思 …… 253
  7.2 创新设计与工程实践课程 …… 253
    7.2.1 课程简介与教学目标 …… 253
    7.2.2 案例蕴含的思政元素分析 …… 254
    7.2.3 案例整体设计 …… 254
    7.2.4 教学实施过程 …… 259
    7.2.5 教学反思 …… 259

第 1 章

引 言

　　课程思政是高等教育的重要方面之一,将思政元素融入课程教学,使学生在学习知识、培养能力的同时,树立正确的世界观、人生观、价值观是课程教学的重要目标之一。然而,如何进行课程思政建设,以及如何在课程教学中无缝融入思政元素、对学生进行思政教育是教师面临的主要问题,也是教师需要研究的问题之一。

　　教育部于 2020 年发布了《高等学校课程思政建设指导纲要》,该文件给出了课程思政建设的指导性意见,要求结合专业特点分类推进课程思政建设。对于专业教育课程,要根据不同学科专业的特色和优势,深入研究不同专业的育人目标,深度挖掘提炼专业知识体系中所蕴含的思想价值和精神内涵,科学合理拓展专业课程的广度、深度和温度,从课程所涉专业、行业、国家、国际、文化、历史等角度,增加课程的知识性、人文性,提升引领性、时代性和开放性。对于专业实验实践课程,要注重学思结合、知行统一,增强学生勇于探索的创新精神、善于解决问题的实践能力;对于创新创业教育课程,要注重让学生"敢闯会创",在亲身参与中增强创新精神、创造意识和创业能力。

　　专业基础课程是各学科专业教育课程中最重要的课程,因此专业基础课程的思政建设在整个本科教学过程中尤为重要,而作为与科技前沿技术发展密切相关的电子信息类专业基础课程更需要加强课程思政建设。《高等学校课程思政建设指导纲要》中指出,对于理学、工学类专业课程,要在课程教学中把马克思主义立场观点方法的教育与科学精神的培养结合起来,提高学生正确认识问题、分析问题和解决问题的能力。工学类专业课程,要注重强化学生工程伦理教育,培养学生精益求精的大国工匠精神,激发学生科技报国的家国情怀和使命担当。

　　电子信息类专业面向先进科技,并与国民经济和社会发展需要密切相关,要培养学生具备良好的道德修养、人文素养,高尚的职业道德和强烈的社会责任感等综合素质;本科教育,不仅使学生具有数理基础、专业知识、实践能力和创新精神,而且还具备自学能力、管理能力、团队精神、现代科学意识和国际视野,能够胜任电子信息领域的前沿科学研究,并能承担推动社会、经济、科技可持续发展的责任。

　　教育部电子信息基础课程虚拟教研室涵盖电子信息类专业的主要专业基础课,包括电路分析基础、模拟电子技术、数字电路、信号与系统、电磁场与电磁波理论和实验课程,以及创新创业实践课程，这些课程逻辑关系如图 1-1 所示。这些课程具有概念多、定理定律多、分析方法多，与物理、数学联系紧密，并涉及工程应用的特点，因此要根据课程特点进行课程思政的设计。

图 1-1　课程逻辑关系

电子信息基础课程虚拟教研室涵盖的这些课程全部为国家级一流课程。教研室的教师认真学习《高等学校课程思政建设指导纲要》，并深刻领会精神，积累了很多在课程教学中融入思政元素的案例，为了给电子信息、电气工程、自动化、人工智能等专业教师提供参考和借鉴，助力其更好地进行课程思政建设和教学，故选择部分优秀案例出版。

电子信息基础课程虚拟教研室建立了各门课程的知识图谱，每个案例都围绕知识图谱中的知识点进行思政案例的设计，所以，这更方便教师使用及借鉴。每个案例都由三大部分组成，分别是案例简介与教学目标、案例教学设计、教学效果及反思。在案例简介与教学目标部分，从知识传授、能力培养、价值塑造 3 个层面给出教学目标；在案例教学设计部分，按照教学内容、思政元素融入点、融入方式 3 方面给出详细的教案。

第 2 章 电路分析基础

2.1 电路分析基础课程简介

电路分析基础是电子信息类、电气工程类、人工智能类、计算机科学与技术类等学科的专业基础课程,也是学生接触最早的一门专业基础课程。该门课程概念多,定理、定律多,分析方法多,而且内容前后联系紧密、系统性强、逻辑严密,所以对初次接触的学习者来说有一定的难度。这就要求教师在授课过程中注重夯实基本概念、基本定理和基本分析方法,并说明其内涵,同时注重课程知识体系的梳理。

通过学习本课程,学生不仅能够掌握电路分析的基本概念、基本原理和基本分析方法,还能够分析具有一定复杂度的电路,了解电路的基本功能和应用。本课程能够培养学生的科学精神、严谨态度、工程观点、创新意识和能力以及正确的人生观和价值观,使学生了解不断探索学习新知识的必要性。

电路分析基础课程的主要内容包括电路模型和电路元件、电路分析方法、电路定理、动态电路、正弦稳态电路、非正弦周期稳态电路、三相电路、电路的频率特性、耦合电感电路、二端口网络及非线性电路。电路分析基础知识图谱如图 2-1-1 所示。

针对本课程的一些重要知识点,设计理论与实验课的教学思政案例,涵盖的知识点有:电阻元件、元件电容和电感元件、叠加定理、戴维南定理、最大功率传输定理、三要素法、相量法的概念、RLC 串联电路的谐振、基本电子元器件认知与工程应用、一阶 RC 电路"非正常"现象研究、使用继电器实现的 Boost 升压电路设计。

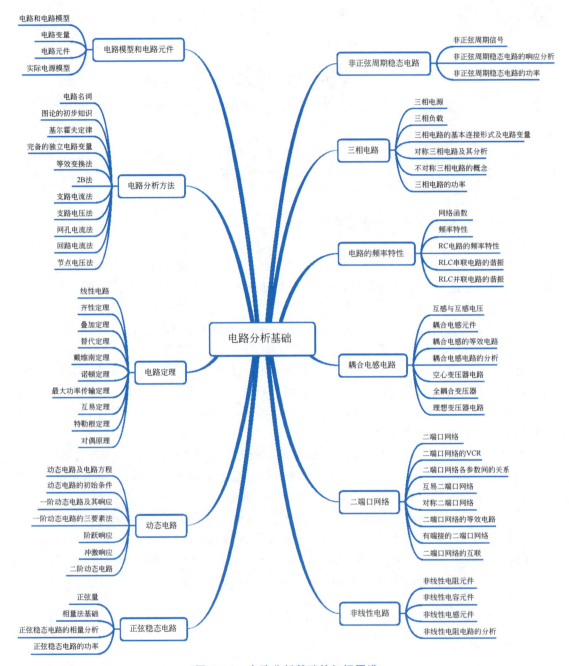

图 2-1-1 电路分析基础的知识图谱

2.2 电阻元件[①]

2.2.1 案例简介与教学目标

本内容属于课程的第一部分内容——电路模型和电路元件,主要介绍电阻元件的外部特性、电阻元件的功率、电阻元件的分类及应用。本部分的教学目标如下。

1. 知识传授层面

(1) 了解电阻元件的定义。
(2) 掌握电阻元件的分类。
(3) 掌握线性电阻元件与非线性电阻元件的外部特性。
(4) 会运用线性电阻元件的外部特性关系和功率计算式,求解线性电阻元件的电压、电流及功率。

2. 能力培养层面

(1) 培养学生分析问题的能力。
(2) 培养学生仿真实验的能力。
(3) 培养学生将理论知识应用于实际工程的能力。

3. 价值塑造层面

(1) 培养学生的安全意识。
(2) 培养学生勇于创新的科学精神。
(3) 培养学生的国家安全观意识。

2.2.2 案例教学设计

1. 教学方法

由于学生在中学物理电学部分对本部分内容有所接触,所以教师讲授时重点讲解电路分析中关于电阻元件的理论知识及应用。按照电路元件的表征、电阻元件的定义、电阻元件的分类介绍电阻元件的基本知识;通过电阻元件的新发现了解电阻元件的科学发展前沿;通过实际应用加强认知;通过 Multisim 仿真演示加深理解。在电路元件的表征、科学新发现——忆阻器简介、实际应用、仿真演示 4 部分融入思政元素。

> **思政元素融入点**
>
> 电路分析中对元件关注的都是其外部特性,不关注元件的材料等细节,体现利用哲学整体观的科学研究方法。
>
> **融入方式**
>
> 通过介绍电路元件在电路分析过程中的表征方式都是只关注其外部特性,引出此类问题只关注整体特性而忽略细节的研究方法。

2. 详细教案

教学内容

1) 电路元件的表征

电路中的元件都被看作黑箱,即将元件看成具有一个

[①] 完成人:北京电子科技学院,靳济方。

或多个对外可测端子的黑箱,不关心其内部特性,只关心其外部特性。元件的外部特性被称作元件的 $u\text{-}i$ 关系(或 VCR),通常有两种表示形式:①数学表达式;②特性曲线。

> **思政元素融入点**
> 华裔科学家蔡少棠不墨守成规,敢于创新,利用电磁场理论发表的关于"忆阻器"论文得出,在某种情况下"电阻是有记忆的"。培养学生敢于创新的科学精神。
>
> **融入方式**
> 通过电阻元件以往的无记忆特征,介绍 21 世纪的新研究成果——忆阻器,电阻在某种情况下也可以有记忆。同时鼓励学生现在打好基础,为将来的创新提供知识支撑。

2) 电阻的定义

任何一个元件,如果在任一时刻,u 与 i 之间存在代数关系 $f(u,i)=0$,即这一关系可以由 $u\text{-}i$(或 $i\text{-}u$)平面上的一条曲线所决定,则称此元件为电阻元件。

3) 科学新发现——忆阻器简介

新研究导入:科学结论有的时候并不是一成不变的,只是在某些条件的约束下人们没有认识到其他的结论而已。几十年前,有研究人员发表的论文中介绍"电阻是有记忆的,这样的电阻被称为'忆阻器'"。

1971 年,华裔科学家蔡少棠(见图 2-2-1)教授提出了"忆阻器"的概念。

蔡少棠先生根据 i、u、ψ、q 之间已有的关系(如图 2-2-2 所示),预言 ψ、q 之间应该能够建立起联系,并进行研究,从而提出了忆阻器($M=\mathrm{d}\phi/\mathrm{d}q$)的概念。

图 2-2-1 华裔科学家蔡少棠

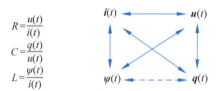

图 2-2-2 i、u、ψ、q 之间的关系

4) 线性电阻元件

(1) 线性电阻元件的电压、电流关系。

当电压、电流采用关联参考方向时:

$$u(t)=Ri(t) \quad 或 \quad i=Gu$$

当电压、电流采用非关联参考方向时:

$$u(t)=-Ri(t) \quad 或 \quad i=-Gu$$

(2) 电阻的功率和能量。

功率: $p(t)=u(t)i(t)=Ri^2(t)=\dfrac{u^2(t)}{R}$($u$,$i$ 为关联参考方向)。

能量: $w(t)=\displaystyle\int_{-\infty}^{t} p(\tau)\mathrm{d}\tau$。

(3) 电阻功率的应用。

提问：电阻吸收的功率都做什么了？

答：热效应、光效应。

正面应用：电炉、电烙铁、灯泡等。

负面应用：绝缘皮老化、漏电、火灾。

所以，尽量避免负面应用。

5) 实际应用

(1) 限流电阻（见图 2-2-3）。

> **思政元素融入点**
> 　　帮助学生运用专业知识建立安全意识。
> **融入方式**
> 　　介绍电阻功率的负面应用案例，提醒学生可以运用专业知识来避免用电的安全隐患。

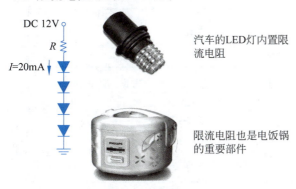

图 2-2-3　限流电阻

(2) 芯片的威胁——功耗分析（见图 2-2-4）。

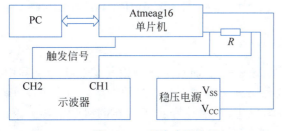

图 2-2-4　芯片功耗分析

(3) 非线性电阻的应用。

非线性电阻可以实现整流、稳压等功能，如图 2-2-5 所示。

> **思政元素融入点**
> 　　利用电阻对芯片进行功耗分析的案例，说明目前电路设计的一些问题，并激励学生努力学习专业知识，激发学生对科研探究的兴趣及将来为国家科技发展贡献一份力量的决心。
> **融入方式**
> 　　引入教师科研中利用电阻对芯片进行功耗分析的案例，介绍芯片功耗分析时采样电阻的作用，进而引申到目前我国的芯片技术还有一些问题需要解决。

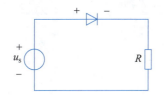

图 2-2-5　利用二极管单向性的整流电路

其中：$u_s(t) = \sqrt{2}U\sin(\omega t)$。

思政元素融入点

通过仿真验证理论分析的结论是否正确,体现了"实践是检验真理的唯一标准",体现了马克思主义哲学中理论与实践的统一。向学生介绍此研究方式通常运用于科学研究中。

融入方式

先通过理论分析原电路中二极管的单向导电性的作用,再通过仿真软件来验证理论分析的结果:没接入二极管时,电阻输出波形与原波形一样;接入二极管,原来的交流信号就被进行了半波整流。这就是非线性电阻不同于线性电阻的功能之一。

6) 仿真演示

应用 Multisim 进行仿真演示。

没接入二极管的仿真电路输出波形如图 2-2-6 所示,接入二极管整流的仿真电路输出波形如图 2-2-7 所示。

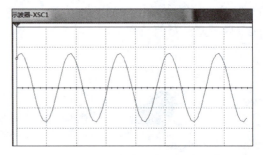

图 2-2-6　没接入二极管的仿真电路输出波形

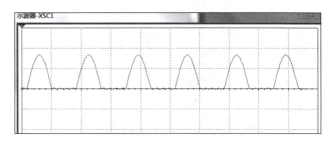

图 2-2-7　接入二极管整流的仿真电路输出波形

2.2.3　教学效果及反思

本次教学不仅让学生学到电阻元件的相关知识,而且了解理论知识在实际工程中的应用,培养学生分析问题的能力和科学的思维方式。教师在教学过程中融入 4 个思政元素,让学生知道在专业知识和理论中蕴含着哲学思想、方法论和勇于创新的科学精神。因此,本次课能让学生在知识、能力和素质方面受到全面的培养。

对于工程应用部分,如果现场播放电阻短路时的安全事故视频,更能培养学生的用电安全意识。随着学生对 Multisim 仿真软件使用的日渐熟悉,后续课堂涉及仿真验证部分的内容,教师可启发学生自行验证结论,学生印象会更深刻。

2.3　电容元件和电感元件[①]

2.3.1　案例简介与教学目标

本部分内容属于整门课程的第一部分,主要介绍电容元件和电感元件的电压电流关

---

① 完成人:烟台大学,娄树理。

系、作用和性质、功率和储能。本部分的教学目标如下。

1. 知识传授层面

（1）掌握电容元件和电感元件的电压电流关系。
（2）理解并掌握电容元件和电感元件在直流激励下的作用和连续性、记忆性。
（3）掌握电容元件和电感元件的功率和储能。

2. 能力培养层面

（1）学习电容元件、电感元件的相关知识，培养学生分析问题的科学思维方法和推理能力。
（2）联系电容、电感的应用实例，培养学生运用理论知识分析实际问题的能力。

3. 价值塑造层面

（1）培养学生的安全意识和环保意识。
（2）使学生树立正确的人生观、价值观。
（3）培养学生科学、辩证的思维方式和观点。

2.3.2 案例教学设计

1. 教学方法

本部分内容按照实例引入、知识逐层展开、重点知识讲解进行教学设计，并在知识传授过程中融入思政元素。

2. 详细教案

教学内容

1）电容元件的概念及电压电流关系

（1）概念。

电容元件是电容器的理想化模型，是用来表征电路中电场能存储性质的理想元件。图 2-3-1 是超级电容车进站充电的场景。

> **思政元素融入点**
>
> 电容元件的引出：
>
> 引出现实中的超级电容车，培养学生理论联系实际的能力，增强学生的民族自豪感和环保意识。
>
> **融入方式**
>
> 由电容的基本概念引出实际电容器，展示中国自主研发的上海超级电容车充电的场景，增强学生的民族自豪感。超级电容车绿色环保，可以节省能源，培养学生的低碳环保意识。

图 2-3-1 超级电容车进站充电的场景

理想线性电容元件存储的电荷 q 与其端电压 u 成正比，即 $q=Cu$。

（2）电压电流关系。

在 u、i 为关联参考方向时：

$$i = \frac{dq}{dt} = \frac{d(Cu)}{dt} = C\frac{du}{dt}$$

2）电容元件的作用和性质

（1）电容元件具有隔断直流的作用。

（2）电容元件具有记忆性质。

电容元件的电压为

$$u(t) = \frac{1}{C}\int_{-\infty}^{0} i(\xi)d\xi + \frac{1}{C}\int_{0}^{t} i(\xi)d\xi$$

$$= u(0) + \frac{1}{C}\int_{0}^{t} i(\xi)d\xi$$

（3）电容电压具有连续性。

在电容电流为有界值的情况下，电容电压不能跃变，即 $u(t_{0+}) = u(t_{0-})$。

3）电容元件的储能和功率

功率：$p(t) = u(t)i(t)$。

储能：

$$w_C(t) = \int_0^t p\,dt = \int_0^t Cu\frac{du}{dt}dt$$

$$= \int_0^t Cu\,du = \frac{1}{2}Cu^2$$

图 2-3-2 展示了击穿的电解电容。

图 2-3-2　击穿的电解电容

4）电感元件的电压电流关系和性质

（1）概念。

电感元件是电感器的理想化模型，是用来表征电路中磁场能存储性质的理想元件。

（2）电压电流关系。

在 u、i 为关联参考方向时：

$$u = \frac{d(Li)}{dt} = L\frac{di}{dt}$$

思政元素融入点

由电容电压的连续性推导出电容电压不会发生跃变，引导学生思考连续性对于生活的启示。

融入方式

带领学生一起分析、推导，由此得出结论。由电容电压的连续性，引导学生正确认识成功路上没有捷径，需要持续努力和坚持奋斗，不断积累和成长，才能取得成功。

思政元素融入点

通过电容元件的充电和放电过程，培养学生正确的价值观。

通过对电容元件额定电压的讲解，引导学生建立安全意识和严谨的职业素养。

融入方式

通过电容元件功率的正负，引导学生分析其充放电的物理意义，再引申到人生价值观。电容元件的充电放电的不断得失过程，成就了电容自身价值，引导学生正确面对生活中的得与失。

电容工作电压超过额定电压，会引起损耗增加、寿命缩短等情况，电压过大甚至会导致电容击穿，造成破坏性影响，由此引导学生在电路设计和使用时强化安全意识，培养学生严谨认真、细心专注的工匠精神。

思政元素融入点

通过电容元件和电感元件之间的对偶性，引导学生感受电路课程的对偶之美，培养学生的类推思维。

融入方式

由电容元件和电感元件之间的对偶性，认识到对偶性有助于掌握电路的规律，由此及彼，可以采用类推法进行分析。类推是科学学习常用的思维方法。

(3) 电感元件具有导通直流的作用。
(4) 电感元件具有记忆性质。
电感元件的电流为

$$i(t) = \frac{1}{L}\int_{-\infty}^{0} u(\xi)\mathrm{d}\xi + \frac{1}{L}\int_{0}^{t} u(\xi)\mathrm{d}\xi = i(0) + \frac{1}{L}\int_{0}^{t} u(\xi)\mathrm{d}\xi。$$

(5) 电感电流具有连续性。
在电感电压为有界值的情况下，电感电流不能跃变，即 $i(t_{0+}) = i(t_{0-})$。
5) 电感元件的储能和功率
功率：$p(t) = u(t)i(t)$。
储能：$w_L(t) = \frac{1}{2}Li^2(t)$。

图 2-3-3 展示了烧坏的电磁炉电感线圈。

> **思政元素融入点**
> 通过对电感线圈额定工作电流的讲解，引导学生建立安全意识。
> **融入方式**
> 电感线圈的工作电流超出额定工作电流后，会使线圈过热或使线圈受到过大电磁力的作用而发生机械变形，甚至烧毁线圈，由此引导学生始终保持安全意识，强化风险意识、责任意识和红线意识，坚持安全第一，要有底线思维。

图 2-3-3　烧坏的电磁炉电感线圈

2.3.3　教学效果及反思

本次教学不仅让学生学到电容元件和电感元件的相关知识，而且了解到超级电容器在实际工程中的应用，培养学生分析问题的能力；通过引入思政元素，学生在学习专业理论知识的过程中，既能学习到科学的辩证法和方法论及科学的思维方法，又能增强民族自豪感。

2.4　叠加定理——分而行之，叠而共赢[①]

2.4.1　案例简介与教学目标

叠加定理是电路定理部分的第一个定理，是线性电路分析的基础，在后续的动态电路、正弦稳态电路等单元中都有应用，因此本节内容具有承上启下的作用。叠加定理在电子信息课程体系的其他课程里有很多的应用。本部分主要介绍叠加定理的内容、证明过程及叠加定理的应用。本部分的教学目标如下。

1. 知识传授层面

(1) 掌握叠加定理的内容。

---

① 完成人：德州学院，王春玲。

(2) 了解叠加定理的证明过程。
(3) 掌握叠加定理在电路分析中的应用。

2．能力培养层面

(1) 掌握用叠加定理求各支路电流、电压的方法与步骤,并能熟练应用到实际电路中。
(2) 能利用叠加定理求解复杂电路。
(3) 培养学生分析、比较、归纳、总结能力。

3．价值塑造层面

(1) 通过复杂电路的分析,培养学生多角度解决问题的能力。
(2) 培养学生严谨的科学态度。
(3) 培养学生的大局观和集体荣誉感。

2.4.2 案例教学设计

1．教学方法

课前布置预习任务。在课程开始时,根据每组的预习任务结果,展开讨论,总结归纳出叠加定理的内容,然后逐层递进,引入叠加定理的"一分二解三叠加"的求解过程,并分析使用叠加定理时应该注意的问题。在这个过程中,引入实例电路进行分析,逐一讲解,层层展开。并在叠加定理的引出、使用叠加定理时注意的问题和工程应用部分融入思政元素。

2．详细教案

教学内容

1) 叠加定理的引出

(1) 让第一组学生通过前面学过的方法,求图2-4-1所示的3个电阻电路中的电压、电流。

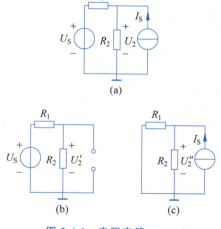

图 2-4-1 电阻电路

> **思政元素融入点**
>
> 3组同学通过不同的方式,得到总电路中电压、电流和分电路电压、电流的关系,给出叠加定理的内容。培养学生归纳总结的能力以及分工合作、共同进步的精神。进一步说明,在实际工程中经常需要将任务进行分解,分批分时完成各部分任务,最后再组合,由此培养学生的工程思维,为今后从事实际工作打下基础。同时,目前大学生经常参加的各种竞赛、大学生创新项目也需要这种工程思维方式。
>
> **融入方式**
>
> 课前分3组,布置学前任务,给出一个具体的电路,按照事先的分组情况,第一组运用前面学过的知识推导求解电路中的电压和电流;第二组运用 Multisim 仿真,观察电路中的电压电流值;第三组搭建电路,测量出电路中支路的电压和电流。之后,3组汇总得出结论,在课堂上公布并讨论。在这个过程中,锻炼学生分工合作,共同完成一件事情的能力,培养学生的集体观,同时锻炼学生的归纳总结能力。而这个过程也是叠加定理隐含的哲学思想的体现。

(2) 让第二组学生通过 Multisim 仿真,求图 2-4-2 所示的电路中的电压、电流。

(3) 第三组同学搭建图 2-4-3 所示的 3 个电路,通过实验,测量电路中的电压、电流,并记录。

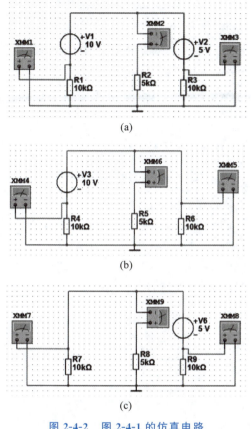

图 2-4-2　图 2-4-1 的仿真电路

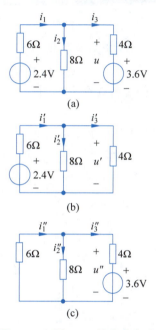

图 2-4-3　图 2-4-1 的实验电路

2) 使用叠加定理时注意的问题

(1) 在线性电路中,任一支路的电流(或电压)可以看成电路中每一个独立电源单独作用于电路时,在该支路产生的电流(或电压)的代数和。

(2) 一个电源作用,其余电源为零:电压源为零——短路;电流源为零——开路。此为本次课的难点,通过电路图的分析,在电压源单独作用时电流源开路,电流源单独作用时,电压源短路,强化学生的记忆。

(3) u、i 叠加时要注意各分量的参考方向。

思政元素融入点

在使用叠加定理分析电路时,第一步是分解电路,将复杂的电路逐一分解,化繁为简,这个地方可以引导学生在生活中,处理问题时可以化整为零,各个击破。

在各分电路中求得的电压、电流做叠加时,注意参考方向,与原电路中相同则取"+",反之则取"-",引导学生做人做事要顺应时代发展,使自己的行为准则与社会价值观和国家发展目标一致。

融入方式

逐条讲解,实例结合,同时雨课堂推题加强知识点的掌握。在分解和叠加时,引入课程思政元素。并归纳总结出"一分二解三叠加"的电路分析思路。

（4）含受控源的电路是否可以用叠加定理？让学生充分讨论，然后得出结论：可以用叠加定理，但叠加只适用于独立源，受控源应始终保留。

（5）功率不能叠加。

思政元素融入点

通过实战练习，提高学生分析问题和处理问题的能力，培养学生学习按规则处理问题的意识。

融入方式

实战练习（1）中，引导学生进行电路的分解，分解为两个电路，注意受控源的处理，并在求解分电路时，注意参考方向。

实战练习（2）中引导学生总结出叠加性的特例：齐次性。

3）实战练习

（1）含受控源的电路如图 2-4-4 所示，试用叠加定理求电压 u。

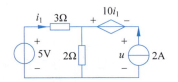

图 2-4-4　含受控源的电路

（2）黑箱问题的处理。

含黑箱的电路如图 2-4-5 所示，其中 N 为含源线性网络。当 $U_s=40\text{V}$，$I_s=0\text{A}$ 时，$I=40\text{A}$；当 $U_s=20\text{V}$，$I_s=2\text{A}$ 时，$I=0\text{A}$；当 $U_s=10\text{V}$，$I_s=-5\text{A}$ 时，$I=10\text{A}$；求当 $U_s=-40\text{V}$，$I_s=20\text{A}$ 时，$I=$？

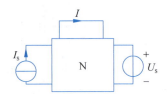

图 2-4-5　含黑箱的电路

思政元素融入点

通过数模转换电路分析，强化学生的工程实践应用能力，培养学生树立科学探索的精神。同时强调叠加定理在后续的"信号与系统""自动控制原理"等课程中会用到。在电路课程中，虽然只是用叠加定理将复杂电路简单化处理，但是分解与叠加的这种工程思维是需要掌握和建立的。

融入方式

对数模转换电路的分析，让学生认识到理论知识在工程实践中的应用，对课程体系中涉及的一些专业课程间的关系有一定的了解和认知。

4）工程应用（学以致用部分）

数模转换（Digital-to-Analog Conversion，DAC）电路如图 2-4-6 所示，$d_3d_2d_1d_0$ 的二进制代码为 1011 时，求输出电压 U_O。

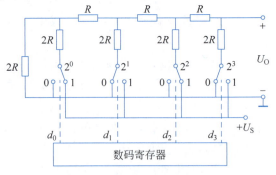

图 2-4-6　数模转换电路

2.4.3 教学效果及反思

通过本次教学设计中的逐步讨论、分析、实验验证,启发学生思维。应用叠加定理对实际电路进行分析,明确叠加定理在电路分析中的应用步骤。通过工程实例,说明如何应用叠加定理解决工程中的实际问题,将理论与实际相结合,能够引起学生的兴趣,激发学生的求知欲。实验和仿真锻炼学生的动手能力。

2.5 戴维南定理[①]

2.5.1 案例简介与教学目标

本部分内容属于整门课程的前半部分,主要介绍含源线性单口网络可以等效为一个理想电压源串联一个电阻或一个理想电流源并联一个电导,其中如何等效为理想电压源和一个电阻的串联,以及等效电压源的电压值和电阻值如何确定是由戴维南定理给出的。本部分介绍戴维南定理,并通过电路实验验证该定理。本部分的教学目标如下。

1. 知识传授层面

(1) 掌握含源线性单口网络的等效变换方法。
(2) 了解戴维南的生平及定理的推导原理。
(3) 掌握戴维南定理的内容及应用步骤。
(4) 掌握戴维南定理验证实验的电路原理。

2. 能力培养层面

(1) 在实际电路分析中熟练运用戴维南定理。
(2) 能根据不同电路选用合适的方法,形成化复杂电路为简单电路的思维。
(3) 提高学生知识的衔接与拓展能力及数据分析和处理能力。

3. 价值塑造层面

(1) 通过学习戴维南定理,培养学生学会通过"变换"解决问题的方法,能够辩证地看待问题,从矛盾双方去分析问题的两面性,对解决问题的方法进行全面的评估。
(2) 通过学习戴维南定理,培养学生学会把问题简单化,从而认识和理解学习的价值,调整学习策略和方法,系统地看待问题,具有大局观。
(3) 通过验证实验,培养学生的工程实践能力,建立多角度、创造性思维模式。
(4) 培养学生科学的思维方式,体现先进的价值观及其规范,提升人文素养。

2.5.2 案例教学设计

1. 教学方法

本部分内容的教学采用图示法、举例法、讲授法和实验法,结合多媒体手段(图片、动

---

① 完成人:江苏理工学院,崔渊。

图、视频)进行讲解。授课过程中按照引导学生了解戴维南定理的来源、理解定理内容、掌握其应用的方法和验证性实验进行教学设计,并在课程导入、定理证明及应用、实验验证等部分融入思政元素。

思政元素融入点

通过曹冲称象的故事,让学生在回顾等效变换概念的同时,教师引导学生在平时的学习中改变传统思维,培养创新精神。

融入方式

在回顾含源线性单口网络等效变换的原则和方法时,由于等效变换的概念比较抽象,可以引入大家耳熟能详的曹冲称象的故事。小小年纪的曹冲想出了用船代替秤,用石块和大象的平衡,从而称出了大象的重量。由此可见,经过观察和思考,采用等效替代的方法,把复杂的问题进行简化,使问题可以顺利解决。

2. 详细教案

教学内容

1) 课程导入

图 2-5-1 和图 2-5-2 展示了含源线性单口网络的等效变换。图 2-5-1 是只含理想电压源和理想电流源的线性单口网络的等效变换,图 2-5-2 是含有电阻和理想电源的线性单口网络的两种等效形式,它们是两种实际电源模型。

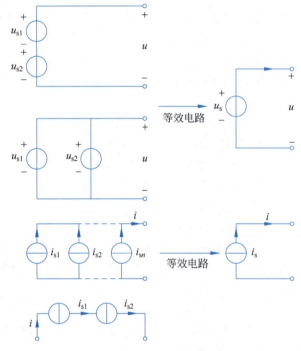

图 2-5-1 理想电压源、电流源的等效

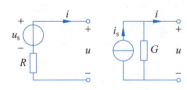

图 2-5-2 两种实际电源模型

两种实际电源模型的等效条件为

$$i_s = \frac{u_s}{R}, \quad G = \frac{1}{R}$$

2) 戴维南定理

问题引出：工程中常常遇到只需研究某一条支路的电压、电流或功率的问题，如图 2-5-3 所示的电路中电阻 R_3 所在支路。

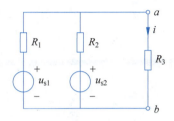

图 2-5-3　一个电路

用网孔法、节点法还是叠加法？若 R_3 可变又如何？

分析：当 R_3 可变时，怎样才能方便地计算？

方法：将与 R_3 支路连接的其他电路等效变换为如图 2-5-2 所示的简单含源支路（电压源与电阻串联或电流源与电阻并联支路）。

（1）科学家戴维南如图 2-5-4 所示。

戴维南（1857—1926 年）出生于法国莫城，法国电报工程师。戴维南对通信电路和系统分析很感兴趣，这种兴趣促进了戴维南定理的提出。

图 2-5-4　戴维南

戴维南定理又称等效电压源定律，是由戴维南于 1883 年提出的一个电学定理。由于早在 1853 年，亥姆霍兹也提出过本定理，所以又称亥姆霍兹-戴维南定理。

（2）戴维南定理的内容。

任何含源线性单口网络，对外电路来说，可以等效为一个电压源串联电阻的支路，如图 2-5-5 所示。

分析：此戴维南等效电路中的电压源电压等于外电路断开时端口处的开路电压 u_{oc}；而电阻等于该网络 N 中所

思政元素融入点

提升学生科学的认知，支撑学生的认知过程，并且引导学生掌握分析问题、解决问题的科学方法。

融入方式

采用实例分析的方式，培养学生的创新思维，同时帮助学生掌握科学的方法。通过将未知的复杂工程问题，逐个分解到已知熟悉的领域进行解决，强化培养学生解决问题时采用多种不同方法应用的能力，提高学生分析的能力，并对学生进行高阶性培养。

思政元素融入点

讲述科学家故事，抓住科学家品质及事迹的闪光点，直击学生的心灵，使学生受到启发和影响。

以科学家故事引导广大学生在专业知识的学习中传承红色基因、涵养优良学风，推动构建开放共享、协同育人新格局。

融入方式

聚焦科学家优秀品质，通过科学家的故事培养学生"求真求实""坚持不懈"的精神。

鼓励学生从已知探寻未知，使学生体会科学中的哲学道理；引导学生着眼工程思维和我国行业成就，扎根中国文化。

在科学家故事滋润学生心田的同时，引领广大学生成为民族复兴重任的时代新人。

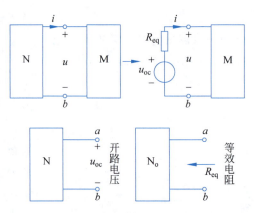

图 2-5-5　戴维南定理图示

有独立源为零时的等效电阻 R_{eq}。

思政元素融入点

戴维南定理将复杂的含源线性单口网络等效为简单的电压源和内阻串联电路进行求解,在要求学生掌握电路简化过程的同时,教育学生明白一个人生道理:大道至简,即将冗繁华丽的表象层层剥离之后才能发现事物的本质。

把复杂问题简单化是一种工程思维,通过戴维南定理可以培养学生的工程思维。

融入方式

戴维南定理将复杂的多个激励问题转换为简单的单一激励问题。正如中国春秋时期思想家、道家学派创始人老子曰:"万物之始,大道至简,衍化至繁。"通过教师引导,学生从而明白:简单能够正性、净心、明志、养德。

3) 定理证明及应用

(1) 戴维南定理的证明图示如图 2-5-6 和图 2-5-7 所示。

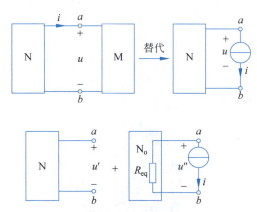

图 2-5-6　戴维南定理的证明图示 1

N 中独立源置零,应用叠加定理,则有
$$u' = u_{oc} \quad u'' = -R_{eq}i$$
$$u = u' + u'' = u_{oc} - R_{eq}i$$

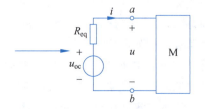

图 2-5-7　戴维南定理的证明图示 2

(2) 应用

解题步骤：①分解网络；②求开路电压 u_{oc}；③求等效电阻 R_{eq}；④求支路响应。

求等效电阻 R_{eq} 的方法：①电阻串并联和 △－Y 等效变换方法；②外加电源法（加压求流或加流求压）；③开路电压、短路电流法。

4）验证实验

以一个具体电路为例进行验证。

（1）用开路电压、短路电流法测定戴维南等效电路的 u_{oc} 和 R_{eq}。

（2）负载实验：改变负载 R_L 的阻值，测量不同端电压下的电流值，记于表格中，并据此画出含源二端网络的外特性曲线。

（3）验证戴维南定理：选取由步骤（1）所得的等效电阻 R_{eq} 值，然后将其与直流稳压电源相串联，按照步骤（2）测其外特性，对戴维南定理进行验证，并将数据记入表格中。

2.5.3　教学效果及反思

本次课程内容遵循"教为主导，学为主体"的设计原则，将整个教学活动一一展开。通过含源线性单口网络的等效变换，引出问题，导入戴维南定理的学习。通过定理的推导和应用，加深学生对知识点的理解，并通过验证性实验培养学生理论联系实际的能力。通过在教学过程中课程思政元素的融入，构建学生正确的世界观和价值观，学生

> **思政元素融入点**
>
> 讲解戴维南定理应用，使学生能够总结归纳出戴维南定理的适用范围和解题步骤。同时面对实际问题可以举一反三，学会通过"变换"解决问题，能够辩证地看待问题，从矛盾双方去分析问题的两面性，对解决问题的方法进行全面评估。
>
> **融入方式**
>
> 学会把问题简单化，从而认识和理解学习的价值，调整学习策略和方法，系统地看待问题，培养大局观。

> **思政元素融入点**
>
> 在戴维南定理的验证实验中，为学生提供独立思考、分析判断的机会，引导学生建立多角度、创新性的思维模式。
>
> 观察实验现象并对此进行解释，激发学生的科学精神和理性思维，使学生践行学思结合、知行统一的科学发展观。
>
> 借助在实验操作环节对存在误差的实验数据的处理过程，引导学生用所学知识分析故障原因，培养学生理论联系实际的能力，同时使其建立诚信的学术人格，培养诚实可靠的社会主义建设者和接班人，承担好育人责任。
>
> **融入方式**
>
> 理论知识结合验证性的实验，不仅可以让学生体验到动手操作的快乐，还可以最大限度地让学生将所学理论知识和实验操作环节相结合，进一步加深对理论知识的理解。
>
> 培养学生运用所学知识，分析、解决实验中所遇问题的能力，从而提高学生的工程实践能力，进而培养学生的创新思想及创新能力，同时引导他们树立正确的人生观和价值观。

在掌握电学基本知识的同时具备科学认知能力，并主动传承电学文化。再配合对应的实验，让学生体验到动手操作的快乐，以降低学习的枯燥性，同时培养学生运用所学知识，分析、解决实际中所遇问题的能力，从而提高学生的工程实践能力。

另外，本节内容较多，所以在讲述科学家故事时需要教师提升教学感染力，抓住科学家

品质或事迹的闪光点,争取用较短的时间把故事讲好,同时让学生受到的启发和影响更深。学生在学会必要知识的同时,也能在心灵上有深刻的感悟,认知上有较大的突破,并能够将理论与实际联系起来。

2.6 最大功率传输定理[①]

2.6.1 案例简介与教学目标

本部分内容贯穿直流电阻电路和正弦稳态电路两部分,主要介绍在负载电阻/阻抗可变、电源不变的情况下,负载取何值可以获得最大功率,以及如何确定最大功率。本节内容与实际工程联系紧密,具有重要的实用价值。本部分的教学目标如下。

1. 知识传授层面

(1) 了解直流电阻电路和正弦稳态电路的最大功率传输定理的推导过程。
(2) 掌握直流电阻电路和正弦稳态电路中的负载获得最大功率的条件以及最大功率的计算。
(3) 了解正弦稳态电路在不同负载条件下获得最大功率的条件。

2. 能力培养层面

(1) 培养学生根据功率等已学知识,进一步分析、推导负载获得最大功率条件的能力。
(2) 培养学生运用所学知识综合解决问题的能力。
(3) 培养学生将理论知识应用于分析实际问题的能力。

3. 价值塑造层面

(1) 理解学科交叉的重要性,理论与实践的互促性。
(2) 认识到个人发展与国家发展的关系:在大的社会背景下,只有当个人的需求适配并同步于国家需求时,个人的价值才能得到最大程度的体现,国家、社会的能量才能有效传递给个人,同时个人的能量才能促进国家、社会的发展。

2.6.2 案例教学设计

1. 教学方法

本部分内容按照由实际工程问题提出、理论分析及推导、不同情况讨论、实际应用进行教学设计。并在问题提出、直流电阻电路的最大功率传输定理、正弦稳态电路的最大功率传输定理、实际应用部分融入思政元素。

> **思政元素融入点**
> 效率问题,寻求最有效的解决问题的途径。
>
> **融入方式**
> 引导学生思考:在做事情时要考虑效率问题,好的方法和途径能起到事半功倍的效果。

2. 详细教案

教学内容

1) 问题提出

在实际工程中,都希望负载能够从电源获得最大的功

---

① 完成人:北京邮电大学,俎云霄、望育梅。

率,那么,在电源确定的情况下,如何调整负载,才能使其获得最大功率?最大功率又如何计算?例如大型晚会的音响系统,如何使扩音系统工作在最佳状态,音量最大。

2)直流电阻电路的最大功率传输定理

(1) 条件及结论。

建立由电源直接向负载 R_L 供电的电路模型,如图 2-6-1 所示。写出负载的 R_L 功率计算式,应用数学极值理论推导出 R_L 获最大值的条件,进而得出最大功率计算式。

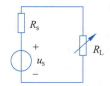

图 2-6-1 电源直接向负载供电的电路 1

思政元素融入点

应用数学知识解决工程问题,认识到学好理论知识的重要性及学科之间相互交叉渗透的重要性。

融入方式

引导学生回忆数学知识中的一阶导数、二阶导数和极值理论,并将其与电路理论问题进行结合,进而推导得出结论。

(2) 传输效率。

通过计算得出:电源直接向负载供电的传输效率是 50%。

$$\eta = \frac{\text{负载吸收的功率}}{\text{电源供出的功率}} = \frac{i^2 R_L}{i^2 (R_L + R_s)} = 0.5 = 50\%$$

实际中大多是在电源和负载之间有一些中间环节,此时的传输效率还是 50% 吗?如何计算?

复杂电路的最大功率问题需要应用戴维南定理进行等效后再应用以上知识得出的结论,但应注意:单口网络与其等效电路就其内部功率而言是不等效的,因此,当负载获得最大功率时,其功率传递效率未必是 50%,通常小于 50%。

3)正弦稳态电路的最大功率传输定理

针对如图 2-6-2 所示的电路模型,分析负载 Z_L 在以下 4 种情况下的最大功率问题。

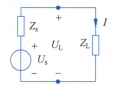

图 2-6-2 电源直接向负载供电的电路 2

(1) 负载的电阻和电抗分量均可独立变化:共轭匹配。

思政元素融入点

效率是实际工作和生活中必须考虑的问题,所以要考虑获得最大效率的途径和方法。学习也是一样,如何在有限的时间内理解掌握知识,需要拥有一套适合自己的学习方法。

融入方式

通过与学生密切相关的学习问题,说明效率的重要性及影响效率的因素,要养成好的习惯,找到适合自己的学习方法。

思政元素融入点

具体问题具体分析,条件不同就会得到不同的结论,由此培养学生要不同问题不同对待,灵活运用知识分析问题、解决问题的能力。

要学会归纳总结普遍性(正弦稳态电路)与特殊性(直流电阻电路)的关系。

融入方式

通过分析比较不同表示形式及不同情况负载的最大功率传输问题,引导学生找到解决问题的思路和方法。

思政元素融入点

个人发展与国家发展的关系:只有当个人发展和价值观与国家需求同向同行时,个人的价值才能得到最大程度的体现,国家、社会的能量才能有效传递给个人,同时个人的能量才能促进国家、社会的发展。

融入方式

由最大功率定理的条件,即负载和电源内阻抗匹配引申到个人发展与国家发展的关系,进一步说明个人的成长与社会环境的关系。

(2) 负载阻抗角固定而模可变:模匹配。

(3) 负载为纯电阻:模匹配。

(4) 当电源内阻抗和负载均为电阻时,问题就变为直流电阻电路问题,所以,直接电阻电路的最大功率传输问题是正弦稳态电路最大功率传输问题的特例。

4)实际应用

图 2-6-3 展示了手机设计中天线与射频前端之间阻抗失配造成天线发射功率小的问题,其中射频前端端口阻抗为 50Ω,天线端端口阻抗为 $R+jX$。请以电路分析基础课程中的知识点提出解决方案,并解释其理论依据。

图 2-6-3　手机天线与射频前端电路示意图

2.6.3　教学效果及反思

本次教学,不仅让学生学到了最大功率传输定理的数学推导方法,得到了负载获得最大功率的条件以及最大功率的求解方法,而且体会到理论知识在实际工程中的应用,提高了分析问题的能力,建立了科学的思维方式。在教学过程中思政元素的融入,让学生知道在专业知识和理论中也蕴含着普世方法和哲理,从而指导学生的生活和工作。因此,本次课能让学生在知识、能力和价值塑造方面得到全面培养。

在工程应用部分,还可以找其他相关的实例让学生思考或查找资料,如无线通信系统的发射天线,如何配置其负载等效电阻才能最大限度地将发射机功率有效地传输出去,这些与后续通信系统的软硬件设计等关系密切,可以为学生后续学习打下牢固的电路理论基础。

2.7　三要素法[①]

2.7.1　案例简介与教学目标

本部分内容处于整门课程的中部,主要介绍一阶动态电路的三要素公式及具体分析

---

① 完成人:西北师范大学,裴东。

法——三要素法。三要素法是一种求解一阶电路的简便方法,又可称为观察法。观察法是指在自然状态下,研究者有目的、有计划地用自己的感官和辅助工具对事物进行感知、考察及描述的一种研究方法。本节介绍其用于求解电路任一变量的零输入响应和直流作用下的零状态响应、全响应,不论它是状态变量还是非状态变量。用这种方法分析阶跃信号输入的一阶电路更加简单直观。本部分的教学目标如下。

1. 知识传授层面

(1) 掌握一阶动态电路的响应规律。

(2) 学会在理论公式中发现规律,总结归纳出初始值 $f(0_+)$、稳态值 $f(\infty)$ 和时间常数 τ 这三个要素,并给出三要素公式。

(3) 掌握用三要素法分析一阶动态电路的步骤。

2. 能力培养层面

(1) 培养学生分析问题的能力。

(2) 培养学生发现规律和总结归纳的能力。

(3) 培养学生将理论知识应用于实际工程的能力。

3. 价值塑造层面

(1) 培养学生科学的思维方式,万事万物都有规律。

(2) 增强学生的环保意识,树立正确的人生观。

(3) 弘扬中国文化,培养学生做人做事守规矩的良好素质。

2.7.2 案例教学设计

1. 教学方法

本部分内容按照理论公式复习引入、3 种响应(零输入响应、零状态响应和全响应)的变化规律分析、重要特点讲解、仿真演示加深理解、发现规律和总结规律进行教学设计。并在发现规律、"三要素"的概念和应用三要素法的步骤及方法 3 部分融入思政元素。

2. 详细教案

教学内容

1) 复习 3 种响应

经典分析方法导出了一阶线性动态电阻-电容电路(RC 电路)的零输入响应、零状态响应及全响应,电容电压 $u_C(t)$ 的全响应表达式如下(电阻-电感电路(RL 电路)同理)。

$$u_C(t) = \underbrace{U_s(1 - e^{-\frac{t}{RC}})}_{\text{零状态响应}} + \underbrace{U_0 e^{-\frac{t}{RC}}}_{\text{零输入响应}}$$

$$= U_s + (U_0 - U_s) e^{-\frac{t}{RC}} \quad t \geqslant 0_+$$

2) 发现规律

这类电路中的电压、电流随时间变化的方式只有 4 种可能的情况,如图 2-7-1 所示。

> **思政元素融入点**
>
> **发现规律**:万事万物都有规律。大部分学科建立在发现规律并推断总结规律上。
>
> **融入方式**
>
> 通过全响应表达式发现一阶电路的变化规律。通过图示观察电路中的电压、电流随时间变化的情况,发现只要抓住 $y(0_+)$、$y(\infty)$ 和 τ 这 3 个要素,不仅能立即写出相应的解析表示式,而且能画出波形图。

思政元素融入点

发现规律：由全响应表达式推出一阶电路的特点，培养学生推理、举一反三的能力。

融入方式

带领学生一起分析、思考，由此得出结论。引导学生思考一阶电路的特点，并给出"三要素"的概念，给出"三要素法"公式。

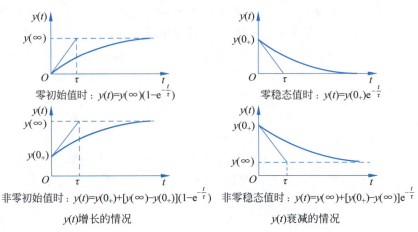

零初值时：$y(t)=y(\infty)(1-e^{-\frac{t}{\tau}})$

零稳态值时：$y(t)=y(0_+)e^{-\frac{t}{\tau}}$

非零初值时：$y(t)=y(0_+)+[y(\infty)-y(0_+)](1-e^{-\frac{t}{\tau}})$

非零稳态值时：$y(t)=y(\infty)+[y(0_+)-y(\infty)]e^{-\frac{t}{\tau}}$

$y(t)$增长的情况

$y(t)$衰减的情况

图 2-7-1 动态电路中电压、电流的变化情况

三要素法公式如下：

$$y(t)=y(\infty)+[y(0_+)-y(\infty)]e^{-\frac{t}{\tau}} \quad t \geqslant 0_+$$

思政元素融入点

以学习和生活中的要素问题，引导学生横向思考，把学习的知识贯通起来。

融入方式

由本节的"三要素法"引导学生回顾已经学过的物理和数学中的三要素问题，启发学生思考生命的三大要素，教育学生爱护环境，珍爱生命。

3）"三要素"的概念

力的三要素是：大小、方向、作用点。

正弦函数的三要素是：幅值、频率、初相角。

生命的三大要素是：水、空气、阳光。

4）运用三要素法的步骤及方法

(1) 求初始值 $y(0_+)$。

(a) 先从 $t=0_-$ 考虑，即换路前的稳态，C 开路，L 短路。

(b) 画出 $t=0_-$ 时的等效电路，求出 $i_L(0_-)$、$u_C(0_-)$。

(c) 根据换路定则：$u_C(0_+)=u_C(0_-)$，$i_L(0_+)=i_L(0_-)$，可得出 $t=0_+$ 时的等效电路，进而求出其他支路上的 $u(0_+)$、$i(0_+)$。

思政元素融入点

通过用"三要素法"求解一阶动态电路的实际问题，引导学生做事守规矩，弘扬中国文化。

融入方式

通过一阶动态电路例题讲解，让学生掌握"三要素法"的求解方法。在了解理论知识如何在实际中应用的同时，引用孟子"不以规矩，不能成方圆"的格言警句，讲述解题、做事、做人的道理。

(d) $t=0_+$ 时，若 $u_C(0_+)=0$，则用电压为 $u_C(0_+)$ 的电压源置换电容；若 $i_L(0_+)\neq 0$，则用电流为 $i_L(0_+)$ 的电流源置换电感。而若 $u_C(0_+)=0$，则用短路置换电容；$i_L(0_+)=0$，则用开路置换电感。然后求 $y(0_+)$。

(2) 再求稳态值 $y(\infty)$。

$t=\infty$ 时，电路达到稳态，C 开路，L 短路，得到 $t=\infty$ 时的等效电路，由此电路可求出 $y(\infty)$。

(3) 求时间常数 τ。

同一个电路只有一个 τ，$\tau=RC$ 或 $\tau=\dfrac{L}{R}$，R 为从动态

元件两端看进去的等效电阻。

（4）由三要素法公式直接求出 $y(t)$。

5）三要素法应用举例

例题：如图 2-7-2 所示的单脉冲信号 $u(t)$ 作用在如图 2-7-3 所示的零状态 RL 电路中，画出电流 $i(t)$ 的波形。

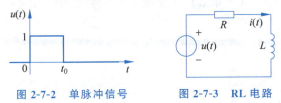

图 2-7-2　单脉冲信号　　　图 2-7-3　RL 电路

> **思政元素融入点**
> 通过用"三要素法"求解阶跃信号输入问题，引导学生从一件事物的情况、道理类推而知道许多事物的情况、道理，教育学生要善于类推，由此及彼，融会贯通。
>
> **融入方式**
> 当一个单脉冲信号输入一阶电路时，可以应用线性电路的叠加性把单脉冲信号分解为两个阶跃信号之和，应用"三要素法"可快速分析其零状态响应，再将两个响应叠加即可。同理可以分析脉冲串及其他分段常量信号的响应。

解答：单脉冲信号 $u(t)$ 可以分解为如图 2-7-4 所示的两个阶跃信号 $u'(t)$ 和 $u''(t)$。

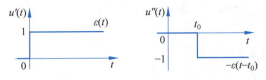

图 2-7-4　两个阶跃信号

单脉冲信号 $u(t)$ 可表示为

$$u(t) = \varepsilon(t) - \varepsilon(t - t_0)$$

用"三要素法"分别得到两个阶跃信号的响应 $i'(t)$ 和 $i''(t)$ 的波形，如图 2-7-5 所示，根据叠加原理即可得到电流 $i(t)$ 的波形。

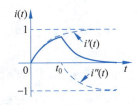

图 2-7-5　两个阶跃信号的响应波形

2.7.3　教学效果及反思

本次教学，不仅让学生学到"三要素"的相关知识，而且知道如何在理论知识中发现和总结出实际工程中的规律，提高了分析问题的能力，强化了科学的思维方式。在教学过程中融入思政元素，让学生知道在专业知识和理论中蕴含着哲学思想、辩证法和方法论。因此，本次课程能让学生在知识、能力和素质方面得到全面的培养和浸润。

对于工程应用部分，如果能找到学习和生活中与"三要素"相关的事例，这样可以理论联系实际，把专业知识与生活实践结合起来，有助于学生的成长。

2.8 相量法的概念[①]

2.8.1 案例简介与教学目标

本部分内容处于整门课程的后半部分,主要介绍正弦交流稳态电路的相量分析法。动态电路分析需要求解微分方程,一阶动态电路和二阶动态电路相对比较简单,但更高阶电路很麻烦,特别对激励不是直流的情况,如何能避开求解微分方程?相量法是正弦激励下动态点稳态分析的一种方法。

相量法是一种数学变换方法,是进行理论思维的有效手段,具有抽象性、逻辑性和辩证性等特性。数学变换方法是指在研究和解决数学课题时,采取迂回的手段达到目的的一种方法,也就是把要解决的问题先进行信息变换,使之转化为便于处理的形式。具体地讲,将复杂的问题通过变换转化成简单的问题;将难的问题通过变换转化成容易的问题;将未解决的问题通过变换转化成已解决或较易解决的问题。本部分的教学目标如下。

1. 知识传授层面

(1) 掌握正弦稳态电路的基本概念和分析方法。
(2) 学会用已有的数学方法分析复杂的正弦交流稳态电路。
(3) 掌握把正弦信号变成相量的方法和步骤。

2. 能力培养层面

(1) 培养学生发现问题和解决问题的能力。
(2) 培养学生把数学知识应用于解决工程问题的能力。
(3) 培养学生辩证思维和创新思维的能力。

3. 价值塑造层面

(1) 培养学生科学的思维方式,掌握正确的学习方法和思维方法,培养学生的逻辑思维与辩证思维能力,形成科学的世界观和方法论。
(2) 建立用数学思维模式来描述和解决工程问题的工程意识,将学习的知识体系做到前后贯通,立体关联,提升学生的科学素养。
(3) 培养学生的责任感和使命感。

2.8.2 案例教学设计

1. 教学方法

本部分内容由直流电路复习引入,回忆当初学习线性电阻电路时,不管电路的结构、激励有多复杂,求解代数方程而已,中学生也能办到。但是随着正弦电路和正弦信号的引入,电路的计算变得很复杂,能否避开微分方程的求解进行教学设计,由此引入相量法。在教学过程中融入思政元素,从科学思维、变换创新、增强文化自信方面对学生进行思政教育。

[①] 完成人:西北师范大学,裴东。

2. 详细教案

教学内容

1) 用数学变换解决正弦交流稳态问题

回顾直流电路分析方法，寻找解决交流稳态电路的思路，引入相量的概念，找出求解交流稳态电路的分析方法。

2) 变换方法的基本思路

变换方法的思路如图 2-8-1 所示。

（1）把原来的问题变换为一个较容易处理的问题。

（2）在变换域中求解问题。

（3）把变换域中求得的解答反变换为原来问题的解答。

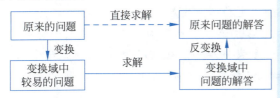

图 2-8-1 变换方法的思路

3) 把正弦信号变成相量

用复数表示正弦信号，找出复数表达式中正弦函数的三要素，并分析信号频率的特殊性。

进一步引出元件 VCR 的相量形式和电路的相量模型及正弦稳态电路的相量分析法。

2.8.3 教学效果及反思

本次教学，不仅让学生学到"相量"的概念，而且知道如何应用数学工具解决实际工程中的问题，培养学生分析问题的能力和科学的思维方式。在教学过程中融入思政元素，让学生知道在专业知识和理论中也蕴含着哲学思想、辩证法和方法论。学习习近平总书记用中国经典讲"中国经验"，以中国道理说"中国道路"。

思政元素融入点

科学思维：在新的工程中发现问题，寻求简便解决问题的方法。将数学知识应用到电子工程中。

融入方式

人们遇到麻烦，便会想法解决，方法好，就会长久存在。正弦稳态是动态电路分析的重要对象，涉及微分方程的正弦稳态解。相量模型的运用，免于求解微分方程。在电路分析中可以应用复频率域（s 域）分析法。相量模型和 s 域模型的引入，目的虽不相同，却都能使分析动态电路如同分析电阻电路一样简单。

思政元素融入点

科学的思维：根据数学变换求解问题的思想方法，发现解决电路问题的思路，培养把数学基础应用到解决工程问题的能力。

融入方式

由数学中求解 $x^{2.35}=5$ 的问题，通过对数简易解决的方法，引出变换的思路。

由此可见，解决实际问题并非只有一种方法。当直接方法遇到困难或根本无法解决时，要考虑迂回方式，这就是变换方法的基本思想。

思政元素融入点

培养学生的责任感和使命感。以"穷则变，变则通"学习中国文化和新时代的中国道路。既培养了学生科学的、唯物的思维，又弘扬了中国文化，增强了文化自信。

融入方式

由"相量"的引入，带领学生共同回顾古代典籍中的经典名句。引导学生要学会变通，勇于创新。科学需要创新、社会需要创新、国家需要创新、民族需要创新。

> **课后延伸阅读**
>
> 习近平总书记在文章、讲话、著作中常常引用古代典籍中的经典名句,用中国经典讲"中国经验",以中国道理说"中国道路"。这些典故名句是中华民族五千年文化长河中沉淀的智慧结晶,寓意深邃、生动传神,极具启迪意义,彰显了文化自信。
>
> 创新决胜未来,改革关乎国运。2018年5月28日,在中国科学院第十九次院士大会、中国工程院第十四次院士大会上,习近平总书记强调:"科技领域是最需要不断改革的领域"。在说到要"全面深化科技体制改革,提升创新体系效能,着力激发创新活力"时,习近平总书记使用了典故"穷则变,变则通,通则久"。
>
> "穷则变,变则通,通则久"这句话出自《周易·系辞》(下)。《周易》是五经之一,记载了中国人对自然规律的理解和探索。其中提到的"穷则变,变则通,通则久"概括了自然变化的一个基本特征,即万事万物发展到一定阶段,会遇到瓶颈,原先曾经有利的条件会成为进一步发展的障碍。这时要主动调整、主动变化,在调整和变化中找到新的发展路径,通过不断的动态调整,保证事业能够稳定持续地发展。
>
> 我国的科研体制机制的管理要想跟上全球快速发展的科技创新,就要敢于突破原有体制的束缚,按照《深化科技体制改革实施方案》的要求,解放思想,打破部门壁垒,消除机制弊端。通过科技管理体制的创新来保证科技的创新,从而为我国成为世界科技强国提供有力的组织管理保障。
>
> "穷则变,变则通,通则久"。变通而图存是从古至今的中国智慧,司马迁著《史记》旨在"通古今之变";王安石变法也推崇"变通"精神,出台措施不是基于"祖宗成法",而是根据现实提出革新策略;清末的资产阶级维新派为了变法维新,也以"穷则变,变则通,通则久"为依据,提出了"变者,古今之公理也",阐述变法图存的道理,在近代中国起到了一定程度的启蒙作用。
>
> 专业知识讲授中自然融入《周易·系辞》(下)里面"穷则变,变则通,通则久"的道理,引导学生要学会变通,勇于创新。

2.9 RLC 串联电路的谐振[①]

2.9.1 案例简介与教学目标

本部分内容处于整门课程的后半部分,主要介绍谐振的概念,谐振时电路的特点,电路的品质因数、频率特性及谐振曲线等。本部分的教学目标如下。

1. 知识传授层面

(1) 了解谐振的概念。

---

① 完成人:北京邮电大学,俎云霄。

(2) 掌握谐振时电路的特点、品质因数及其物理意义,以及频率特性和谐振曲线。
(3) 掌握品质因数对选择性和通频带的影响。
(4) 了解谐振在实际工程应用中的利弊。

2. 能力培养层面
(1) 培养学生分析问题的能力和思维判断能力。
(2) 培养学生的仿真实验能力。
(3) 培养学生将理论知识应用于实际工程的能力。

3. 价值塑造层面
(1) 培养学生的安全意识和大局观念。
(2) 树立正确的人生观、价值观。
(3) 培养学生科学、辩证的思维方式和观点。

2.9.2 案例教学设计

1. 教学方法
本部分内容按照实例引入、知识逐层展开、重要概念讲解、仿真演示加深理解、实际应用加强认知进行教学设计,并在谐振的概念及谐振频率、品质因数 Q、频率特性、谐振曲线及选择性和工程应用 4 部分融入思政元素。

2. 详细教案
教学内容
1) 谐振的概念及谐振频率
谐振:端口电压与电流同相。
$$Z = R \quad \text{或} \quad X = 0$$
针对如图 2-9-1 所示的简单 RLC 串联电路进行分析。

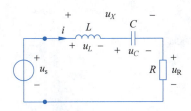

图 2-9-1 RLC 串联电路

谐振频率:
$$\omega_0 = \frac{1}{\sqrt{LC}} \quad \text{或} \quad f_0 = \frac{1}{2\pi\sqrt{LC}}$$

2) 谐振时电路的特点
(1) 电路呈现纯电阻性,电路的阻抗最小。
(2) 电流最大。
(3) 感抗与容抗绝对值相等。

思政元素融入点
谐振的引出:通过现实中共振引起桥梁坍塌的例子,引申到电路中的谐振。

融入方式
举现实中谐振(共振)的例子(美国塔科马海峡大桥事故,军队步伐整齐通过一些桥的事故),由此引申到电路中的谐振。同时,提醒学生在一些景区通过吊桥时要注意自身和他人安全,顾全大局,不要大幅度晃动,以免桥达到共振而断裂;不要图自身的一时之快,造成人身伤亡和经济损失。

思政元素融入点
由谐振条件推出谐振时电路的特点,培养学生推理、举一反三的能力。

融入方式

带领学生一起分析、思考,由此得出结论。由谐振条件引导学生思考谐振时电路中的阻抗、电流,以及电感电压和电容电压,并给出特性阻抗的概念。

思政元素融入点

由品质因数的原始定义及其物理意义(即品质因数由电路本身的参数决定,储能大、能耗小,则品质就好)引申说明人的品质由人本身决定,教育学生要树立正确的人生观、价值观,即要有宽广的胸怀,要多包容,充满正能量,减少负面情绪,成为一个积极向上、阳光、乐观的人。

融入方式

根据电感电压、电容电压与电源电压的关系,引出品质因数,进一步给出其原始定义,并引导学生分析其物理意义,再引申到人的品质。

思政元素融入点

通过不同元件参数对电路性能的影响以及仿真技术,培养学生全面看待问题和仿真的能力。

融入方式

仿真演示在不同电路元件参数情况下电路性能的变化,不仅让学生进一步理解谐振的概念和特点,以及如何通过信号波形判断电路是否发生了谐振,而且通过谐振曲线的变化,理解电路元件参数对电路性能的影响,并进一步体会仿真的重要性;通过收音机前端电路的谐振曲线说明选择性与通频带的关系,让学生了解理论知识如何应用在实际中。

(4) 电感电压与电容电压大小相等,方向相反,相互抵消,其有效值为电源电压有效值的 Q 倍。

通常 $Q \gg 1$,谐振时电感电压和电容电压远大于电源电压,串联谐振又称为电压谐振。

特性阻抗: $\rho = \omega_0 L = \dfrac{1}{\omega_0 C} = \sqrt{\dfrac{L}{C}}$

3)品质因数 Q

Q 由电路本身的参数决定,反映谐振电路的性质。

$$Q = \frac{\omega_0 L}{R} = \frac{1}{\omega_0 RC}$$

原始定义:

$$Q = 2\pi \frac{电路中存储的最大能量}{电路在一周期内消耗的总能量}$$

Q 值越高,谐振回路储能越大,耗能越小,电路的"品质"越好。

4)频率特性、谐振曲线及选择性

(1) 频率特性。

$$H(j\omega) = \frac{\dot{I}}{\dot{I}_0} = \frac{1}{1 + j\left(\dfrac{\omega L}{R} - \dfrac{1}{\omega CR}\right)}$$

$$= \frac{1}{1 + jQ\left(\dfrac{\omega}{\omega_0} - \dfrac{\omega_0}{\omega}\right)}$$

幅频特性: $|H(j\omega)| = \dfrac{1}{\sqrt{1 + Q^2\left(\dfrac{\omega}{\omega_0} - \dfrac{\omega_0}{\omega}\right)^2}}$

相频特性:

$$\varphi(j\omega) = -\arctan\left[Q\left(\frac{\omega}{\omega_0} - \frac{\omega_0}{\omega}\right)\right]$$

(2) 谐振曲线。

图 2-9-2 为 3 个不同 Q 值时的谐振曲线示意图。

(3) 仿真演示。

通过仿真进一步说明谐振时电路的时域特性和频域特性,以及不同元件参数对幅频特性的影响,谐振、失谐时电路的时域特性分别如图 2-9-3、图 2-9-4

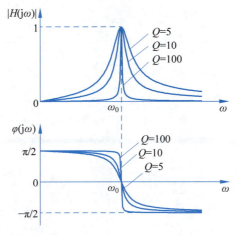

图 2-9-2 谐振曲线

所示,RLC 串联电路的频域特性如图 2-9-5 所示。

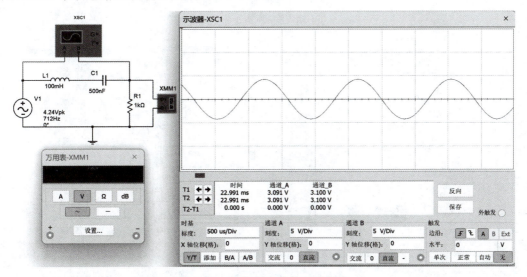

图 2-9-3 谐振时电路的时域特性

(输出电压与输入电压的大小和相位都相同)

(4)选择性与通频带的关系。

下限截止频率:

$$\omega_{c1} = -\frac{\omega_0}{2Q} + \sqrt{\left(\frac{\omega_0}{2Q}\right)^2 + \omega_0^2}$$

上限截止频率:

$$\omega_{c2} = \frac{\omega_0}{2Q} + \sqrt{\left(\frac{\omega_0}{2Q}\right)^2 + \omega_0^2}$$

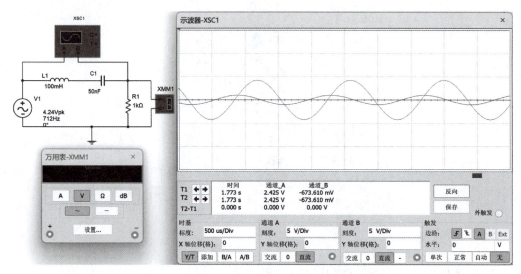

图 2-9-4 失谐时电路的时域特性

（输出电压与输入电压的大小和相位不相同）

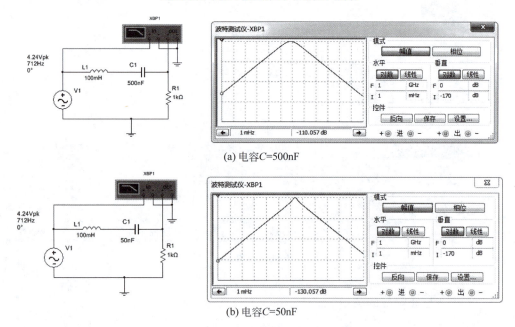

(a) 电容C=500nF

(b) 电容C=50nF

图 2-9-5 RLC 串联电路的频域特性

通频带宽：$BW = \omega_{c2} - \omega_{c1} = \dfrac{\omega_0}{Q} = \dfrac{R}{L}$

图 2-9-6 中的 3 条曲线表示对应 3 个电台信号频率的电路谐振曲线。最左边的通频带太窄，不容易选定电台信号，右边的两个通频带太宽，相互影响。

图 2-9-7 中的两条曲线表示对应两个电台信号频率的电路谐振曲线。可以看出，通频

带宽窄合适,既不相互影响,也容易选定电台信号。

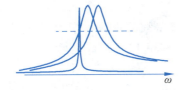

图 2-9-6 选择性不好的谐振曲线

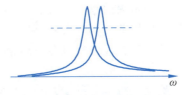

图 2-9-7 选择性好的谐振曲线

5) 工程应用

收音机选台原理:收音机前端电路及其电路模型如图 2-9-8 所示。

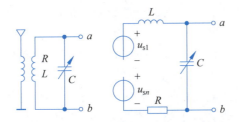

图 2-9-8 收音机前端电路及其电路模型

谐振有时要利用,如在无线电选频方面;有时要避免,如在电力系统中。图 2-9-9 所示为谐振造成的电力变压器爆炸的场景。

> **思政元素融入点**
>
> 通过谐振在实际工程中的应用说明谐振的利弊,进一步引申说明看事情要一分为二,要有科学、辩证的思维,从而培养学生的辨别、判断能力和看待事情的科学观。
>
> **融入方式**
>
> 以收音机和电力系统为例说明谐振在实际工程中的应用和利弊。
>
> 利——无线电中,利用其选频;
> 弊——电力系统中,必须避免发生,否则造成事故。

图 2-9-9 谐振造成的电力变压器爆炸的场景

2.9.3 教学效果及反思

本次教学,不仅让学生学到谐振的相关知识,而且知道理论知识在实际工程中的应用,培养学生分析问题的能力和科学的思维方式。在教学过程中融入思政元素,让学生知道在专业知识和理论中蕴含着哲学思想、辩证法和方法论。因此，本次课能让学生在知识、能力和素质方面受到全面的培养。

对于工程应用部分，如果能找到谐振造成电力系统事故的视频让学生看，印象会深刻。谐振的引入部分可以收音机接收电台信号为例说明，这样可以做到首尾呼应。

2.10　基本电子元器件认知与工程应用[①]

2.10.1　案例简介与教学目标

本实验主要向学生介绍电阻、电容、电感、二极管等基本电子元器件的识别、选型和工程应用知识，以及万用表、直流电压表、直流电流表等电气仪表的使用，在此基础上，验证基尔霍夫定律、叠加定理、齐次定理等电路基本理论。本次课程的教学目标如下。

1. 知识传授层面

（1）学习电阻、电容、电感、二极管等基本电子元器件的识别、选型和基本的工程应用知识。

（2）了解并掌握万用表、直流电压表、直流电流表等常用电气仪表的使用方法。

（3）验证基尔霍夫定律、叠加定理、齐次定理等电路基本理论，并逆向应用这些基本理论，来对测量数据进行正误判断。

2. 能力培养层面

（1）培养学生基本电子元器件的识别、选型和初步的工程应用能力。

（2）锻炼学生运用理论知识对实际电路进行建模分析的能力。

（3）加强学生对实际电路故障现象进行排查与分析的能力。

3. 价值塑造层面

（1）规范学生求真务实的学术诚信。

（2）培养学生积极主动的学习态度。

（3）锻炼学生坚韧不拔的性格品性。

2.10.2　案例教学设计

1. 教学方法

本课程应用了我们自行研发的"物联网型智慧电路技术实验平台"，采用人脸识别登录方式进行身份鉴别；实现预习情况自动测验、自动计分；应用物联网手段自动获取测量数据并进行实时批改；采用游戏冲关式设计，数据不对则不能通过对应的操作环节；采用过程监控方法，在实验流程关键处故意"设置陷阱""设坑埋雷"；采用"错误矫正"教学方法，"迫使"学生应用理论知识去排查故障并最终解决故障，从而打破常规的机械化操作流程，激发学生主动思考，让学生体验到克服困难、获取知识的酣畅感。

---

① 完成人：北京科技大学，冯涛、李擎、袁莉、林颖。

2．详细教案

教学内容

1) 人脸识别登录

学生通过人脸识别方式登录系统。

2) 预习测验

系统自动出题考查学生的课前预习情况。利用自行设计的元器件认知实验箱，结合元件实物对学生进行考查，考查内容包括元器件的封装种类识别、标称值读取、参数选型，以训练学生对常用电子元器件的认知和识别。题目形式是选择题。

3) 常用元件参数测量

要求学生使用万用表进行元件参数测量，包括电阻阻值、电容容量、二极管正向导通压降等。以二极管正向导通压降测量为例，测量出正确的正向导通压降之后，进一步要求学生判断该二极管的种类。

用同样的方法，学生测量实验箱上其他元器件参数，把测量值填入平板电脑 App，并由 App 自动批改。

通过以上过程，学生熟悉数字万用表的使用，同时将元件参数的实际测量值与标称值进行比较，从而了解理论与实际的差别所在，为初步建立工程思维、进行后面的综合性实验项目打下基础。

4) 直流电压和电流测量方法学习

电压和电流的测量需要使用电压表和电流表，其中，电压表要与被测元件并联，电流表要与被测元件串联。这些知识点学生从原理上都能理解，但是在实际测量时，却仍然会犯错误。最常见的错误是把电流表与被测元件并联，导致电路结构被改变，测量不到正确的电流值。针对这一常见错误，我们特意加入"错误尝试"教学，即有意引导学生按这种错误方法接线，然后要求学生进行电流测量，电路如图 2-10-1 所示。

按图 2-10-1 的接法，学生测量得到的数据是错误的。之后，要求学生计算电路各支路

思政元素融入点

通过人脸识别登录方式，规范学生学术诚信，确保学生"真学"。

融入方式

人脸识别方式可以防止学生冒名顶替做实验，达到规范学生学术诚信的目的。

思政元素融入点

通过计时答题、实时批改计分的考查方式，督促学生在课前进行深度预习，端正学习态度，以积极主动的学习状态投入实验。

融入方式

预习题分为多套，以保证同一组以及前后实验台的题目都不一样，这样学生相互之间无法抄袭。

思政元素融入点

采用边学边做、以练促学的方式，促进学生学思结合、知行统一。

融入方式

在实验教学 App 的引导下，学生使用万用表进行元件的参数测量。学生将测量值填入 App 界面上的空格中，系统会自动判断该测量值是否在正确的范围之内。

思政元素融入点

"纸上得来终觉浅，绝知此事要躬行"，实验操作要理论联系实际，不能想当然。

融入方式

通过"错误尝试"教学法，学生从错误操作中学习到电流表的正确使用方法。

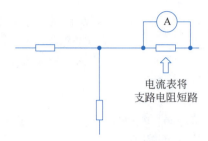

图 2-10-1　电流表错误接法

电流的理论值,与实测值进行对比,要求学生思考:为什么实测值与理论值相差很大,超出了误差允许的范围?

学生理解错误发生的原因之后,再告知学生正确的测量方法。

5) 直流电阻网络电压和电流值测量

学生接好电路,接上电源,然后使用电压表、电流表分别测量相应支路电压、电流值。

思政元素融入点

通过智慧化的实验手段,要求学生"真做""真会",锻炼学生认真细致的实验作风和坚韧不拔的性格品性。

融入方式

采用游戏冲关式设计,数据不正确就让学生反复测量,直到数据完全正确,以此确保学生自行完成实验。

为了杜绝学生抄袭和篡改数据,利用物联网手段,让平板电脑直接获取直流电压表和电流表的数据,如图 2-10-2 所示。

在图 2-10-2 所示的数据表格里,学生无法手动输入数据,必须拖动上面的"直流电压表"和"直流电流表"图标到指定表格中,由平板电脑来自动获取对应仪表上的显示数据,这样,表格中的数据就只能来自电压表和电流表上的数据,无法篡改,学生就只能自己接线、自己测量,遇到问题必须自己想办法解决,而无法抄袭数据、蒙混过关,保证了教学效果。

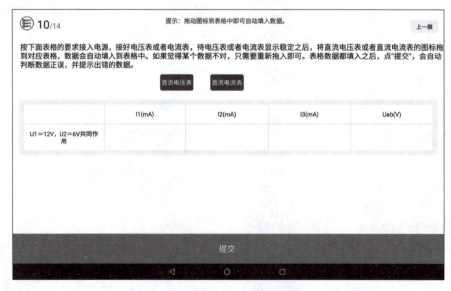

图 2-10-2　数据的自动获取界面

学生将数据获取到表格中，单击"提交"按钮，系统自动对数据进行批改和验证，对于错误数据会标红，提醒学生重新测量。只有在学生将所有数据全部测量正确之后，系统才允许学生进入后面的实验环节。

6) 数据分析与定理验证

在测量出数据之后，需要对数据进行分析，以验证电路基本定理。这里要求学生按照指定的方式进行数据处理，填入表格。填入完毕，系统同样会验证计算结果的正误，然后会以选择题的形式来询问学生这些分析结果验证了哪个电路基本定理，同样这些选择题会计分，学生必须认真计算和作答。

> **思政元素融入点**
> 要求学生对测量数据进行处理与分析，以促进学生深度思考，锻炼学生一丝不苟的实验态度。
>
> **融入方式**
> 以答题的方式，启发学生思考数据背后所体现出来的规律，并与已学理论知识进行对照，实现理论知识的内化吸收。

7) 电路基本定理应用

上面的数据分析只是验证性过程，尽管通过选择题对学生的数据分析结果进行了考查，但是在加强学生对电路基本定理理解的教学目标方面仍显不够。为了进一步加强和巩固学生对这些定理的理解，设计电路基本定理的反向运用环节，给出电路中一个节点的电流测量数据，告知学生其中有个数据有误，要求学生综合运用电路基本定理，找出该错误数据。

为了完成这道题，学生必须清晰地理解这些定理的内容，对上面的数据进行逐一套用和验证，才能正确地找到错误数据，从而打破学生被动学习的局面，激发他们主动思考。

> **思政元素融入点**
> 使用理论知识对给定的测量数据进行分析，培养学生的科学分析与创新应用能力，保证学生"真悟"。
>
> **融入方式**
> 引导思考：前面是对电路基本定理的验证，但是电路基本定理如何应用呢？此处给出一个应用场景，要求学生应用电路定理进行分析并找到错误数据，从而激发学生定理应用的思考，加深对定理的理解。

8) 课程总结

(1) 电阻、电容、二极管等基本电子元器件的使用知识。

(2) 数字万用表、直流可调稳压电源、直流电压表、直流电流表的使用。

(3) 电路基本定理的验证及应用。

> **思政元素融入点**
> 通过课程的整体总结，学生梳理本节课的内容知识点，以达到触类旁通、举一反三的效果。
>
> **融入方式**
> 总结本节课的主要内容，强调重点和难点。

9) 内容拓展

(1) 查阅资料，了解实际使用基本电子元器件时，还需要考虑哪些实际工程因素？

(2) 设计一个 LED 驱动电路，考虑其中限流电阻应该如何选择。

2.10.3 教学效果及反思

本次课是"电路实验技术"课程的第一次实验，也是电子信息类专业学生的第一次专业实验。为了让学生尽快由理论知识走向动手实践并初步建立工程思维,本次课让学生学习电子元器件的基本知识,以及万用表、直流电压表、直流电流表等基本仪器的使用,并锻炼学生用理论知识解决实际问题的动手能力和工程思维。智慧化教学手段的应用与思政元素的无痕融入,保证了学生"真学""真做""真思""真悟",取得较好的教学效果。

对于工程应用部分,在课时允许的情况下,如果能让学生搭建一些更具综合性的电路,印象将更深刻。

2.11 一阶 RC 电路"非正常"现象研究[①]

2.11.1 案例简介与教学目标

本实验以一阶 RC 电路为载体,引导学生观察其过渡过程中的"非正常"现象和非理想特性,应用电路基本理论分析和解释它们的成因,让学生理解这些特性对实际电路工作和电路设计的影响,并初步掌握规避和消除这些影响的方法与思路,从而帮助学生建立理论知识与工程实践的有机联系。本次课程的教学目标如下。

1. 知识传授层面

(1) 深入学习示波器触发电路的工作原理,熟练掌握使用示波器捕捉非周期性突发信号并进行参数测量的操作方法。

(2) 观察实际电路中存在的杂散电容、杂散电感、机械开关抖动等现象,并进行定量计算。

(3) 分析电路分布式参数对电路系统的影响,并学会使用相应技术手段进行规避。

2. 能力培养层面

(1) 培养学生数字示波器的高级触发操作能力。

(2) 锻炼学生一阶动态电路过渡过程理论知识的应用能力。

(3) 加深学生对实际电路系统的认知,初步建立工程思维,促进学思结合,知行统一。

3. 价值塑造层面

(1) 辅助学生正确认识理想与现实的差距。

(2) 帮助学生树立正确的人生观、价值观。

(3) 培养学生科学辩证的思维方式和观点。

2.11.2 案例教学设计

1. 教学方法

在实验内容上,根据学生现有理论基础和动手水平,层层递进,逐步进行知识讲解和操作训练,并采用动画、视频等手段,让学生自主学习,把握学习主动权;在实验手段上,充分应用物联网、大数据、人工智能等先进信息化手段,在自行研发的"物联网型智慧电路技术

---

① 完成人:北京科技大学,李擎、冯涛、袁莉、林颖。

实验平台"上,实现实验过程的全流程智慧化、电子化,进而实现"以学生为主、教师为辅"的个性化自主学习模式。

2. 详细教案

教学内容

1) 人脸识别登录与预习测验

学生首先通过人脸识别方式登录到系统,以防止学生冒名顶替做实验,规范学生学术诚信。之后,系统自动出题考查学生前面所学知识,以及本次课程的预习情况,考查的内容有以下几方面。

(1) 前面课程内容回顾。

示波器的基本使用,如时基调整、电压挡位调整、耦合方式调整等。

(2) 一阶电路的理论知识回顾。

一阶 RC 电路零状态响应、零输入响应、全响应等概念的理解。

(3) 一阶 RC 电路理论参数计算。

利用所学到的理论知识,计算一阶 RC 电路相关参数的理论值。

2) 捕获单次非周期信号

通过正确的触发设置,捕获单次非周期信号。设置以下内容。

(1) 触发电平:设置到被捕获电压的最低和最高电压之间。

(2) 触发方式:单次触发或者正常触发。

(3) 触发类型:边沿触发,上升沿或者下降沿。

(4) 触发源:被捕获信号所在通道。

(5) 其他:合适的时基、电压挡位、耦合方式。

3) 杂散电容现象捕获与观察

典型的一阶 RC 电路如图 2-11-1 所示,按照课堂理论知识,当开关 K 闭合时,在示波器上可以捕捉到理想的一阶电路零状态响应曲线。

思政元素融入点

通过人脸识别技术,杜绝冒名顶替现象,规范学术诚信;通过预习测验,端正学生学习态度,确保学生进行了深度的课前预习。

融入方式

首先对前面知识进行复习和回顾,包括示波器的基本操作方法、一阶 RC 电路的理论分析知识。之后对与本节课相关的预习知识点进行考查。

思政元素融入点

应用示波器对实际信号进行测量,培养学生学以致用、勤于实践的品质。

融入方式

学生自行观看实验指导视频,边观看,边动手,进行单次非周期信号捕获。

思政元素融入点

通过这种"非正常"现象,学生理解到实际电路与理想电路的差别,实现"理论思维"向"实践思维"的转变。

融入方式

捕获因为杂散电容的存在产生的一阶 RC 电路零状态响应曲线,向学生提出问题:在电容未接入电路的情况下,为什么仍然能够产生典型的一阶 RC 电路零状态响应曲线?

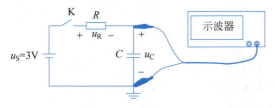

图 2-11-1 典型的一阶 RC 电路

但是,在这里一开始让电容 C 不接入电路,电路如图 2-11-2 所示。

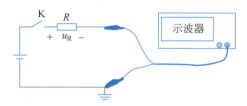

图 2-11-2　电容 C 未接入时的电路

由于现在没有电容 C 需要充电,理论上,当开关 K 闭合时,示波器上的电压波形应该是以 90°的斜率从 0V 上升到 3V。然而,实际捕捉到的波形仍然是个典型的一阶电路零状态响应波形,如图 2-11-3 所示。

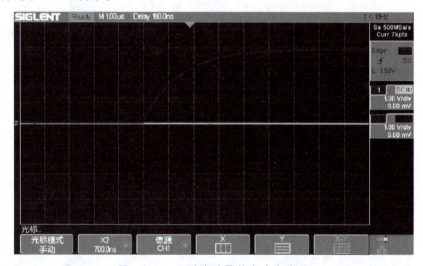

图 2-11-3　一阶电路零状态响应波形

此时引导学生思考出现这种"非正常"现象的原因。尽管现在电路中没有接入实体电容器 C,但是自然界中任何两个相互绝缘的导体都会产生电容效应,称之为杂散电容,这种杂散电容虽然容量很小,但是无法完全消除。上面的电路中虽然没有接入实体电容器 C,但是示波器测试线的红、黑夹子及与它们相连的导线都是绝缘的,都会形成杂散电容,最终仍然形成了一阶 RC 电路,如图 2-11-4 所示。

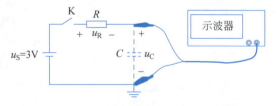

图 2-11-4　杂散电容形成的一阶 RC 电路

因此在开关闭合瞬间,会通过电阻 R 给这个杂散电容 C 充电,从而产生了一阶 RC 电路的零状态响应波形。让学生通过这个波形测量出电路的时间常数,再反向计算出杂散电容值。

4)杂散电感现象观察

让学生使用示波器的另一通道观察图 2-11-5 中 A 点处的波形。

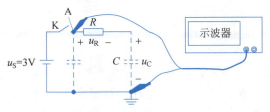

图 2-11-5　观察 A 点波形电路图

> **思政元素融入点**
> 实际电路中出现的"非正常"现象,都可以通过理论分析得到合理的解释,这说明理论来源于实践,又能反过来指导实践。
>
> **融入方式**
> 引导学生思考:如果将一阶 RC 电路中的 R、C 都去掉,能观察到什么样的现象呢?从而让学生捕获并观察杂散电感导致的二阶振荡现象,进一步进行"非正常"现象观察与思考。

此时示波器探头同样存在着杂散电容,但是当开关 K 闭合时,这个杂散电容与电源正极直接用导线相连,相当于 RC 电路中的 $R=0$,时间常数 τ 也为 0,那么按照电路理论知识,当开关 K 闭合时,A 点电压应该以 90°的斜率上升到 3V,然后一直保持 3V 电压不变。但是学生实际捕捉到的 A 点波形却是如图 2-11-6 所示的振荡波形。

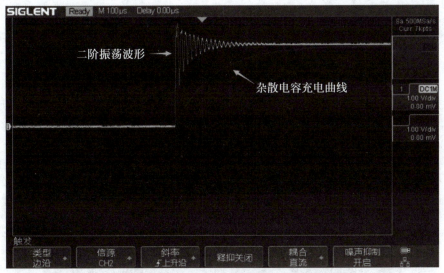

图 2-11-6　实际观察波形

此时向学生讲授,尽管 A 点与电源正极以导线直接相连,但是在实际的电路系统中,任何一根导线本身都存在导线电阻和导线电感,因此,上面的电路实际上等效为图 2-11-7 所示电路。

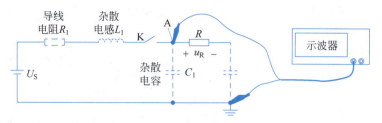

图 2-11-7 杂散电感形成的电路

思政元素融入点

如何将欠阻尼二阶振荡波形变成过阻尼的呢？按照理论分析，只需要将回路中的电阻增大即可。但是，又不能无限制地增大，否则会影响波形的上升时间，对信号产生不利影响。从而让学生认识到在解决问题时要讲究"平衡"与"取舍"，学会辩证地思考问题。

融入方式

介绍二阶振荡现象对高速数字信号传输的影响，并通过相应技术手段来规避这种影响，从而通过理论分析来解决实际问题，反映了理论对实践的指导作用。

5) 二阶振荡现象规避

图 2-11-7 所示的电路模型在高速数字电路的信号线走线中普遍存在。在设计电路板时，对于走线的杂散电感、杂散电容等因素控制得不好，那么单片机接收到的信号就不再是完整的数字信号，而是在跳变处出现很多振荡（如图 2-11-8 所示），从而影响单片机对信号的接收，使得通信出错。

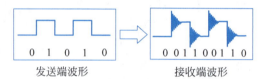

图 2-11-8 二阶振荡对信号波形的影响

在高速数字电路设计中，降低信号线分布参数的影响，提高信号传输的质量，被称为"信号完整性"问题。解决"信号完整性"问题是数字电路设计工程师面对的一个重要问题。常用的解决措施有合理布线、阻抗控制、串联源电阻和并联终端电阻等。在这里，让学生尝试在信号通路中串入电阻来改善信号完整性。串入不同阻值的电阻得到的波形不同，如图 2-11-9 所示。

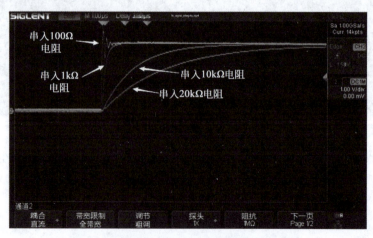

图 2-11-9 串联电阻对二阶振荡现象的影响

可以看到,当串入 100Ω 电阻时,波形跳变处的振荡幅度和持续时间已经减少,串入 1kΩ 电阻后,已经不再出现振荡现象,但是波形的上升时间变慢。串入 10kΩ 和 20kΩ 电阻后,波形上升时间继续变慢,已经不适合传输高速数字信号。因此,采用这种方法,应该在信号完整性与波形的跳变速度间取得平衡。

6) 机械开关抖动现象捕获与观察

后续的数字电路和单片机综合设计方面的课程中,经常会涉及机械开关去抖的内容,为了让学生提前做好知识铺垫,这里以一阶 RC 电路为载体来让学生对机械开关的非理想特性产生感性而具体的认识,这有利于他们后续的课程学习,开关抖动现象观察电路如图 2-11-10 所示。

思政元素融入点

将典型的一阶 RC 电路的开关闭合,但得到的却不是光滑的上升曲线,而是阶梯状上升曲线,为什么与理论分析不相符呢?通过这些思考,学生认识到"纸上得来终觉浅,绝知此事要躬行"。一个简单的机械开关,其实际特性与理论模型仍然有较大的差别。因此实际电路设计与分析要理论联系实际,不能想当然。

融入方式

让学生捕获并观察机械开关闭合瞬间产生的开关抖动现象。这些现象可以引发学生思考。

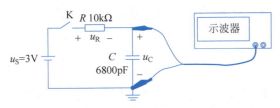

图 2-11-10 开关抖动现象观察电路

该图仍然是典型的一阶 RC 电路,其中 R 和 C 分别使用 10kΩ 的实体电阻和 6800pF 的实体电容。按照电路理论知识,当开关 K 闭合时,示波器上观察到的应该是理想的一阶零状态响应曲线,但是实际捕捉到的曲线却如图 2-11-11 所示。

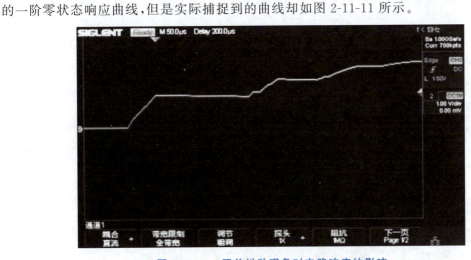

图 2-11-11 开关抖动现象对电路响应的影响

可以看到该波形不是按指数规律平滑上升的,而是以台阶状的形状在断续上升。

这种机械抖动可能会造成电路的误触发,如鼠标按键单击一次,可能会让程序响应好几下,因此在实际电路设计中,必须要对这种机械抖动进行处理。

> **思政元素融入点**
>
> 本节课让学生认识到：电路分析课中的理论与实际就犹如生活中的理想与现实，总是存在差距，需要勇于面对、冷静分析、努力付出，才能缩小这种差距，实现人生价值。
>
> **融入方式**
>
> 总结本次课知识点让学生提纲挈领地对一阶 RC 电路中出现的"非正常"现象有整体上的理解。

7) 课程总结

（1）学习了示波器高级触发操作方法。

（2）捕获和观察到了杂散电容对电路的影响，并进行了杂散电容的定量计算。

（3）捕获和观察到了杂散电感对电路的影响，并采用串联电阻的方式进行规避和消除。

（4）观察并分析了机械开关的非理想特性。

8) 内容拓展

（1）查阅资料，了解由 RC 电路构成的微分电路和积分电路的工作原理，并使用 Multisim 进行仿真研究。

（2）查阅资料，了解常见的按键去抖处理方法并进行设计。

2.11.3 教学效果及反思

本次课以一阶 RC 电路为载体，利用示波器的高级触发功能，让学生观察到实际电路中广泛存在的"非正常"现象，包括杂散电容、杂散电感、机械开关抖动等特性，从而切身了解到实际电路与理论知识的不同所在。"纸上得来终觉浅，绝知此事要躬行"，这是学生在本次实验报告中提及最多的总结，说明这次课程的学习让学生在实践层面有了较大的认知和实践收获。鉴于一阶 RC 电路在实际电路中广泛存在，如果能引入如 555 振荡器、电容触摸开关等更有趣味性和实用性的电路，将使学生的学习兴趣更加浓厚，课程收获将更加明显。

2.12 使用继电器实现的 Boost 升压电路设计[①]

2.12.1 案例简介与教学目标

电容器与电感器这两种储能元件在电路设计中应用极为广泛，掌握它们的特性与应用方法，能够有效地促进学生动手能力、工程设计能力和综合创新能力的提高。本次课程的教学目如下：

1. 知识传授层面

（1）学习电容器、电感器两种元件的动态特性以及工程应用知识。

（2）掌握由继电器组成的 Boost 升压电路的工作原理和搭建方法。

（3）学会万用表、直流稳压电源、示波器等仪器的综合使用方法。

2. 能力培养层面

（1）培养学生基本电子元器件的综合应用与工程化设计能力。

---

① 完成人：北京科技大学，冯涛、李擎、袁莉、林颖。

(2) 锻炼学生运用理论知识解决实际问题的分析与动手能力。
(3) 加强学生电路系统整体设计、故障查找与综合调试能力。

3. 价值塑造层面
(1) 塑造学生主动认真的实验态度。
(2) 培养学生团结协作的合作意识。
(3) 激发学生科技报国的家国情怀。

2.12.2 案例教学设计

1. 教学方法
本次课应用自行研发的"物联网型智慧电路技术实验平台",并配合自行录制的教学视频进行实验教学,对学生实现针对性、个性化的实验指导,并使用物联网技术杜绝数据抄袭,保证学生自主完成实验。

2. 详细教案
教学内容
1) 内容引入

光刻机(如图 2-12-1)被称为现代半导体行业的"皇冠",是人类智慧集大成的产物。播放世界高端光刻机及其制造厂商荷兰阿斯麦公司的介绍视频,引入国内芯片制造业需要攻坚的热点问题,让学生了解国内外芯片制造业发展现状,从而讲解实际电路系统设计与本课程之间的关系。

> **思政元素融入点**
> 讲解华为芯片断供、高端光刻机对华禁运等行业热点事件,让学生了解国内芯片制造业面临的攻坚问题,激发学生的爱国情怀。
>
> **融入方式**
> 通过华为芯片断供问题,引入芯片制造环节中的关键设备——光刻机,向学生讲解光刻机光源驱动电路的设计要求。

图 2-12-1 光刻机

光刻机光源使用 20 000V 以上的直流高压来击穿惰性气体而产生,并且由于使用的是波长极短的极紫外光,在传输过程中,能量损耗达到 98%。因此,对光源驱动电路板的设计目标包括高电压、高能量两方面。

> **思政元素融入点**
>
> 电感器具有阻止电流突变的特性,这里引用"雄关漫道真如铁,而今迈步从头越"来比喻电磁铁线圈在突然断电时,其电流要持续流动而产生高压、击穿空气、产生电火花的现象,从而引出利用电感器产生高压的基本原理。
>
> **融入方式**
>
> 通过对电容器和电感器的动态特性分析,引导学生思考哪个可以用于实现高电压。通过分析电路中开关触点断开瞬间高压产生的过程,让学生对该过程有清晰的认识。

2)高电压产生原理

首先通过电容器和电感器两种储能元件的动态特性来分析如何利用它们实现高电压和高能量。电容器两端电压与电流是积分关系,只要保证电流持续流入,就可以使得其两端电压逐渐升高,最终得到高电压,那么如何来让电流持续流入呢? 这里先留下一个疑问。

电感两端电压与流过它的电流是微分关系,也就是说,只要流过电感的电流发生剧烈变化,就能够在它两端得到很高的电压。所以,本次实验使用电感来得到高电压,电路如图 2-12-2 所示。

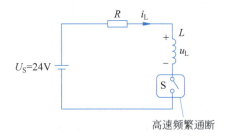

图 2-12-2 实验电路

通过实际电路的搭建及现象观察,确认在开关断开瞬间确实产生了高压,并通过示波器测量出瞬间产生的高压电压达到 480V,如图 2-12-3 所示。

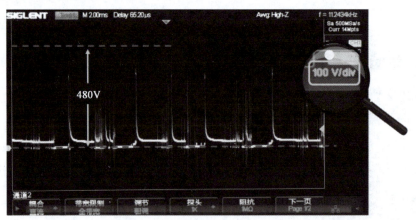

图 2-12-3 触点两端电压波形

3)能量存储原理

图 2-12-3 所示的电路实现了高电压的产生,但是还没实现第二个设计目标:高能量。为了实现高能量,需要利用电容器的动态特性,实现能量的存储,电路如图 2-12-4 所示。

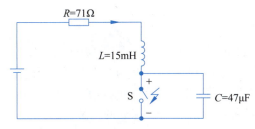

图 2-12-4　使用电容实现能量存储的电路

经过分析，图 2-12-4 所示的电路无法实现能量的持续存储，还需要加入二极管，防止能量的释放，如图 2-12-5 所示。

思政元素融入点

要实现能量的持续存储，除了要使用电容器以外，还需要利用二极管的单向导电性，在开关闭合时，防止电容电荷向外释放。因此，要实现整体功能，需要电感、电容和二极管发挥各自特点，从而体现出团结协作的重要性。

融入方式

通过二极管与电容的结合使用来实现能量的持续存储。

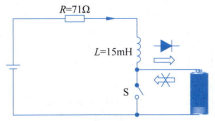

图 2-12-5　加入二极管的电路

通过电容的储能作用，实现了能量的存储，最终实现了所需要的具有一定能量输出的高电压产生电路。

4）实验台自动获取并批改数据

学生搭建好电路后，实验台自动获取测量数据，并且自动批改，实现实验过程全流程电子化、自动化。实验完成后，实验台自动给出学生实验成绩。

5）内容总结

（1）电容器、电感器两种储能元件的动态特性研究与实际应用。

（2）使用继电器、电容、二极管，搭建 Boost 升压电路。

课后思考与拓展：

（1）为什么实验中的电压会有饱和现象，如何规避这种现象，使得电压升到更高？

（2）还有哪些方式可以实现开关触点高速频繁通断，让学生课下查阅相关资料，了解其实现过程。

思政元素融入点

采用游戏冲关式设计，数据不正确会反复让学生测量，确保学生自行完成实验，并且锻炼学生认真细致的实验作风和坚韧不拔的性格品性。

融入方式

如果学生测量数据出错，系统会要求学生思考并查找出操作问题，直到测量出正确的数据。

思政元素融入点

通过对课程的总结，学生理解各个电子元器件对系统整体所起到的作用，从而培养学生团结协作的意识。

融入方式

总结本节课的主要内容，强调重点和难点，并给出课后思考与拓展。

2.12.3 教学效果及反思

本次课从我国华为公司被美国芯片禁售以及 EUV 高端光刻机需要攻坚的热点事件引入,让学生了解我国芯片制造行业现状,从而树立科技报国的情怀与担当。之后让学生使用继电器搭建了 Boost 升压电路,通过实际的电路现象,学生学习和理解了 Boost 升压电路的工作原理和工作过程,并且对基本电子元器件的实际应用有了深刻的了解。

这次课的内容实际上利用了继电器线圈的自感电动势现象,然而,在实际电路中,一般使用专门的电感并配合相应的驱动电路来实现 Boost 升压电路,可以考虑在后面加入这部分内容,让学生学习并掌握更具有实用性的 Boost 升压电路,更好地与后续课程内容进行衔接。

参考文献

[1] CHUA L. Memristor-the missing circuit element[J]. IEEE Transactions on Circuits Theory,1971,18(9):507-519.
[2] WILLIAMS R S. How we found the missing memristor[J]. IEEE Spectrum,2008,45(12):28-35.
[3] CHEN Y R. What is memristor? [J]. ACM SIGDA Newsletter,2009,39(11):4-5.
[4] 蔡鲲鹏,李勃,周济.第四种无源元件——忆阻器的概念、原理与应用[C]//中国电子学会第十六届电子元件学术年会.2010:3-11.
[5] 燕庆明,石晨曦.电路基础及应用[M].北京:高等教育出版社,2012.
[6] 张巨芳.戴维南定理及应用[J].安徽电子信息职业技术学院学报,2009,8(6):22-24.
[7] 董霞,俞晓冬,郝玲艳,等.中华传统文化融入课程思政教学的探索[J].电气电子教学学报,2023,45(1):84-87.
[8] 唐秀明,陈君,曾照福,等.以学生为中心的"电路"课程实验设计:以戴维南定理为例[J].工业和信息化教育,2023(6):79-84.
[9] 张学文,司佑全.戴维南定理实验研究[J].湖北师范大学学报(自然科学版),2020,40(4):97-102.
[10] 田号,徐迪飞.铝电解电容失效分析[C]//2020 年中国家用电器技术大会.2020:1900-1905.
[11] 俎云霄,李巍海,侯宾,等.电路分析基础[M].北京:电子工业出版社,2020.

第 3 章

模拟电子技术

3.1 模拟电子技术课程简介

"模拟电子技术"是电子、电气、信息、集成电路等专业本科生在电子技术方面入门性质的专业基础课程,具有鲜明的自身体系和很强的实践性,一般在大学二年级上学期进行讲授。本门课程基于半导体材料与器件来讲述模拟电路的基本原理及其应用,具有知识点分散、分析方法多样、应用性强的特点,课程体系前后联系虽紧密但延伸性较强,对于初学者来说,具有一定的难度。这要求教师在授课过程中从基础出发,认真梳理课程知识的主线,在讲清基本元器件理论的条件下进行基本电路的讲授,进而拓展到应用电路的分析与设计。

学习本课程,不仅能使学生掌握常用电子元器件、基本模拟电路的原理及分析方法,对一定复杂程度的电路进行性能分析及参数计算,而且可以在基本电路的基础上进行比较复杂电路的分析设计、仿真模拟及真实实现,为深入学习电子技术及其在专业中的应用打下基础。同时,培养学生的科学态度、辩证思维、工程意识、创新能力、自主学习能力及正确的人生观与价值观。

模拟电子技术课程主要包括半导体器件基础、晶体管放大电路、场效应管放大电路、复合管与多级放大电路、放大电路的频率响应、放大电路中的反馈、集成运算放大电路及其应用、波形发生电路、功率放大电路及直流稳压电源等内容,各部分具体涵盖的内容如图 3-1-1 所示。

针对本课程的一些重要知识点,设计理论与实验课的教学思政案例,涵盖的知识点有:半导体基础知识、晶体三极管的电流放大原理、放大电路静态工作点的稳定问题、晶体管单管放大电路的 3 种基本接法、反馈的基本概念及判断方法、集成运算放大器、比例运算电路、直流稳压电源、常用仪器的使用与共射极单管放大电路性能指标测试、输出可调的直流稳压电源实验、集成运算放大电路的分析与设计。

图 3-1-1 模拟电子技术的知识图谱

3.2 半导体基础知识[①]

3.2.1 案例简介与教学目标

本部分内容处于整门课程的开始部分，主要介绍了半导体、本征半导体、杂质半导体、PN 结。本部分的教学目标如下。

1. 知识传授层面

（1）了解半导体、本征半导体的概念和特点。

（2）掌握杂质半导体的概念和特点。

---

① 完成人：北京电子科技学院，丁丁、赵成。

(3) 掌握 PN 结的形成及其单向导电性。

2. 能力培养层面
(1) 培养学生对模拟电子技术的基本概念和理论的理解与掌握。
(2) 培养学生的分析问题能力和思维判断能力。
(3) 培养学生将理论知识应用于实际工程的能力。

3. 价值塑造层面
(1) 拥护中国共产党的领导,坚定四个自信。
(2) 加强爱国主义教育,培养学生家国情怀。
(3) 激发学生学习先进技术、报效祖国的热情。

3.2.2 案例教学设计

1. 教学方法
本部分内容从半导体的概念开始,逐层递进,重点讲述本征半导体、杂质半导体(包括 N、P 型半导体),最后导入 PN 结的内容。重点讲解杂质半导体、PN 结的结构,使学生在物理材料层面,对模拟电路中常用器件二极管、三极管有基本认识。在讲解半导体材料、杂质半导体、PN 结内容中融入思政元素。

2. 详细教案
教学内容
1) 半导体材料
(1) 物质的分类(按导电性)。
① 导体(导电性能好):低价元素(如 Cu、Al 等)。
② 绝缘体(导电性能极差):高价元素(如惰性气体)或高分子物质(如橡胶)。
③ 半导体(导电性能介于导体和绝缘体之间):四价元素(如 Si、Ge 等)。
(2) 本征半导体。
① 定义:纯净的、晶体结构完整的半导体,其结构如图 3-2-1 所示。

思政元素融入点
从半导体材料引出国内外关键半导体材料生产现状。

融入方式
举例:为反制国外对我国半导体技术封锁,我国对半导体关键材料镓、锗进行出口管制,镓和锗是半导体产业中不可或缺的元素,广泛应用于高端芯片、光电器件、太阳能电池等领域。我国是全球最大的镓和锗生产国和消费国;我国用于生产芯片的高纯硅以前几乎完全依赖进口,大规模工业化提纯技术掌握在国外企业手里,现在这种局面得到了改善,我国的电子级多晶硅开始实现量产,以后能够支撑起"中国芯"的腾飞。

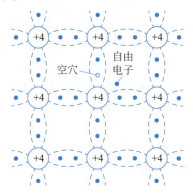

图 3-2-1 本征半导体的结构

② 本征激发：半导体在热激发下产生自由电子和空穴对。

③ 复合：自由电子与空穴相碰，同时消失。

④ 温度影响：一定温度下，自由电子与空穴对的浓度一定。温度升高，热运动加剧，挣脱共价键的电子增多，自由电子与空穴对的浓度加大。

2）杂质半导体

在本征半导体中，掺入一定量的杂质元素，就形成杂质半导体。

（1）N型半导体。

① 定义：在本征半导体 Si 中，掺入五价杂质（磷、砷等，见图 3-2-2），称之为 N 型（电子型）半导体。

思政元素融入点

从半导体掺杂工艺引出国内外芯片制造设备现状。

融入方式

举例：光刻设备属于高精端产品，长期依赖进口。为限制我国半导体技术的发展，美、日、荷签订三方协议，封锁核心半导体设备材料对我国市场的供应。为保证国家安全，光刻设备的自主可控需求日益突出，促使我国加快光刻机国产化进程。目前，上海微电子可生产 90nm 及以上制程的光刻机，28nm 的 DUV 光刻机已在研发和调试中，国产光刻机未来具有较大发展空间。

通过上述介绍，使学生了解国内外集成电路发展现状，培养爱国情怀，激发学习先进技术、报效祖国的热情。

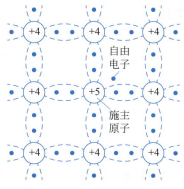

图 3-2-2　N 型半导体

② 施主原子：由于五价原子贡献出一个自由电子，因此称之为施主原子。施主原子因失去一个电子而成为正离子。

③ 导电性：N 型半导体主要靠自由电子导电，掺入杂质越多，自由电子浓度越高，导电性越强。

（2）P型半导体。

① 定义：在本征半导体 Si 中，掺入三价杂质（如硼、镓等，见图 3-2-3），称之为 P 型（空穴型）半导体。

② 受主原子：三价原子留下的空位容易吸收电子，使杂质原子成为负离子。杂质原子因此被称为受主原子。

③ 导电性：P 型半导体主要靠空穴导电，掺入杂质越多，空穴浓度越高，导电性越强。

（3）导电性可控。

杂质半导体主要靠多数载流子（多子）导电。掺入杂质越多，多子浓度越高，导电性越强，实现导电性可控。

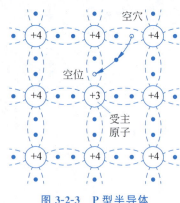

图 3-2-3　P 型半导体

3）PN 结

在一块本征半导体上，通过不同的掺杂工艺，其形成相邻的 P 型和 N 型半导体区，在接触区的界面处会形成 PN 结。

（1）PN 结的形成。

① 扩散运动：浓度差引起的多数载流子扩散运动（见图 3-2-4）。

扩散运动使靠近接触面 P 区的空穴浓度降低、N 区的自由电子浓度降低，产生内电场。

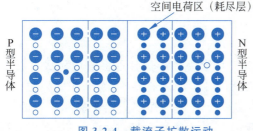

图 3-2-4　载流子扩散运动

内电场阻止空穴从 P 区向 N 区、自由电子从 N 区向 P 区运动，从而阻止扩散运动的进行。

② 漂移运动：内电场作用下少数载流子的定向运动（见图 3-2-5）。

参与扩散运动和漂移运动的载流子数目相同。

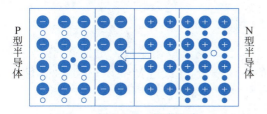

图 3-2-5　漂移运动

③ 总结：浓度差→扩散运动→形成耗尽层（空间电荷区）→产生内电场→阻碍多子扩散，有助于少子漂移→动态平衡→形成 PN 结。

（2）PN 结的单向导电性。

① 正向导通：PN 结正向偏置→空间电荷区变窄→正向电阻很小（理想时为 0）→正向电流较大→PN 结导通（见图 3-2-6）。

② 反向截止：PN 结反向偏置→空间电荷区变宽→反

思政元素融入点

从 PN 结的形成引出团结协作、融入集体的重要性。

融入方式

举例：单独的 P 型或者 N 型半导体的实际用处不大，但是二者结合在一起，就能形成具有单向导电性这一重要功能的 PN 结构。没有完美的个人，只有完美的集体。团队精神是大局意识、协作精神和服务精神的集中体现。

团结协作并不是要求个人牺牲自我，而是像 PN 结中的 P 型半导体和 N 型半导体一样，挥洒个性、表现特长，产生真正的内心动力，保证团队共同完成任务目标。

思政元素融入点

从 PN 结的单向导电性引出抓住主要矛盾。

融入方式

举例：PN 结的单向导电性并不是绝对的反向截止，会有漏电流的存在。从整体上看，漏电流很小，不会改变 PN 结的单向导电性。因此，在理论分析和实际应用中，可以忽略漏电流的影响。

无论是日常的学习、工作，还是在党和国家的伟大事业中，能不能沿着正确方向前进，取决于能否准确认识和把握主要矛盾、确定中心任务。

习近平总书记指出："面对复杂形势、复杂矛盾、繁重任务，没有主次，不加区别，眉毛胡子一把抓，是做不好工作的。"全力找出、紧紧抓住、优先解决主要矛盾和矛盾的主要方面，是推动事物发展的关键。

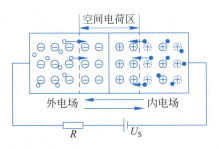

图 3-2-6　单向导电性

向电阻很大(理想时为∞)→反向电流(反向饱和电流)极小(理想时为 0)→PN 结截止。

③ 单向导电性：PN 结正向偏置时导通，反向偏置时截止。

3.2.3　教学效果及反思

通过本次教学，学生可以学习到模拟电子技术中核心器件三极管的构成材料，掌握掺入不同杂质构成的 N 型和 P 型半导体，以及这两种半导体的特性；掌握 PN 的结构及特性；培养学生分析问题能力和思维判断能力，培养学生将理论知识应用于实际工程的能力；在教学过程中引入思政元素，让学生意识到我国在半导体技术发展方面与国外的差距，尤其是在中美对抗的背景下，半导体技术被美日欧"卡脖子"的情况下，更需加强爱国主义教育，培养学生家国情怀，激发学生学习先进技术、报效祖国的热情；让学生认识到团结协作，抓住主要矛盾的重要性，在未来学习和工作中，更好地融入集体、融入祖国建设中。

3.3　晶体三极管的电流放大原理[①]

3.3.1　案例简介与教学目标

晶体三极管是构成电子电路的关键元件之一，它可以用来放大电信号、作为电子开关、存储信息等。本部分内容处于整门课程的入门阶段，主要介绍晶体三极管的结构、电流放大原理、特性曲线、主要参数等。本部分的教学目标如下。

1. 知识传授层面

(1) 掌握晶体管放大条件、电流分配关系、工作状态的判断。

(2) 理解晶体管共射输入、输出特性及主要参数。

(3) 了解晶体管的分类、结构、内部载流子的传输过程。

2. 能力培养层面

(1) 培养学生发现问题的能力和批判性思维。

(2) 培养学生分析和判断电子电路的能力。

(3) 培养学生将理论知识应用于实际工程的能力。

---

① 完成人：华北电力大学，文亚凤；同济大学，张文豪、易延、汪洁、刘芳。

3. 价值塑造层面

(1) 培养学生创新意识和创新精神,树立正确的人生观和价值观。

(2) 培养学生科学、辩证的思维方式和观念。

(3) 培养学生建立系统观念和工程观念。

3.3.2 案例教学设计

1. 教学方法

本部分内容按照视频引入、知识分析、状态判别和问题总结 4 部分逐渐加深学生的理解,按照认知的层次由低到高进行教学设计。运用"循序渐进"原则,采用"启发探究法""类比推理法",由直观到抽象、由内因到外因逐层展开内容,再由理论到实践加强认知。各个环节着重分析内因和外因对事物发展和变化的影响,同时以工作状态和人生定位相映射逐层递进,融入思政元素。

2. 详细教案

教学内容

1) 导入——晶体管发展历程

(1) 查阅资料:了解晶体管历史事件和关键人物,图 3-3-1 展示了世界上第一只晶体管。

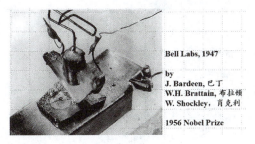

图 3-3-1　第一只晶体管

(2) 观看视频:"晶体管——塑造世界的伟大发明"。

2) 晶体管的内部结构

(1) 类型:NPN 型晶体管和 PNP 型晶体管。

(2) 结构:通过不同的掺杂方式,在一个硅片上制造出 3 个掺杂区域,形成两个 PN 结。NPN 型晶体管结构与符号如图 3-3-2 所示。

(3) 结构特点。

NPN 型晶体管的剖面结构如图 3-3-3 所示,其有如下特点:

① 发射区的掺杂浓度很高;

思政元素融入点

讲述晶体管发展历程,激发学生积极探索、科技报国的家国情怀和使命担当,敢于迎接挑战,为发展我国的"卡脖子"技术贡献力量;教育学生要有团队协作精神、使命意识、创新意识和创新精神。

融入方式

课前查阅资料,了解"三剑客"发明第一只晶体管的故事,3 位科学家在物理理论、器件、实验方面各有所长,团结协作,最终成功发明了晶体管。

课堂观看视频,导入我国科学家在长达半个多世纪的艰辛探索中,一路披荆斩棘,打造出了中国人自己的芯片——"龙芯",强调"自主研发"重要性。

思政元素融入点

从晶体管的内部结构出发,理解内因是决定事物发展的根本原因。

融入方式

NPN 型晶体管由于发射区掺杂浓度高,基区很薄,集电区面积很大,这样的结构特点决定了晶体管具备放大的内部条件。

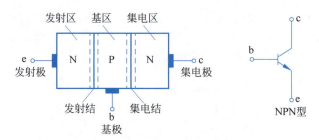

图 3-3-2　NPN 型晶体管结构与符号

② 基区很薄且掺杂浓度很低；
③ 集电区的面积大于发射区的面积。

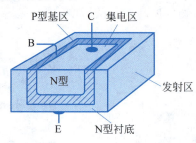

图 3-3-3　NPN 型晶体管剖面图

3) 晶体管电流放大的外部条件

(1) 认识晶体管电路中的电流关系。

NPN 型晶体管构成的基本放大电路中的电流如图 3-3-4 所示，其中的电流关系为

$$I_E = I_B + I_C$$
$$I_C \gg I_B$$
$$I_C \approx I_E$$

思政元素融入点

从晶体管外加的偏置电压出发，理解外因是事物发展的必要条件。

融入方式

根据辩证唯物主义"认识从实践开始"的观点，给出一组实验数据，带领学生一起分析归纳得出结论：什么是晶体管的电流分配和电流放大作用。

然后，引导学生思考晶体管要具有电流分配和电流放大作用必须具备的内因和满足的外因，培养学生辩证的科学观。

最后，理论联系实际，用万用表判断与检测晶体管。

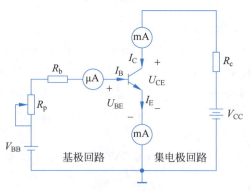

图 3-3-4　基本晶体管放大电路

(2) 晶体管放大的外部条件。
发射结正偏,集电结反偏。
V_{BB}:保证发射结正向偏置。
V_{CC}:保证集电结反向偏置。
(3) 互动讨论:晶体管的管型、管脚的判断与检测。
① 由外形判断 3 个管脚。
② 用万用表判断与检测。
③ 已知 3 个管脚电位,如何判断?
4) 晶体管内部载流子的传输过程
在合适的偏置条件下,载流子在晶体管内运动,电流如图 3-3-5 所示。
① 扩散运动:形成发射极电流 I_E。
② 复合运动:形成基极电流 I_B。
③ 漂移运动:形成集电极电流 I_C。
④ 结论:晶体管是双极型、电流控制器件。
⑤ 电流关系:$I_E = I_C + I_B$,$I_C \approx \bar{\beta} I_B$。

> **思政元素融入点**
>
> 从晶体管内部载流子的传输过程,明确内因是事物发展的根本,而外因是事物发展的必要条件。透过内因与外因的相互关系,引导学生辩证地看待机遇,成才的关键在于平时不断积累,提高自身综合素质,才能抓住机遇。
>
> **融入方式**
>
> 在偏置电压的作用下,从载流子受到的电场力作用的角度出发,引导学生分析晶体管内部载流子的传输过程,I_E 在基极和集电极之间的分配比例以及电流放大系数 $\bar{\beta}$ 主要取决于晶体管内部的结构,充分证明了内因是第一位的,外因是第二位的。

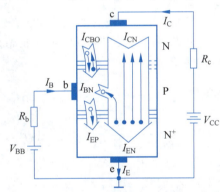

图 3-3-5 晶体管内部载流子运动与外部电流

5) 晶体管的共发射极特性曲线
(1) 晶体管输入特性曲线如图 3-3-6 所示,基极电流满足 $i_B = f(u_{BE}) \big|_{u_{CE}=常数}$。
(2) 晶体管输出特性曲线如图 3-3-7 所示,集电极电流满足 $i_C = f(u_{CE}) \big|_{i_B=常数}$。
(3) 晶体管的 3 个工作区域(见图 3-3-7)。
① 放大区:$I_C = \bar{\beta} I_B$。

> **思政元素融入点**
>
> 由二极管伏安特性曲线推理晶体管输入特性曲线,培养学生"举一反三、触类旁通"能力。
>
> 由晶体管的特性曲线引出其非线性到器件的线性化处理,培养学生"透过现象看本质"的能力,不但要知其然还要知其所以然。

融入方式

晶体管的特性曲线是内部载流子运动的外部表现,反映了晶体管的性能,是分析放大电路的依据;从特性曲线看出晶体管是非线性器件,为简化放大电路的分析和设计,需要进行线性化处理,从而为后续获得晶体管的微变等效电路模型打下基础。

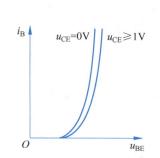
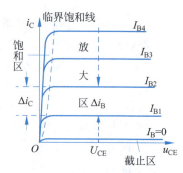

图 3-3-6　晶体管输入特性曲线　　图 3-3-7　晶体管输出特性曲线

条件:发射结正偏,集电结反偏。

② 截止区:$I_B = 0, I_C \approx 0$。

条件:发射结正偏不足或反偏,集电结反偏。

③ 饱和区:$I_C < \bar{\beta} I_B$。

条件:发射结和集电结均为正向偏置。

(4) 互动练习——晶体管工作状态的判断。

某晶体管放大电路如图 3-3-8 所示,其中 $U_{BE} = 0.7V$,$\beta = 50$,$U_{CES} = 0.3V$。

① 当 $u_I = 3V$ 时,判断三极管的工作状态。

② 当 $R_b = 10 k\Omega$ 时,判断三极管的工作状态。

6) 晶体管的主要参数

(1) 直流参数:$\bar{\beta} = \dfrac{I_C}{I_B}$,$\bar{\alpha} = \dfrac{I_C}{I_E}$,$I_{CBO}$,$I_{CEO}$。

(2) 交流参数:$\beta = \dfrac{\Delta i_C}{\Delta i_B}$,$\alpha = \dfrac{\Delta i_C}{\Delta i_E} = \dfrac{\beta}{1+\beta}$,$f_T$。

(3) 极限参数:I_{CM},P_{CM},$U_{(BR)CEO}$。

(4) 安全工作区(见图 3-3-9)。

根据 I_{CM}、P_{CM} 和 $U_{(BR)CEO}$ 的值,可在输出特性曲线上确定 4 个区:过损耗区、过流区、过压区和安全工作区。

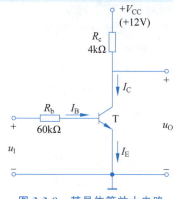

图 3-3-8　某晶体管放大电路

思政元素融入点

由"管为路用"——没有最好的器件,只有最合适的器件。

探讨人生的位置与价值的关系,引导学生找到适合自己的坐标,帮助学生树立正确的人生观与价值观。

融入方式

晶体管参数是用来表示性能和适用范围的数据,是合理选择和正确使用晶体管的依据,让学生认识到在组成晶体管放大电路时,应根据参数要求合理选择晶体管的型号,以保证晶体管安全可靠工作,让学生学会理论知识如何在实际中应用,培养学生树立工程观念。

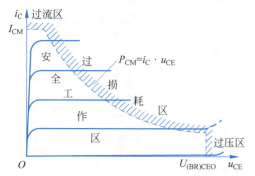

图 3-3-9　晶体管的安全工作区

7) 工程应用

(1) 避障小车超声测距系统(见图 3-3-10)中,晶体管构成了小信号放大电路,其工作在放大区。

(2) 测量电机转速的数字测速系统(见图 3-3-11)中,晶体管构成的门电路起开关作用,其工作在饱和区和截止区。

> **思政元素融入点**
> 进一步探讨人生的位置与价值的关系,帮助学生树立正确的人生观与价值观。
>
> **融入方式**
> 通过晶体管在实际工程中的工作状态不同其功能也不同,培养学生全面看待问题,理解价值与需求的关系,正确认识自身的价值与定位。

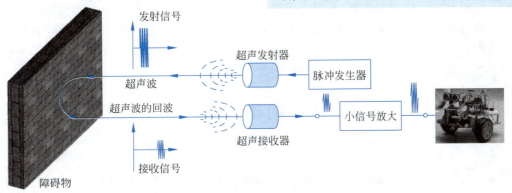

图 3-3-10 避障小车超声测距系统

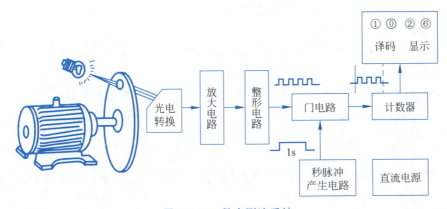

图 3-3-11 数字测速系统

3.3.3 教学效果及反思

本次课主要讲授晶体三极管的结构、放大原理、特性曲线和主要参数,特点是内容枯燥、知识点多、杂、难,而学生正处于课程的"入门难"阶段。为了让学生在知识、能力和素养 3 方面得到全面的培养,教学方法运用"循序渐进"原则,采用"启发探究法""类比推理法",引导学生全身心浸润课堂。

在教学过程中,通过提前查阅资料、观看视频引导学生了解国内外晶体管相关技术的发展历程,激发学生科技报国的家国情怀和使命担当,培养学生创新意识和创新精神。通过课堂教学探究,培养学生电子电路的判断能力和分析能力,科学辩证的思维方式和观念。通过师生互动讨论、练习、聚焦工程应用,培养学生将理论知识应用于实际工程的能力。通过线上线下、第一课堂和第二课堂相结合,进一步提高学生搜集、整合、分析、运用信息的能力。在教学过程中融入思政元素,帮助学生深刻理解内因和外因之间的关系,在人生发展过程中要辩证地看待机遇,找准自身的位置,要在勤奋努力修好内功的基础上寻求发展的机会,机会是给有准备的人。整体课堂气氛活跃,学生在知识、能力和素质方面能够得到全面的培养和浸润,达成教学目标。

对于晶体管的判断与检测、工程应用部分,如果能观看视频,学生印象会更深刻。晶体管工作状态的判断可以通过课堂仿真演示在不同元件参数变化的情况下晶体管状态的变化,也可以作为课后延展作业,培养学生的实验探究能力。课堂小结也可以通过提问的方式让学生梳理和总结,调动学生学习的专注度。

3.4 放大电路静态工作点的稳定问题[①]

3.4.1 案例简介与教学目标

本部分内容是整门课程的前半部分,主要介绍放大电路静态工作点的重要性,探讨影响静态工作点的因素,介绍典型的静态工作点稳定电路,分析其稳定原理、估算静态工作点和动态参数,介绍稳定静态工作点的其他措施。本部分的教学目标如下。

1. 知识传授层面

(1) 明确放大电路静态工作点的重要性,理解影响静态工作点不稳定的多种因素及不稳定的原因。

(2) 掌握典型的静态工作点稳定电路的组成、稳定原理和参数选择。

(3) 掌握静态工作点稳定电路的静态工作点、动态指标的估算方法。

(4) 掌握两种稳定静态工作点的方法。

2. 能力培养层面

(1) 培养学生理论联系实际的能力,能够根据实际需求设计静态工作点稳定的放大电路,并能合理选择元器件参数。

(2) 培养学生将所学知识之间建立联系,对所学知识进行思考、比较、总结和评价。

(3) 培养学生工程思维,学会从工程角度分析问题,深刻理解电路中各个元件的个体作用和协调工作的作用。

3. 价值塑造层面

(1) 培养学生自主学习能力:聚焦工程实际,培养学生对比、分析和总结知识的能力。

(2) 培养学生正确的人生观:通过"不大不小"合适静态工作点的概念传达一种人生哲理——虚则欹,中则正,满则覆。强调做人要正,即思想、言行都要有正气,不卑不亢;做事

---

① 完成人:华北电力大学,孙淑艳;同济大学,张文豪、易延、汪洁、刘芳。

要把握好分寸,既要坚持原则,也要留有余地。

(3) 培养学生辩证思维方式:没有任何一种方法是万能的,有一利将会有一弊,引导学生不能顾此失彼,学会全面、辩证地看待事物。

(4) 提升学生理实结合的能力:《荀子·大略》中有句话"善学者尽其理,善行者究其难",通过对课后作业和实验环节的探究,培养学生理论联系实际、严谨踏实、实事求是的科学作风。

3.4.2 案例教学设计

1. 教学方法

本部分内容从实例入手聚焦问题,采用启发式和问题式逐步展开,通过示证新知、重要概念讲解、电路结构和工作原理介绍、实例分析和仿真分析加强认知、加深理解进行教学设计,并在静态工作点稳定的概念、工作点稳定电路、工作点稳定电路的性能指标、带旁路电容的工作点稳定电路、实例分析和仿真分析部分融入思政元素。由静态工作点"合适"的概念引申到要学会正确认识自己,对自己正确定位,寻求适合自身的发展道路和方向。

2. 详细教案

教学内容

1) 静态工作点稳定的概念

(1) 聚焦问题。

图 3-4-1 为温度检测系统。在工作过程中,放大器的输入信号来自加热炉中热敏电阻转化的电信号,不论炉温如何变化,系统中的放大器都可以不失真放大该电信号,说明该放大器有自适应能力。该放大器为什么能起到自适应的作用?电路结构是什么样的?与固定偏流放大电路有什么区别?聚焦问题,引出本次课探讨的内容。

(2) 固定偏置放大电路的静态工作点问题分析及解决方案。

图 3-4-2 所示为固定偏置放大电路及其直流通路。

$$I_{BQ} = \frac{V_{CC} - U_{BEQ}}{R_b}$$

优点:结构简单,容易调节。

问题:受温度变化、晶体管老化、电源电压波动等影响较大,温度变化影响最严重。

(3) 温度对晶体管参数的影响。

① 温度变化对 β 的影响:温度 T 每升高 1℃, β 要增加 0.5%~1.0%,输出特性曲线族间距增大,如图 3-4-3 所示。

思政元素融入点

通过温度检测系统的工作过程,强调该系统中静态工作点稳定放大器的重要性;探究影响静态工作点的原因,辩证分析利弊关系,以及外界环境对事物发展的影响,同时说明局部与全局的关系。培养学生思考、比较和总结的能力。通过"静态工作点稳定"的概念传达一种人生哲理——虚则敧,中则正,满则覆。

融入方式

通过工程案例,采用问题启发的方式,激活之前学习的知识点,并将知识点进行关联,明确放大电路静态工作点的重要性;通过分析温度的变化对晶体管相应参数产生的影响,引起静态工作点发生变化,从而会影响放大电路的性能指标,总结归纳出"静态工作点稳定"的概念;通过"不大不小 Q 点"的概念,强调做人要正,即思想、言行都要有正气,不卑不亢;做事要把握好分寸,既要坚持原则,也要留有余地。

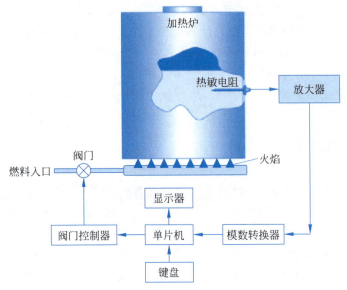

图 3-4-1　温度检测系统

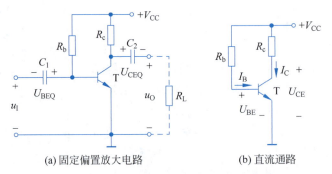

(a) 固定偏置放大电路　　　(b) 直流通路

图 3-4-2　固定偏置放大电路及其直流通路

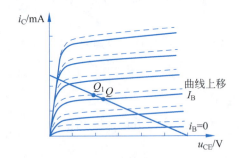

图 3-4-3　温度变化对 β 的影响(引起 Q 发生移动)

② 温度变化对 I_{CBO} 的影响：锗管的 I_{CBO} 受温度的影响大,硅管的 I_{CBO} 受温度的影响较小。温度 T 升高 10℃, I_{CBO} 要增加一倍,输出特性曲线上移,如图 3-4-4 所示。

③ 温度变化对 U_{BE} 的影响：温度 T 升高产生同样的 I_B 所需 U_{BE} 的值减少,输入特性

曲线左移,如图 3-4-5 所示。

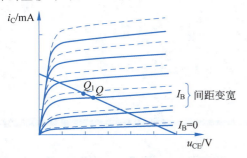
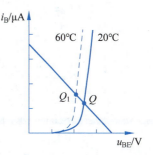

图 3-4-4　温度变化对 I_{CBO} 的影响（引起 Q 发生移动）　　图 3-4-5　温度变化对 U_{BE} 的影响（引起 Q 发生移动）

综上所述。温度 T 升高,输出特性曲线升高,集电极电流 I_C 增大;反之亦然。即

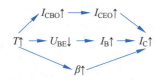

如果外电路参数不变,负载线斜率不变,Q 点上升,可能进入饱和区;如果温度降低,则 Q 点下降,可能进入截止区。两种情况都会造成信号失真。

（4）静态工作点稳定的概念。

所谓 Q 点稳定,是指当温度变化时,设法使放大电路的静态集电极电流 I_{CQ} 基本保持不变,不能太大,也不能太小。

2）工作点稳定电路:在直流通路中分析如何稳定静态工作点

（1）电路组成。

在固定偏流放大电路的基础上增加了基极分压电阻 R_{b2} 和发射极电阻 R_e,如图 3-4-6 所示。

（2）稳定原理。

① 构建直流通路。

静态工作点稳定放大电路的直流通路如图 3-4-7 所示。

② 稳定条件。

由 $I_1 \gg I_B$,即 $I_1 \approx I_2$ 可知

$$U_{BQ} \approx \frac{R_{b1}}{R_{b1}+R_{b2}} \cdot V_{CC}$$

于是有

$$U_{BEQ} = U_{BQ} - U_{EQ} = U_{BQ} - \frac{1+\beta}{\beta} I_{CQ} R_e$$

思政元素融入点

分析基极分压放大电路稳定静态工作点的原理,理解"抓主要矛盾"和"矛盾的主要方面"的重要性,引导学生不能顾此失彼,培养学生全面、辩证地看待问题。

融入方式

从电路结构上,采用类比的方式,说明静态工作点稳定电路与固定偏流放大电路的异同;通过对直流通路的分析,培养学生从"数学式"思维转向"工程式"思维,抓主要矛盾和矛盾的主要方面;通过"有一利将会有一弊"的辩证思维,研究静态工作点稳定放大电路的参数选择,引导学生不能顾此失彼,要纵观全局,学会将理论知识与实际应用相结合。

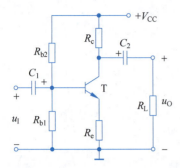 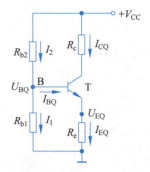

图 3-4-6 静态工作点稳定放大电路　　图 3-4-7 静态工作点稳定放大电路的直流通路

可知,R_e 将输出回路 I_C 的变化转换成 U_E 的变化,送回到输入回路,调整 U_{BE},使 I_C 基本不变。

③ 稳定过程。

$T(℃) \uparrow \to I_C \uparrow \to U_E \uparrow \to U_{BE} \downarrow (U_B 基本不变) \to I_B \downarrow \to I_C \downarrow$

(3) 参数选择。

问题:从 Q 点稳定的角度来看,似乎 I_1、U_B 越大越好,是不是如此?

分析:

① I_1 越大,R_{b1}、R_{b2} 必须较小,将降低输入电阻,增加电源损耗;

② U_B 增大必使 U_E 也增大,在 V_{CC} 一定时,势必使 U_{CE} 减小,从而减小放大电路输出电压的动态范围。

结论:在估算时,一般选取:$I_1 = (5 \sim 10) I_B$,$U_B = (5 \sim 10) U_{BE}$,R_{b1}、R_{b2} 的阻值一般为几十千欧。

思政元素融入点

介绍直流通路的构建、微变等效电路的构建以及放大电路指标的"估算",培养学生推理、计算和分析问题的能力。

融入方式

带领学生一起分析放大电路的静态指标和动态指标,加深理解放大电路"先静启动,无静不动,有静有动,动静结合"的工作过程,告诉学生做事要遵循原则,同时强调团队分工协作的重要性。

3) 工作点稳定电路的性能指标

(1) 静态工作点的计算。

利用分压定理、回路方程计算 I_{CQ}、I_{BQ} 和 U_{CEQ}。

$$U_{BQ} \approx \frac{R_{b1}}{R_{b1} + R_{b2}} \cdot V_{CC}$$

$$I_{CQ} \approx I_{EQ} = \frac{U_{BQ} - U_{BEQ}}{R_e}$$

$$I_{BQ} = \frac{I_{EQ}}{1 + \beta}$$

$$U_{CEQ} = V_{CC} - I_{CQ} R_c - I_{EQ} R_e$$
$$\approx V_{CC} - I_{CQ}(R_c + R_e) \approx V_{CC} - I_{EQ}(R_c + R_e)$$

(2) 动态指标的计算。

构建微变等效电路,如图 3-4-8 所示,根据定义计算 A_u、R_i 和 R_o。

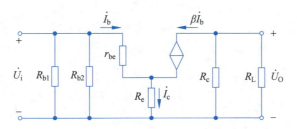

图 3-4-8 静态工作点稳定放大电路的微变等效电路

$$\dot{A}_u = \frac{\dot{U}_o}{\dot{U}_i} = -\frac{\beta \dot{I}_b (R_c // R_L)}{\dot{I}_b r_{be} + \dot{I}_e R_e} = -\frac{\beta R'_L}{r_{be} + (1+\beta) R_e}$$

$$R_i = R_{b1} // R_{b2} // [r_{be} + (1+\beta) R_e]$$

$$R_o = R_c$$

4) 带旁路电容的工作点稳定电路

(1) 问题。

由上述计算的指标可知,电阻 R_e 的引入可以起到稳定静态工作点的作用,并提高输入电阻 R_i,但却降低了放大电路的电压放大倍数 A_u,而对于信号放大而言,我们主要关心放大倍数 A_u,采用什么办法既可以稳定 Q,又可以不降低放大倍数 A_u?

(2) 改变电路结构。

引入发射极带旁路电容 C_e 的电路,如图 3-4-9 所示。

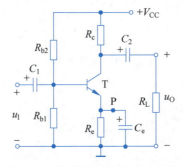

图 3-4-9 带旁路电容的 Q 稳定放大电路

思政元素融入点

对指标结果进行分析、对比,采用逆向思维,引导学生提出问题,培养学生全面看待问题,并寻求解决问题的办法的能力。

融入方式

通过对指标结果的分析,引导学生理解电路元件可对电路的性能指标产生不同的影响,培养学生全面看待问题的能力,加深对"有一利将会有一弊"辩证思维的理解。

(3) 指标计算。

该电路的直流通路与上述电路相同(如图 3-3-7 所示),因此静态工作点不变。

该电路的微变等效电路如图 3-3-10 所示,动态指标的计算如下:

$$\dot{A}_u = \frac{\dot{U}_o}{\dot{U}_i} = -\frac{\beta R'_L}{r_{be}}$$

$$R_i = R_{b1} // R_{b2} // r_{be}$$

$$R_o = R_c$$

可知,该电路的电压放大倍数与固定偏流放大电路的电压放大倍数相同。

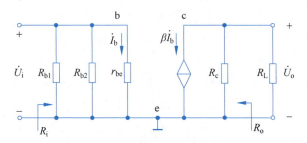

图 3-4-10　带旁路电容的 Q 稳定放大电路的微变等效电路

思政元素融入点

通过两道题目的探讨加深对课堂知识的理解,培养学生对比、分析和总结知识的能力;同时建立一个概念:明确稳定静态工作点的方法虽然有两个,但是具体的电路结构是多样的。培养学生思辨、举一反三的能力。

融入方式

应用课堂讲解的内容,反过来回答"温度检测系统"中提出的问题,研究两种稳定静态工作点放大电路的利和弊,加深对放大电路静态工作点重要性和稳定性的理解,引导学生正确看待问题,缺点不是永远的缺点,合理利用,变弊为利。

5)实例分析

图 3-4-11 和图 3-4-12 所示的两个电路中是否采用了措施来稳定静态工作点?若采用了措施,是什么措施?试说明稳定原理。

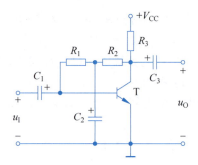

图 3-4-11　实例电路

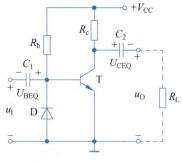

图 3-4-12　实例电路

方法一:直流负反馈,通过 R_1、R_2 引入直流负反馈的方法稳定静态工作点。

方法二:温度补偿,通过二极管 D 的温度特性稳定静态工作点。

问题延伸:如果将图 3-4-12 中的二极管 D 反接在电路里,该电路是否可以稳定静态工作点?说明稳定原理。

6）仿真分析

利用仿真工具构建分压偏置放大电路原理图，自行选择参数，进行理论计算，并仿真，从波形观察其静态工作点设置是否合理。

图 3-4-13 所示的电路中，电阻 R_{b2} 取值较小，输出波形出现了底部失真，即饱和失真，如图 3-4-14 所示。

> **思政元素融入点**
>
> 充分认识理论与实践之间的关系，认识到实践是检验真理的唯一标准。
>
> **融入方式**
>
> 仿真调节参数过程中，注意到无论采用何种方法消除失真都不能顾此失彼，必须考虑对 Q 点的影响以及 Q 点变化对动态参数的影响。

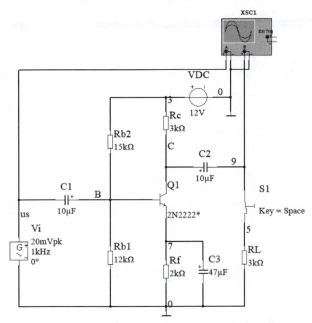

图 3-4-13 R_{b2} 取值较小时的放大电路

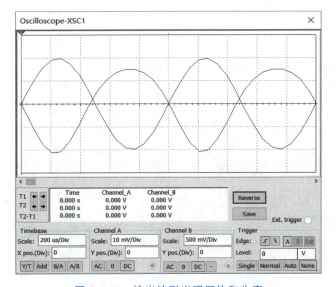

图 3-4-14 输出波形出现了饱和失真

图 3-4-15 所示的电路中,电阻 R_{b2} 取值较大,输出波形出现了顶部失真,即截止失真,如图 3-4-16 所示。

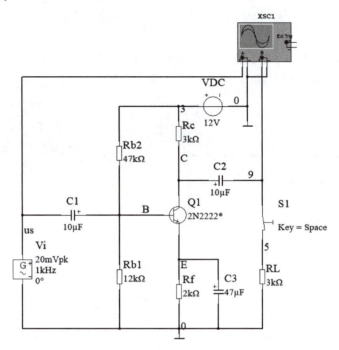

图 3-4-15　R_{b2} 取值较大时的放大电路

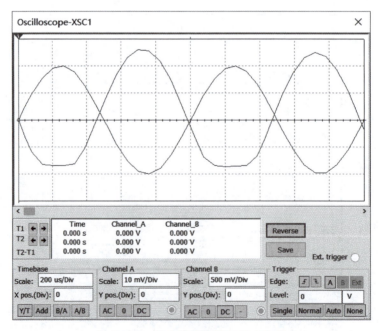

图 3-4-16　输出波形出现了截止失真

从波形可以观察到电阻参数选择不合理带来的顶部失真和底部失真,分析失真的来源,并进行调节以消除失真。

3.4.3　教学效果及反思

在教学过程中,通过课前自主学习,聚焦工程实际,将知识点融入具体的应用实例中,要求学生采用分析、对比的方式,找出规律,找出不同,学会归纳和总结,这一过程可以提高学生自主学习的能力,引导学生强化工程观念,并充分体现学生的主体地位。

在课堂教学过程中,通过问题启发式,由浅入深、循序渐进展开课程内容的讲解,在润物无声的思政元素助力下,引导学生为人处世要把握分寸,要正确看待问题,不能顾此失彼,要统筹考虑局部和全局,而且缺点不是永远的缺点,合理利用,可以变弊为利。通过理论分析和仿真分析,学生可以意识到,不能将电子电路中的表达式堪称单纯的数学公式,认识到电子电路是非线性电路,各种参数均与静态工作点有关,需要在科学思维的指导下深入理解各个参数之间的物理意义和相互关系。

在课后环节中,适当的作业和电路的仿真测试,可以巩固新知,提升学生理论联系实际的能力。

3.5　晶体管单管放大电路的 3 种基本接法[1]

3.5.1　案例简介与教学目标

本部分内容属于基本放大电路中的内容,针对基本共射放大电路、共集放大电路和共基放大电路的组成、静态和动态特征进行分析,并对 3 种接法的特征和参数进行比较。本部分的教学目标如下。

1. 知识传授层面

(1) 掌握基本共射放大电路的结构及其静态、动态参数的分析方法。
(2) 掌握基本共集放大电路的结构及其静态、动态参数的分析方法。
(3) 熟悉基本共基放大电路的结构及其静态、动态参数的分析方法。
(4) 掌握 3 种接法的差异及其应用场景。

2. 能力培养层面

(1) 培养学生分析问题的能力和创新思维能力。
(2) 培养学生电子电路的仿真实验能力。
(3) 培养学生将理论知识应用于实际应用的能力。

3. 价值塑造层面

(1) 使学生树立正确的人生观、价值观。
(2) 培养学生科学、辩证的思维方式和观点。

---

[1] 完成人:同济大学、张文豪、易延、汪洁、刘芳、霍勇。

（3）培养学生系统观念。

3.5.2 案例教学设计

1. 教学方法

本部分内容采用案例分析和方案比较的方法，针对晶体管放大电路 3 种不同接法的静态和动态进行分析，比较其特性并说明其应用场景，利用仿真演示加深理解，进行教学设计。在放大电路的组态、共射放大电路、共集放大电路、共基放大电路、仿真分析和拓展应用 5 部分融入思政元素。

> **思政元素融入点**
>
> 从晶体管放大电路的接法分析结构特点，培养学生思维及推理、举一反三的能力。
>
> **融入方式**
>
> 带领学生分析 3 种放大电路接法的特点，从而可知组态类型可以以输入、输出信号的位置为判断依据。

2. 详细教案

教学内容

1) 放大电路的组态

判断方法：以输入、输出信号的位置为判断依据。图 3-5-1、图 3-5-2 和图 3-5-3 所示电路分别为基本共射放大电路、基本共集放大电路和基本共基放大电路。后续主要关注 3 种接法电路的动态参数的差异。

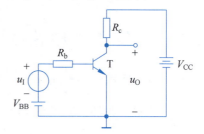

图 3-5-1　基本共射放大电路

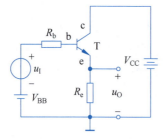

图 3-5-2　基本共集放大电路

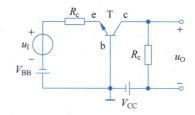

图 3-5-3　基本共基放大电路

> **思政元素融入点**
>
> 晶体管作为核心器件，采用不同外围电路的接法，可以带来的性能上的巨大差异。培养学生发现自身的特质，做好职业规划和人生规划。

2) 共射放大电路

画出图 3-5-1 所示电路的微变等效电路，如图 3-5-4 所示。

其电压放大倍数、电流放大倍数、输入电阻、输出电阻分别为

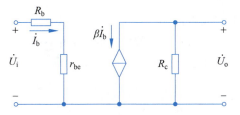

图 3-5-4 基本共射放大电路的微变等效电路

$$\dot{A}_u = \frac{\dot{U}_o}{\dot{U}_i} = \frac{-\dot{I}_c R_c}{\dot{I}_b (R_b + r_{be})} = -\frac{\beta R_c}{R_b + r_{be}}$$

$$\dot{A}_i = \beta$$

$$R_i \approx R_b + r_{be}$$

$$R_o \approx R_c$$

可知共射放大电路特点是:电压和电流放大倍数高,输入电阻低,输出电阻高。

3) 共集放大电路

画出图 3-5-2 所示电路的微变等效电路,如图 3-5-5 所示。

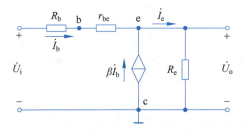

图 3-5-5 基本共集放大电路的微变等效电路

其电压放大倍数、电流放大倍数、输入电阻、输出电阻分别为

$$\dot{A}_u = \frac{(1+\beta)R_e}{R_b + r_{be} + (1+\beta)R_e} \approx 1$$

$$\dot{A}_i = 1 + \beta$$

$$R_i = R_b + r_{be} + (1+\beta)R_e$$

$$R_o = R_e \mathbin{/\mkern-6mu/} \frac{R_b + r_{be}}{1 + \beta}$$

可知共集放大电路特点是:没有电压放大能力,但能够放大电流,具有功率放大作用,输入电阻高,输出电阻小。

融入方式

共射放大电可同时放大电流和电压,而且具有较大的放大倍数,输入、输出电阻适中,通频带相对较窄,常常被用于多级放大电路的中间级。可以引导学生开拓思路,构建其他两类放大电路,培养举一反三的思维能力。

思政元素融入点

同一个核心器件,不同外围电路的接法,带来了性能上的巨大差异,但电路同样具有功率放大作用,培养学生发现自身的特质,做好职业规划和人生规划。

融入方式

共集放大电路利用其 R_i 大、R_o 小及 $\dot{A}_u \approx 1$ 的特点,可用多级放大电路的第一级,减轻信号源负担;可用多级放大电路的末级,提高带负载能力;也可放在放大电路的两级之间,作为电压放大的缓冲、隔离,和阻抗匹配。晶体管本身不变,但改变外围电路的接法,带来了性能的巨大改变,引导学生正确认识自身的多方面特质,从而在不同领域、不同赛道有效发挥自身的能力,进一步做好职业规划。

思政元素融入点

同一个核心器件,不同外围电路的接法,带来了性能上的巨大差异,但电路同样具有功率放大能力,培养学生发现自身的特质,做好职业规划和人生规划。

融入方式

共基放大电路只能放大电压信号,不能放大电流信号,可以作为电流放大的缓冲、隔离,和阻抗匹配。另外,在后续的频率响应学习中可知共基放大电路是3种接法中高频特性最好的电路,常作为高频、宽频带放大电路。由此可以看出,3种不同接法的放大电路都能够起到功率放大作用,可以根据实际需求应用到合适的场合。

4)共基放大电路

画出图 3-5-3 所示电路的微变等效电路,如图 3-5-6 所示。

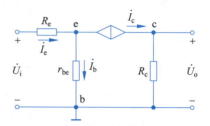

图 3-5-6 基本共基放大电路的微变等效电路

其电压放大倍数、电流放大倍数、输入电阻、输出电阻分别为

$$\dot{A}_u = \frac{\beta R_c}{r_{be} + (1+\beta)R_e}$$

$$\dot{A}_i \approx \frac{\dot{I}_c}{\dot{I}_e} = \alpha$$

$$R_i = R_e + \frac{r_{be}}{(1+\beta)}$$

$$R_o = R_c$$

可知共基放大电路特点是:能够放大电压,无法放大电流,具有功率放大作用,输入电阻较小,输出电阻大。

思政元素融入点

通过仿真分析放大电路不同接法对电路性能的影响,了解仿真技术,培养学生全面看待问题的观点和仿真能力。

融入方式

仿真演示放大电路不同接法对性能参数的影响,让学生不仅从原理角度学会分析电路,还能够搭建模型,从波形直观地看到系统参数的变化。

5)仿真分析

(1)分压式阻容耦合共射放大电路。

Multisim 中的共射放大电路如图 3-5-7 所示。输入信号峰值为 10mV,频率为 1kHz,空载和带负载时的输入电压与输出电压波形分别如图 3-5-8 和图 3-5-9 所示。对比空载和负载条件下的电压放大倍数。

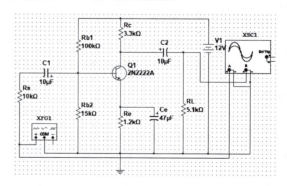

图 3-5-7 Multisim 中的共射放大电路

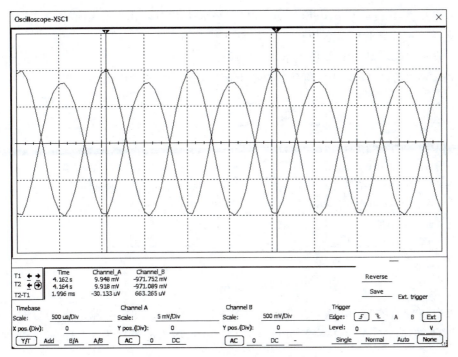

图 3-5-8　空载时的输入电压与输出电压波形

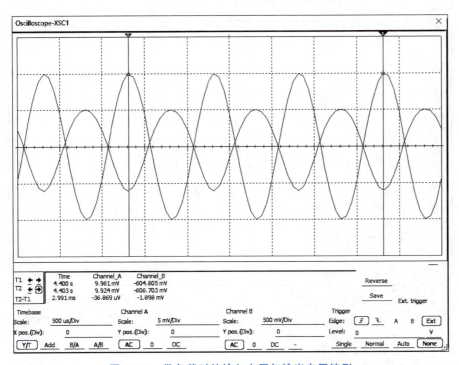

图 3-5-9　带负载时的输入电压与输出电压波形

输入电压为 10mV，输出电压与输入电压反相，空载时输出电压幅值约为 970mV，带负载时约为 600mV，带上负载会使得 A_u 从 97 下降到 60。

（2）分压式阻容耦合共集放大电路。

Multisim 中的分压式阻容耦合共集放大电路如图 3-5-10 所示。

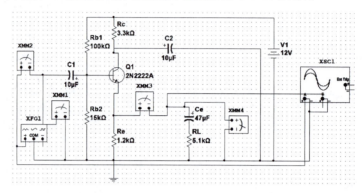

图 3-5-10　Multisim 中的分压式阻容耦合共集放大电路

输入电压峰值约为 10mV，测试结果如图 3-5-11 所示。可知：输出电压与输入电压同相，幅值约为 9.6mV，$A_u \approx 1$。输入电流约为 570nA，输出电流约为 1.34μA，可见具有功率放大能力。

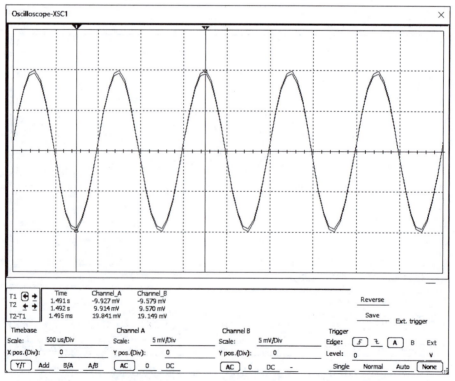

图 3-5-11　分压式阻容耦合共集放大电路的输入电压与输出电压波形图

(3) 分压式阻容耦合共基放大电路。

Multisim 中的分压式阻容耦合共基放大电路如图 3-5-12 所示。

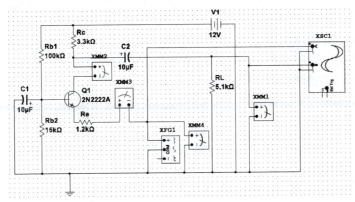

图 3-5-12　Multisim 中的分压式阻容耦合共基放大电路

输入电压峰值为 10mV，测试结果如图 3-5-13 所示。可知：输出电压与输入电压同相，幅值约为 16mV，可以放大电压，输入电流为 $5.724\mu A$，输出电流为 $5.698\mu A$，$A_i \approx 1$，不具备电流放大能力，总体上具备功率放大能力。

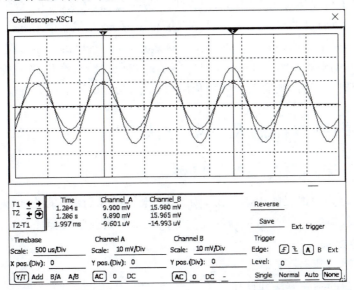

图 3-5-13　分压式阻容耦合共基放大电路的输入电压与输出电压波形图

6) 拓展应用

采用组合接法获得多方面的优良性能：

(1) 共集-共基形式：输入电阻高、电压放大倍数较大、频带宽。

(2) 共集-共射形式：输入电阻高、电压放大倍数较大。

思政元素融入点

根据工程实际中的各种需求，可以进一步拓展实现组合接法，由此培养学生的工程思维、科学思维和全面判断事物的系统能力。

> **融入方式**
>
> 在掌握基本接法及其性能的基础上，进一步根据实际需求，利用组合接法实现其拓展应用，引导学生灵活运用专业基础知识，根据工程实际问题，实现设计上的创新，并能够从全局角度判别电路的性能。

（3）共射-共基形式：放大倍数较大、输出电阻小、频带宽（如图 3-5-14 所示）。

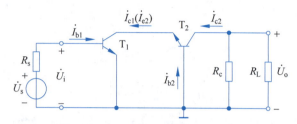

图 3-5-14　共射-共基放大电路

3.5.3　教学效果及反思

本次教学对 3 种接法的放大电路的特性进行了分析对比，从原理分析和仿真展示两方面，帮助学生掌握不同接法放大电路的特性及其可能的应用场景。另外，从其性能方面的差异性，可以引申出做人和做事的道理。

思政素养方面，学生可以从两方面得到收获：一方面，事物具有多面性，人也一样，在不同的环境和条件下可以体现出不同的外在表现；另一方面，人无完人，金无足赤，任何人都有自己的优点，也有自己的缺点。一定要善于扬长避短，通过发挥自己的长处，在自己的特长方面有所建树，脚踏实地朝着人生的最高目标迈进，走好自己的人生之路。

对于拓展应用部分，学生可以综合利用所学的知识进行组合电路分析，从而有效提升学生解决复杂问题的能力，既能做到以变化应对变化，又能以不变应万变。

3.6　反馈的基本概念及判断方法[①]

3.6.1　案例简介与教学目标

本部分内容是整门课程的中间部分，为"模拟电子技术"课程的重要内容，主要介绍反馈的基本概念、反馈的判断方法、反馈的性质等。本部分的教学目标如下。

1. 知识传授层面

（1）了解反馈的基本概念。

（2）掌握反馈的判断方法和性质。

（3）了解反馈在实际工程应用中的成功案例和失败案例。

2. 能力培养层面

（1）培养学生分析问题和思维判断能力。

（2）培养学生工程思维、技术素养和探究能力。

---

① 完成人：河北工业大学，孙英、郭彦杰。

3. 价值塑造层面

(1) 培养学生科学、辩证的思维方式。

(2) 引导学生不断自省、不断自我完善,提升个人素养。

(3) 引导学生树立科技强国的家国情怀和履行使命的责任担当。

3.6.2 案例教学设计

1. 教学方法

本部分内容按照反馈的由来、概念引入、知识构建逐层展开,从重要概念讲解、举例加深理解、实际应用加强认知等方面进行教学设计,并在反馈的基本概念、反馈的判断和工程应用等部分融入思政元素。

2. 详细教案

教学内容

1) 反馈的基本概念

介绍反馈研究先驱与控制论创始人诺伯特·维纳(Norbert Wiener),引出反馈:1945年,控制论的创始人诺伯特·维纳把反馈概念推广到一切控制系统。1948年,维纳在其奠基性著作《控制论》中指出,一个自动控制系统必须根据周围环境的变化自行调整自己的运动。

巴甫洛夫条件反射学说证明了生命体中存在信息和反馈问题。

2) 反馈的判断

(1) 正负反馈。

正负反馈的概念,正负反馈示例。

正反馈示例:利用话筒讲话时,可能会出现尖锐的声音,如果不做处理,会越来越大。

负反馈示例:生活中的各种电源,多数通过负反馈维持输出电压或输出电流的稳定。

正负反馈的特点:反馈使放大电路形成闭环系统,负反馈增强系统稳定性,正反馈增强系统输出。

(2) 有无反馈的判断。

分析放大电路中是否在输出回路与输入回路之间有连接通路,并判断该通路对放大电路的净输入是否有影响,来判断有无反馈。

> **思政元素融入点**
> 教育学生学习科学家的创新精神,适应大学的学习节奏和生活环境,积极进取,提升自己。
>
> **融入方式**
> 维纳在《控制论》中指出,一个自动控制系统必须根据周围环境的变化自行调整自己的运动。巴甫洛夫条件反射学说证明生命体中存在信息和反馈问题,如大家熟知的变色龙,可以随着周围的环境,而改变身体皮肤的颜色。由此教育学生在大学中要适应大学的学习节奏和生活环境,提升自己。

> **思政元素融入点**
> 培养学生理论联系实际的能力。听取同学或老师对自己的评价或者建议等反馈信息,不断调整自己,提高自己的综合能力和个人素养。
>
> **融入方式**
> 通过正负反馈的特点,引申到每个人的生活和学习,可以根据外界反馈(如来自同学或老师的建议),实时调整自己的生活和学习,不断提高自己的素养和能力。

> **思政元素融入点**
> 培养学生从根本上理解问题,并解决问题的能力。

融入方式

带领学生分析实际生活中的案例,培养学生将理论知识应用到解决实际问题中的能力。

为切断了反馈通路。由此加深学生对有无反馈相关概念的理解。

思政元素融入点

培养学生综合运用本门课程,以及多门相关课程知识的能力,加强对课程体系及其连续性的认识;引申说明要用联系的方法看问题。

融入方式

带领学生回顾电路课程知识和频率响应等章节内容,以便更好地理解本门课程各章节,以及多门相关课程之间的相关性。引导学生从一个知识点的掌握,到整个课程的理解,再到看问题的哲学方法。

思政元素融入点

培养学生推理、举一反三的能力,以及从基本原理出发,分析问题本质的能力。

融入方式

带领学生结合已学知识,更好地理解新的学习方法。

思政元素融入点

引导学生了解我国科技发展,为我国航天事业取得的成绩感到自豪,同时要认识到我们肩负的历史使命,认识到我们要肩负起科技强国的责任,树立履行使命的责任担当。

融入方式

通过成功案例——神舟天宫对接和失败案例——西昌卫星发射,从控制的角度,引出"负反馈放大电路"的重要性。

结合正反馈示例进一步说明:如果需要停止尖锐的声音,需要将系统从有反馈的状态改变为无反馈的状态。具体做法:可用手将话筒捂住或者拿远。从原理的角度,则可理解

(3) 直流与交流反馈的判断。

通过分析反馈环路内是直流分量流通还是交流分量流通,判断是直流反馈、交流反馈,还是交直流反馈均有。

结合具体电路,讲解直流反馈与交流反馈的判断方法。可以结合电路理论知识,融入交直流阻抗和复阻抗的计算和分析方法。既帮助学生理解本部分知识点,也能够与频率响应章节部分知识相互呼应,更可以为后续运算放大电路和有源滤波章节中相关知识的应用打下基础。

(4) 反馈极性的判断。

应用瞬时极性法判断引入正反馈还是负反馈。结合集成运放与基本放大电路的工作原理,讲解两种电路的反馈输入和输出极性判断的原理。

3) 工程应用

(1) 成功案例——神舟天宫对接。

2016年10月19日3时31分,神舟十一号载人飞船与天宫二号空间实验室成功实现自动交会对接。6时32分,两名航天员进入天宫二号空间实验室,并按计划开展空间科学实验。

(2) 失败案例——西昌卫星发射。

2017年6月19日0时11分,在西昌卫星发射中心,长征三号乙运载火箭发射中星9A广播电视直播卫星。但在发射过程中,卫星未能进入预定轨道,如图3-6-1所示。分析原因:长征三号乙运载火箭在第二次启动后,火箭第三级在滑行过程中的姿态没有控制好,火箭当时本来处于负滚动,应该给它一个正滚动的指令,让火箭通过负反馈保持稳定的姿态运行,结果实际操作错误,再次点火后,没有进入预定的椭圆轨道。通过该事件,说明负反馈的重要性。

图 3-6-1　发射失败

思政元素融入点

通过反馈在实际工程中的应用,说明反馈的重要作用,进一步引申说明小错误可能引发大问题。

为了避免小错误导致大问题,我们必须对每一个细节都不能忽略,对每一个存疑的数据都要追根问底。培养学生严谨负责的科学态度,辩证分析与解决问题的科学思维方式,以及持之以恒的科学精神。

融入方式

从全新的角度向学生剖析"负反馈"的本质及内在联系。以分析、研究、解决问题为中心,强化学生的工程思维,激发学生兴趣,引出放大电路中引入负反馈的必要性。

（3）日常生活熟悉的案例。

通过小鸡孵化(图 3-6-2 为母鸡抱蛋和人工孵化)这种日常生活熟悉的案例,激发学生兴趣,更好地理解反馈、反馈的重要性及反馈的应用,理解我们所学的知识无处不用。

(a) 母鸡抱蛋

(b) 人工孵化

图 3-6-2　小鸡孵化

3.6.3　教学效果及反思

本次教学,可以让学生学到反馈的相关知识,了解理论知识在实际工程中的应用,培养学生分析问题的能力和科学的思维方式。在教学过程中融入思政元素,让学生知道在专业知识和理论中蕴含着哲学思想、辩证法和方法论。因此,本次课能让学生在知识、能力和素质方面得到全面的培养和提升。

在工程应用部分,利用反馈应用的成功案例和失败案例,令学生印象深刻。反馈的引入部分讲到"巴甫洛夫条件反射学说证明了生命体中存在信息和反馈问题",结尾处以大家日常生活熟悉的案例——小鸡孵化为例,可以做到首尾呼应,激发学生学习的兴趣。

3.7　集成运算放大器[①]

3.7.1　案例简介与教学目标

本部分内容处于"模拟电子技术"课程的后半部分。集成运算放大器是放大倍数很大、

---

① 完成人:华北电力大学,刘向军。

输入电阻很高、输出电阻很低的多级直接耦合放大电路,简称集成运放。集成运放的类型很多,内部电路不同,但是其结构基本相同。集成运放最初在模拟计算机中作运算时使用,因此而得名,目前广泛应用于工业自动控制、信号处理等领域。为了能够正确地使用集成运放,本部分内容主要介绍其组成、原理、特性曲线和参数。本部分的教学目标如下。

1. 知识传授层面

（1）了解集成电路的特点和分类。

（2）掌握集成运放的基本组成和每部分单元电路的作用。

（3）掌握集成运放的外特性:传输特性曲线。

（4）了解集成运放的参数。

2. 能力培养层面

（1）培养学生化整为零、统观整体的分析能力。

（2）培养学生近似估算的工程能力。

（3）培养学生将理论知识应用于实际工程中的实践能力。

3. 价值塑造层面

（1）培养学生使命感、责任感和家国情怀。

（2）培养学生工程意识和辩证思维。

（3）培养学生严谨的科学作风,不但要知其然还要知其所以然。

3.7.2 案例教学设计

1. 教学方法

通过集成电路的发明引入教学内容,从集成运放的结构、原理、特性曲线和参数 4 个维度进行讲解。通过单元电路分析加深理解分立元件构成的单元电路性能,体会模电课程所学即所用的特点,通过实际应用案例加强知识的理解,在引入,集成电路的分类,特点、外形及符号,结构和组成,传输特性曲线和参数,工程应用等部分融入思政元素。

> **思政元素融入点**
>
> 通过集成电路的发展史培养学生科学精神、创新意识,并以此为基础引申半导体芯片技术是我国当今需要攻关的技术之一,有意识灌输青年学生的使命担当、家国情怀,激发学生社会责任感,增强学生爱国热情,坚定攻坚克难、奋勇创新的信念。
>
> **融入方式**
>
> 通过短视频"集成电路的发明"了解集成电路的发展史。1958 年,德州仪器(简称 TI)的一名新雇员 Jack

2. 详细教案

教学内容

1) 引入:图 3-7-1 所示为第一块集成电路。

图 3-7-1　第一块集成电路

问题:集成运放与分立元件放大电路有何不同?

2) 集成电路的分类

(1) 集成电路:模拟集成电路和数字集成电路。

(2) 模拟集成电路:集成运放、集成功率放大器、集成稳压器等。

(3) 集成运放:放大倍数很高的多级直接耦合放大电路。按制作工艺分为 BJT、CMOS、BiFET。

(4) 简易集成运放电路如图 3-7-2 所示,可以识别元件作用、计算电压放大倍数。

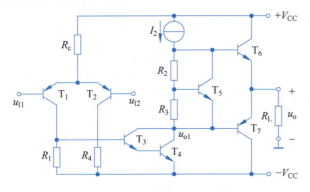

图 3-7-2　简易集成运放电路

3) 特点、外形及符号

集成运放的外形及符号如图 3-7-3 所示,其主要特点如下。

(1) 对称性好,便于构成差分放大电路。

(2) 在芯片上常用晶体管或 MOS 管构成的电流源代替大电阻;通常采用直接耦合方式。

(3) 高输入电阻、高精度和低噪声等。

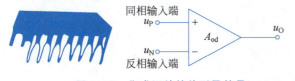

图 3-7-3　集成运放的外形及符号

4) 结构和组成

集成运放的结构框图如图 3-7-4 所示,包括以下几部分。

(1) 输入级:前置级,多采用差分放大电路。要求 R_i 大,A_d 大,A_c 小,输入端耐压高。

Kilby 在实验室里提出问题、付诸行动、实验验证,于 1958 年 9 月 12 日发明了现代电子工业的第一块用单一材料制成的集成电路。凭借其在发明集成电路方面所取得的成就,Kilby 于 2000 年获诺贝尔物理学奖。集成电路始于美国,但现在对中国的制裁来自美国。梳理华为事件时间线,强调华为应对美国断供的坚强回应是研制出自主知识产权的超导量子芯片,鼓励学生认真学习,为实现中国梦而接力奋斗。

思政元素融入点

通过简易集成运放的分析计算,培养学生工程意识、系统观念、复杂电路的计算能力。

融入方式

介绍简易集成运放的基本分析计算方法。

思政元素融入点

通过集成运放使用时的注意事项,培养学生严谨认真的态度;通过雨课堂给出的问题,引导学生培养迁移思维的能力。

融入方式

由集成运放的外形引出集成运放使用时的注意事项和电源的接法。通过介绍其特点,给出集成运放的符号。

思政元素融入点

通过集成运放的结构框图的分析,传递给学生优势互补,团结合作的观点。引导学生树立正确的价值观和人生观。

通过内部电路的具体分析,引申说明复杂电路的分析方法:整体-局部-整体。强调个人和集体、小我和大我的大局观。

通过复杂电路的分析培养学生"要知其然还要知其所以然"的勇于探索精神。

利用所学知识分析复杂电路的细节问题,引导学生培养迁移思维能力。

融入方式

通过简易集成运放引出集成运放的结构由4部分组成,并给出每一部分的电路特点,引导学生根据之前所学知识选择符合要求的电路,培养学生"会选择"的能力。

集成运放的种类很多,以BJT构成的F007为例,讲解集成运放内部电路的工作原理,培养学生"会识别"和"会计算"的能力。

通过各部分电路的分析,完成分立元件构成的电路到集成电路的转化,通过 D_1 和 D_2 管的工作过程体会实际应用中保护电路的作用。

(2) 中间级:主放大级,多采用共射放大电路。要求有足够的放大能力。

(3) 输出级:功率级,多采用准互补输出级。要求 R_o 小,最大不失真输出电压尽可能大。

(4) 偏置电路:电流源电路,为各级放大电路设置合适的静态工作点。

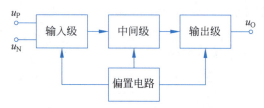

图 3-7-4　集成运放的结构框图

图 3-7-5 给出了 F007 集成运放的内部电路,其各部分对应的功能如下。

(1) 差分输入级:$T_1 \sim T_7$。
(2) 中间放大级:$T_{16} \sim T_{17}$。
(3) 功率输出级:T_{14}、T_{15}、T_{18}、T_{19}。
(4) 电流源偏置电路:$T_8 \sim T_{13}$。

问题:同相输入端为什么与输出的瞬时相位关系是同相。

问题:T_{15} 的作用是什么?

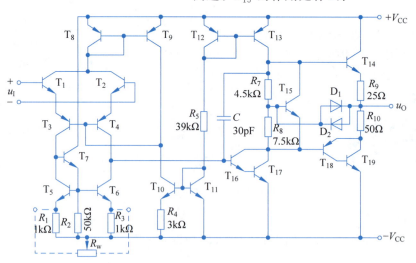

图 3-7-5　F007 集成运放的内部电路

5) 传输特性曲线和参数

（1）集成运放的工作特点。

集成运放的传输特性曲线如图 3-7-6 所示，根据输入输出信号的特点可分为线性区和非线性区。

图 3-7-6 传输特性曲线

线性区：$u_O = A_{od}(u_P - u_N)$，由于 A_{od} 值一般高达几十万，所以集成运放工作在线性区时，$|u_P - u_N|$ 只有几十至一百多微伏。

问题：集成运放如何才能工作在线性区？

非线性区：$|u_P - u_N|$ 时，u_O 为一个恒定值，即 $+U_{OM}$ 或者 $-U_{OM}$。

问题：集成运放如何工作在非线性区？

（2）主要参数。

主要参数见表 3-7-1。

表 3-7-1

参数含义	
开环差模增益	A_{od}
差模输入电阻	r_{id}
共模抑制比	K_{CMR}
输入失调电压	U_{IO}
温漂	
输入失调电流	I_{IO}
最大共模输入电压	U_{Icmax}
最大差模输入电压	U_{Idmax}
带宽	f_H
转换速率	SR

（3）理想运放。

理想运放的技术指标取值如下：

开环差模电压增益 $A_{od} = \infty$，差模输入电阻 $r_{id} = \infty$，输出电阻 $R_o = 0$，共模抑制比 $K_{CMR} = \infty$，开环带宽 BW $= \infty$，失调、漂移和内部噪声为零。

思政元素融入点

通过集成运放传输特性曲线，培养学生全面看问题的观念。

传输特性曲线代表了其外部特性，了解差模信号放大倍数以及运放的线性和非线性工作区。

思政元素融入点

通过介绍集成运放的参数，引导学生建立问题具体分析的观念，没有最好只有最合适的器件。建立正确的价值观和人生观。

引入方式

通过运放参数的含义，理解实际运放的参数是误差的主要来源，性能和应用场合不同，运放可分为通用型和专用型。通用型运放的各项指标比较均衡，用于一般工程的要求；特殊要求，需要选用相应的专业运放。

思政元素融入点

通过理想运放的引出，培养学生工程思维，体会哲学思想"抓住主要矛盾，忽略次要矛盾"。

融入方式

实际运放的技术指标与理想运放比较接近,因此,用理想运放代替实际运放进行分析计算所产生的误差并不大,在工程计算中是允许的,由此带来了分析的大大简化。

思政元素融入点

通过集成运放在实际工程中的应用说明集成运放的工作特性,进一步引申说明看事情要具体问题具体分析,根据需要选择相应的电路。要有科学辩证的观点,理解内因和外因的辩证关系,引出人生启示,决定人生的关键在于内因,要不断深化自身的内在能力,学会利用和调节外部环境,实现自身理想,充分发挥自身价值。

融入方式

以两个工程案例为例,说明集成运放在实际工程中的线性应用和非线性应用。

线性应用:立体声音响放大器,利用集成运放实现小信号放大。

非线性应用:报警电路,利用运放非线性区的输出只有两种值,对应报警和不报警两种状态。

线性应用和非线性应用都需要相应的外围电路满足条件,才能达到设计的目标。运放内部电路的性能指标是内因,外围电路属于外因,两者都具备才能达到电路的效果。

问题:电路分析中把实际运放看成理想运放的意义?

6)工程应用

(1)立体声音响放大器。

如图 3-7-7 所示,放大器由前置放大器、功率放大器、电源、立体声插头、扬声器等构成。声音信号从 MP3 播放器(或手机)输出,通过立体声插头的连接,首先进入前置放大器进行电压放大,然后再进入功率放大器进行功率放大后进入扬声器还原出声音。其中前置放大器由集成运放构成,利用的是集成运放的线性特点。

(2)温度报警电路。

温度报警电路如图 3-7-8 所示,当被测温度达到测量上限值时,可通过 LED 或蜂鸣器实现声(光)报警。其中比较放大电路部分由集成运放构成,利用的是集成运放的非线性特点。

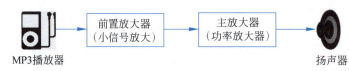

图 3-7-7 立体声音响放大器

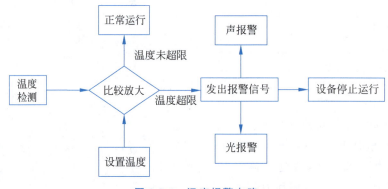

图 3-7-8 温度报警电路

3.7.3 教学效果及反思

集成运放的内部电路很复杂,学生对其工作原理的理解有难度,但是典型的 F007 的内部电路是由模电课程前半部分的各单元电路构成,相当于一个综合提高电路。虽然枯燥难懂,但是将课程思政贯穿课堂全过程,体现了"授人以鱼,不如授人以渔"的教学理念,将思政元素润物无声地融入课堂教学中,以一种无形的力量提升学生的精气神,并使学生能体会到克服困难后的成就感。

本次教学,不仅让学生学到集成运放的相关知识,还培养了学生分析复杂问题的能力和迁移思维,传递了科学的思维方法。在教学过程中融入思政元素,让学生知道在专业知识中蕴含着哲学思想、辩证法和方法论。利用国产芯片在封锁中求发展的素材,增强学生的民族自豪感、创新意识和使命担当。因此,本次课实现了课堂上教师和学生在知识、情感和价值方面的共鸣,达到了本次课的教学目标。

对于工程应用部分,如果能利用仿真软件把实现的结果展示给学生看,印象会更深刻,教学效果会更好。

3.8 比例运算电路[①]

3.8.1 案例简介与教学目标

本部分内容处于整门课程的后半部分,主要介绍集成运放工作在线性区的特点、集成运放电路分析的基本出发点、比例运算电路的工作原理、分析计算方法、比例运算电路的仿真模拟等。本部分的教学目标如下。

1. 知识传授层面

(1) 掌握"虚短""虚断""虚地"的概念。
(2) 掌握集成运放电路的组成原理及分析方法。
(3) 掌握同相、反相比例运算电路的分析方法。
(4) 了解比例运算电路的仿真模拟方法。

2. 能力培养层面

(1) 培养学生辩证分析能力。
(2) 培养学生仿真实验能力。

3. 价值塑造层面

(1) 培养学生科学思维。
(2) 培养学生辩证的处理问题能力。

---

① 完成人:烟台大学,孙元平、王中训。

3.8.2 案例教学设计

1. 教学方法

本部分内容按照实例引入、知识逐层展开、重要概念讲解、仿真演示加深理解、实际应用加强认知进行教学设计,并在理想集成运放工作在线性区、研究的问题及要求、反相输入的比例运算电路、T形反馈网络反相比例运算电路、同相输入的比例运算电路、电压跟随器及比例运算电路的仿真等部分融入思政元素。

思政元素融入点

集成运放的差模电压放大倍数:集成运放差模输入电压 $u_{Id}=u_P-u_N$ 仅在 μV 量级,输出电压最大值为十几到几十伏,A_{od} 约为 10^5 的量级。因此可认为理想集成运放的 $A_{od}=\infty$,$u_{Id}=0$。

融入方式

对集成运放的差模输入与输出电压的大小比较,引导学生进行大小之辩。进而引申出在分析处理电路时,应该抓住问题的主要因素,合理地对次要因素进行忽略。

2. 详细教案

教学内容

1) 理想集成运放工作在线性区

电路的一般接法如图 3-8-1 所示,电路有如下特点。

(1) 差模电压放大倍数 $A_{od}=\infty$。
$$u_N=u_P \cdots\cdots 虚短$$

(2) 差模输入电阻:$r_{id}=\infty$。
$$i_N=i_P=0 \cdots\cdots 虚断$$

(3) 电路特征:引入电压负反馈。

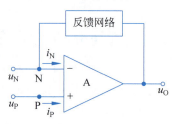

图 3-8-1 电路的一般接法

2) 研究的问题及要求

(1) 运算电路:输出电压是输入电压某种运算的结果。包括加、减、乘、除、乘方、开方、积分、微分、对数、指数等。

(2) 描述方法:$u_O=f(u_I)$。

(3) 分析方法:"虚短""虚断"。

(4) 基本要求:识别电路,求解运算关系式。

3) 反相输入的比例运算电路

电路如图 3-8-2 所示,当集成运放为理想运放时,各参数取值如下。

(1) 虚短:$u_N=u_P=0 \cdots\cdots 虚地$。

(2) 虚断:$i_N=i_P=0$。

(3) 节点 N 处的电流:$i_F=i_R=\dfrac{u_I}{R}$。

思政元素融入点

由前面章节中对电路的分析主要集中于求解电压放大倍数,引申到运算电路研究问题的变化。

融入方式

通过"万变不离其宗"向学生表明,运算关系式是放大倍数的另外一种表现形式,且其结果随着电路的变化呈现多样性的变化。

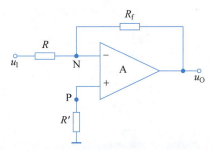

图 3-8-2 反相输入的比例运算电路

(4) 运算关系：$u_O = -i_F R_f = -\dfrac{R_f}{R} \cdot u_I$。

讨论：

① 电路引入的负反馈的组态；
② 电路的输入电阻 R_i；
③ R' 的数值；
④ 若 $R_i = 100\text{k}\Omega$，比例系数为 -100，则 R 和 R_f 的取值；
⑤ 讨论 R_f 的取值过大对输出信号的影响。

4) T 型反馈网络反相比例运算电路

(1) 如图 3-8-3 所示，可利用 R_4 中有较大电流来获得较大数值的比例系数。

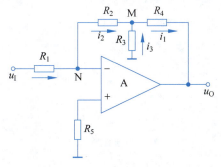

图 3-8-3 T 型反馈网络反相比例运算电路

(2) 若 $R_i = 100\text{k}\Omega$，$R_2 = R_4 = 100\text{k}\Omega$，比例系数为 -100，计算 R_1、R_3 的取值。

5) 同相输入的比例运算电路

电路如图 3-8-4 所示，当集成运放为理想运放时，各参数取值如下。

(1) 虚断：$i_N = i_P = 0 \Rightarrow u_P = u_I$。
(2) 虚短：$u_N = u_P = u_I$。

思政元素融入点

从"虚断"的定义可知 $i_P = 0$，从而得出 $u_P = 0$；进而利用"虚短"得出虚地的概念，引导学生加深对"虚短"这一概念的理解。

融入方式

通过逐步深入地讲解运算关系式的求解过程，向学生宣讲基础的重要性，让学生明白：再高大的建筑物，基础不牢固也只能是空中楼阁。

思政元素融入点

从电路中的大反馈电阻 R_f 会带来大的噪声，引出实用电路中需要综合考虑各元器件参数的选取。

融入方式

"牵一发而动全身"，生活中的事情应该从全局出发而进行综合考量，在电路设计中也是如此。

思政元素融入点

与反相输入的比例运算电路对比，确定节点电流法在求解运算关系上的应用。

融入方式

通过比例运算电路让学生明白"节点电流法"在分析运算电路中的基础作用，再次强调基础的重要性。

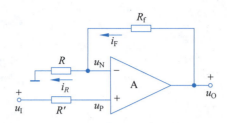

图 3-8-4 同相输入的比例运算电路

(3) 节点 N 处的电流：$i_F = i_R = \dfrac{u_I}{R}$。

(4) 运算关系：

$$u_O = \left(1 + \dfrac{R_f}{R}\right) \cdot u_N = \left(1 + \dfrac{R_f}{R}\right) \cdot u_I$$

讨论：

① 电路引入的负反馈的组态；

② 电路的输入电阻 R_i；

③ R' 的数值；

④ 共模抑制比 K_{CMR} 的影响。

思政元素融入点

从同相输入的比例运算电路引出其特例——电压跟随器的电路。

融入方式

这里的例子是从共性问题向个性问题的转换，引导学生在关注普遍现象的同时，对其中具有代表性作用的个性电路进行关注。

6) 电压跟随器

两种电压跟随器的电路如图 3-8-5 所示，当集成运放为理想运放时，分析电路的反馈系数 F；输入电阻 R_i 与输出电阻 R_o；电路的共模输入信号 u_{Ic}。

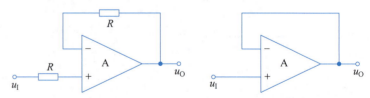

图 3-8-5 两种电压跟随器的电路

思政元素融入点

通过对两种电路的模拟仿真，培养学生在电路设计中多方位考量电路参数的能力，并可以通过仿真提升电路设计能力。

融入方式

不同的电路参数选择可以实现同样的输出效果，且降低电路元件的选择难度，这是对电路合理性要求的

7) 比例运算电路的仿真

(1) Multisim 中反相输入的比例运算电路如图 3-8-6 所示，其模拟输入、输出电压结果如图 3-8-7 所示。可以得出如下结论：

① 输入、输出电压信号反相；

② $u_O = 10 u_I$。

(2) Multisim 中 T 型反馈网络反相输入的比例运算电路如图 3-8-8 所示，其模拟输入、输出电压结果如图 3-8-9 所示。可以得出如下结论：

直观体现。条条大路通罗马,在电路设计中应该全面考量设计所需达到的最终目标,再进行元器件参数的选择。

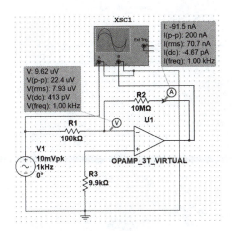

图 3-8-6　Multisim 中反相输入的比例运算电路

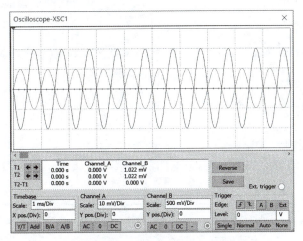

图 3-8-7　图 3-8-6 的模拟结果

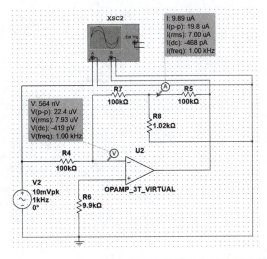

图 3-8-8　Multisim 中 T 型反馈网络反相输入的比例运算电路

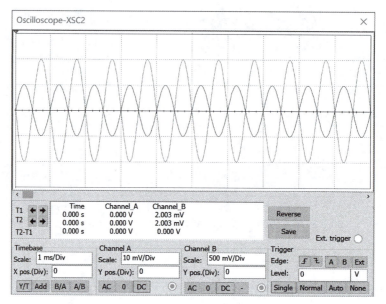

图 3-8-9　图 3-8-8 的模拟结果

① 输入、输出电压信号反相；
② $u_O = 10 u_I$；
③ 所有电阻均小于 $100\text{k}\Omega$。

（3）在相同输入信号的条件下，两个电路的模拟结果如图 3-8-10 所示。可以看出，其输出电压相位相同，大小相等。

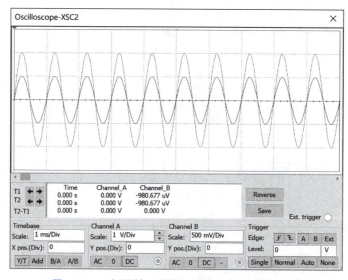

图 3-8-10　相同输入信号下两个电路的模拟结果

3.8.3 教学效果及反思

本次教学,可以让学生掌握处理集成运放问题的基本方法,培养学生科学的思维方式和辩证分析问题的能力。在教学过程中引入思政元素,可以让学生明白,电路中的专业知识实际上是哲学思维的具现,借助辩证的思维进行学习,实际上是哲学上的深度提升。

3.9 直流稳压电源[①]

3.9.1 案例简介及教学目标

直流稳压电源的组成由多种功能电路组成,综合性比较强;整流电路是对半导体二极管的实际应用电路研究,涉及工程知识较多。本案例的教学内容为直流稳压电源的组成及单向半波整流电路,是"模拟电子技术"课程后半部分的教学内容,主要介绍直流电源的组成及各部分的功能、单向半波整流电路的工作原理及参数计算等。本部分的教学目标如下。

1. 知识传授层面

(1) 掌握直流稳压电源的组成及各部分的作用。

(2) 掌握单向半波整流电路的工作原理、参数计算。

2. 能力培养层面

(1) 分析和设计整流电路及选择相关元件的能力。

(2) 考虑工程实际问题及环境、报价等各种非技术要素的能力。

(3) 培养学生将理论知识应用于实际工程的能力。

3. 价值塑造层面

(1) 培养学生的科学思维、辩证思维方式。

(2) 培养学生严谨的科学精神,正确的人生观、价值观和爱国主义精神。

(3) 提高学生善于学习、终身学习的人文素养。

(4) 增强学生不断探究、勇于创新、精益求精的工匠精神。

3.9.2 案例教学设计

1. 教学方法

上课前一天通知学生第二天上课时携带手机等电子产品或设备的充电器,在教学过程中采用案例教学、理论联系实际、师生互动等方式潜移默化地实现思政育德目标。

授课初始以实例任务(充电器)为驱动,首先引起学生的关注和学习兴趣;随后教师仔细分析电路功能,理论联系实际,将各种相关实际问题展示给学生,让学生学习知识的同时了解与之相关的各种非技术要素,同时将思政教育融入其中;适时引入师生互动,提高学生

[①] 完成人:扬州大学,王莉。

学习能动性,增强师生情感,进而提高教学质量;授课中结合先修课程"高等数学"及后续"模拟电子课程设计"课程等告知学生知识的衔接与应用,引导学生学以致用。

思政元素融入点

案例教学使学生明白学以致用,进而培养学生不断探究、勇于创新的工匠精神。

融入方式

让学生拿出常用的手机充电器并查看上面的说明,请3~5个学生读出上面的内容和数据,进而引出本次课的主要内容,将理论知识与实际应用相结合。

思政元素融入点

(1) 让学生养成对待实验环境和设备的谨慎心态,培养学生严谨的科学精神和爱护公共财物的良好品质。

(2) 师生互动环节培养学生热爱学习并自觉主动学习的良好习惯和对学校及国家的归属感。

(3) 由知识到实际,增强学生的时代责任感、历史使命感、爱国主义思想,培养学生正确的价值观和人生观。

融入方式

(1) 强调直流稳压电源输入端的交流电源电压高,对人体安全存在危险性,教导学生要在用电或做实验时要小心谨慎,同时要有保护电子元器件的意识。

(2) 讲解整流、滤波功能电路时,引导学生回忆以前学过的二极管、滤波电路等知识,并请学生回答问题,适时给学生一定的引导,回答正确及时表扬,提高学生的课堂主人翁意识和学习动力,师生互动同时能增进师生感情。

(3) 通过举例的方式,将知识、实例、思政教育串接起来。比如负载变化输出电压不变(知识),实例为教师手中的华为充电器可以用在华为不同手机型号,然后引申为直流稳压电源的输出电压用在各种电子电路、电子产品、电子仪器中,教育学生努力学习、勇攀高峰、为国争光。

对稳压电源总结,"任凭风吹雨打,我自岿然不动",希望学生在面对困难时做到迎难而上、初心不改。

思政元素融入点

培养学生科学辩证的思维方式与严谨的科学态度。

2. 详细教案

教学内容

1) 内容导入

直流稳压电源实例:手机充电器,将交流电变成电子产品适用的直流电。

2) 直流电源的组成及各部分的作用

(1) 直流电源作用。

直流电源是能量转换电路,将220V(或380V)/50Hz的交流电转换为直流电。

(2) 直流电源各部分的作用。

① 变压器:将220V/50Hz的交流电,降压变换到直流电源所需的次级低电压。

② 整流电路:将交流正弦电压转换成单一方向的脉动直流电压,主要应用二极管的单向导电特性,分为全波整流和半波整流两种。

③ 滤波电路:滤掉脉动直流电压中的交流分量,保留直流分量,使输出直流电压平滑;主要采用电抗元件如电容、电感。

④ 稳压电路:使输出电压稳定,主要满足负载变化输出电压基本不变和电网电压变化输出电压基本不变。

(3) 总结。

在分析直流稳压电源电路时要特别考虑的两个问题:允许电网电压波动±10%;负载有一定的变化范围。

3) 单相半波整流电路的工作原理

电路如图3-9-1所示。为分析问题简单起见,设二极管为理想二极管,变压器内阻为0。

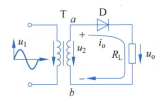

图 3-9-1　单相半波整流电路

电路分析如下。

$u_2 > 0$ 时：二极管导通，忽略二极管正向压降，$u_o = u_2$。

$u_2 < 0$ 时：二极管截止，$u_o = 0$。

4）单相半波整流电路电压波形

输入、输出波形及二极管的电压波形如图 3-9-2 所示。

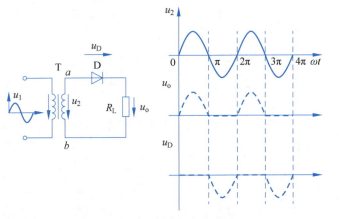

图 3-9-2　单相半波整流电路及其输入、输出波形及二极管的电压波形

5）单相半波整流电路计算

如图 3-9-3 所示，已知变压器副边电压有效值为 U_2，输出电压平均值 $U_{O(AV)}$ 和输出电流平均值 $I_{L(AV)}$ 的估算如下：

$$U_{O(AV)} = \frac{1}{2\pi}\int_0^\pi \sqrt{2}\,U_2 \sin\omega t\, \mathrm{d}(\omega t)$$

$$= \frac{\sqrt{2}\,U_2}{\pi} \approx 0.45 U_2$$

$$I_{L(AV)} = \frac{U_{O(AV)}}{R_L} \approx \frac{0.45 U_2}{R_L}$$

融入方式

在半波整流电路工作原理分析中，用二极管伏安特性图展示工程应用中近似处理方式，引入唯物辩证法中的抓住事物的主要矛盾或矛盾的主要方面，同时注明结果不是一成不变的，随着环境或者需求等应用场合要随机应变，教导学生具体问题具体分析，同时要注重过程，不能只看结果。

思政元素融入点

通过波形图的详细解析，培养学生全面看待问题的科学思维和勤于思考、精益求精的工匠精神。

融入方式

在半波整流电路波形分析中，教导学生思考问题要全面，除了研究输出波形外，还要关注二极管上的波形，同时挖掘波形隐含的信息，如告诉学生不仅关注二极管正向导通反向截止的特性，还要考虑反向电压过高时二极管有被击穿的后果，教育学生不要只关注表面，要多加思考，会有更多收获。

思政元素融入点

告知学生知识的衔接与应用，提高学生善于学习、终身学习的人文素养。

融入方式

在半波整流电路输出电压平均值计算讲解前，先提出问题让同学们思考，再告知学生这是高等数学知识在电子电路中的实际应用，然后展示计算过程和结果，讲解中让学生明白要灵活运用所学知识解决相关问题。

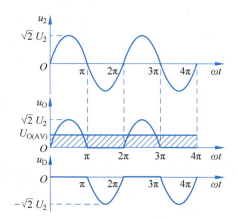

图 3-9-3 单相半波整流电路的波形图及输出电压平均值的估算

思政元素融入点

非技术因素的考虑帮助培养学生的大局观意识。

融入方式

在二极管选择依据讲解中,强调工程应用看需求,由需求定参数,进而选择合适的器件,同时强调除了依据参数外,还要考虑环境等非技术因素的影响。

思政元素融入点

教师提出后继问题,培养学生的创新能力和科学钻研精神。

融入方式

下课之前引导学生对整流电路进行总结,然后提出高阶问题,让学生思考解决。

6) 单相半波整流电路二极管的选择

结合图 3-9-3,二极管正向电流 $I_{D(AV)}$ 和反向最大电压 U_{Rmax} 如下所示。

$$I_{D(AV)} = I_{L(AV)} \approx \frac{0.45U_2}{R_L}$$

$$U_{Rmax} = \sqrt{2}U_2$$

考虑到电网电压波动范围为±10%,二极管的极限参数应满足:

$$\begin{cases} I_F > 1.1 \times \dfrac{0.45U_2}{R_L} \\ U_R > 1.1\sqrt{2}U_2 \end{cases}$$

7) 课堂总结

(1) 半波整流电路的工作原理、波形、计算及整流二极管的选择。

(2) 采用一个二极管可以组成半波整流电路,那么用几个二极管如何连接可以实现全波整流呢?

3.9.3 教学效果及反思

本次课以实例任务为驱动,首先引起学生的关注和学习兴趣;随后教师仔细分析电路功能,并将各种相关实际问题展示给学生,让学生学习知识的同时了解与之相关的各种非技术要素,同时将思政教育融入其中;课堂的师生互动有助于提高学生学习能动性和增强师生情感,进而提高教学质量;授课中还结合先修课程"高等数学"及后续课程"模拟电子课程设计"等告知学生知识的衔接与应用,教导学生学以致用。

此次授课将授课内容与家国情怀、科学精神、工匠精神、正确的价值观和人生观等思政元素相结合,从多角度扩展课程的广度和深度,培养学生工程思维以及攀登科学高峰的责任感和使命感。通过本次课程学习,学生可进一步将知识点与工程应用相结合,提高学生自主思考及工程应用与创新能力,在教学过程中用案例教学、理论联系实际、师生互动等方式潜移默化地实现育德目标,培养学生科学精神、工匠精神、爱国精神。

3.10 常用仪器的使用与共射极单管放大电路性能指标测试[①]

3.10.1 案例简介与教学目标

此部分内容是模拟电子技术实验的第一个项目,需要运用口袋实验箱及其仿真软件、雨课堂、超星学习通等智慧教学工具,将共射极单管放大电路的理论知识与实践紧密结合,涉及电路性能指标与相关参数的测试原理及测量方法。本部分的教学目标如下。

1. 知识传授层面

(1) 掌握双踪示波器的基本操作方法,掌握电信号基本参数:电压有效值/峰值、频率、周期的测量方法,掌握低频信号发生器、交流毫伏表、直流稳压电源和万用表的正确使用方法。

(2) 掌握用口袋实验箱对电路的技术指标进行仿真分析的方法。

(3) 通过对分压式偏置共射极单管放大电路 PCB 的调测,掌握放大电路的静态工作点的测量和调整方法、放大倍数的测量方法、观察输入电压和输出电压之间的相位关系、观察不同静态工作点对输出波形的影响。

(4) 通过对分压式偏置共射极单管放大电路的实际安装和调测,掌握放大电路的输入电阻与输出电阻的测量方法、放大器幅频特性的测量方法,并能查找和排除电路中的常见故障。

2. 能力培养层面

(1) 提升学生阅读仪器说明书的能力、仪器仪表操作能力和实验参量的观测能力。

(2) 增强学生对实际元器件识别、电路搭建、理论值计算、故障识别与排除能力。

(3) 规范实验报告的撰写,提高学生实验测试数据的分析能力,并能得出合理结论。

3. 价值塑造层面

(1) 将实验电路的理论知识与实践紧密结合,践行知行统一的科学发展观。

(2) 培养学生科学的实验思维方式。

(3) 借助智慧教学工具,以多元化的学习路径,提升学生在实验中的能动性、参与度和学习兴趣,体现个体化差异,提升数字化胜任力。

(4) 根据实验内容分层次的引导,从无故障实验电路入手到自行搭建电路、排故、测试,提升学生科学的认知观,支撑认知过程。

---

① 完成人:江苏理工学院,高倩。

3.10.2 案例教学设计

1. 教学方法

首先由常用仪器的仿真实验和实物实验,加深学生对实验仪器的认识,为进行电路实物实验打下基础。再由实验预测题引导学生一步一步熟悉实验电路和参数测试方式,熟练常用仪器的使用,熟悉无故障共射放大电路的印制电路板(Printed Circuit Board,PCB)的参数测试方法,提升学生对共射放大电路参数、特性的认知,为进行自行搭建的共射放大电路参数测试做好准备,提高电路参数测试完成率。最后由预习题中增加的有关故障分析的题目,提升学生对电路故障的识别、分析、排除的思考,并将理论分析和实际电路相结合,根据推送的"故障排除情况说明"学会排除简单电路故障;同时,加深学生对放大电路参数的实验测试方法的理解。借助智慧教学工具——雨课堂与超星学习通,通过网络平台实现课程全程环节的闭环操作,更好地促进师生互动。

本实验在两次课和3个内容的预习测试、仿真实验、实际操作和实验报告4部分中融入思政元素。

思政元素融入点

将难度分层,循序渐进,提升学生的参与度和学习兴趣,促进个性化发展。

培养学生的数字思维,拥有数字素养,提升数字化胜任力。

融入方式

(1) 教师对实验仪器认识进行合理的引导,增加雨课堂形式的实验预测题,打破理论知识储备和电路实操之间的"壁垒"。

(2) 教师对典型模拟电路搭建进行合理引导,如实验预测题(填空题形式)中加入实际元器件的识别、电路结构的理解、理论值计算过程的翔实表述。

思政元素融入点

合理使用多种智慧教学工具,促进数字化与课堂融合,找到数字化课堂的育人逻辑,做好学生学习的陪伴者和未来引路人角色。

融入方式

增加学生对常用仪器使用的熟练度。学生仿照样例用口袋实验箱进行低频信号发生器、直流稳压电源、双踪示波器、万用表的仿真实验,并上传仿真实验照片到雨课堂上发布的"常用仪器的使用"预习题(主观题形式)。

2. 详细教案(第一次课的实验实施进程)

教学内容

1) 预习

(1) 预习1:常用仪器的选用。

实验预测题(填空题形式)中加入实验仪器仪表选用、理论值计算、实验注意事项等环节,引导学生一步一步熟悉实验电路和参数测试方式,提醒实验电路共地问题、仪器仪表使用注意事项等。

学生回答雨课堂上发布的"常用仪器的使用"预习题,雨课堂系统自行批改。

(2) 预习2:理论分析计算。

结合理论知识,根据分压式偏置共射极单管放大电路参数进行静态工作点、电压放大倍数的理论值计算。

学生回答雨课堂上发布的"共射极单管放大电路(一)"预习题,雨课堂系统自行批改。

2) 仿真实验

超星学习通上发布口袋实验箱及其仿真软件的使用方法;雨课堂上发布低频信号发生器、直流稳压电源、双踪示波器、万用表的仿真实验样例。

教师通过实验QQ群与学生互动、答疑,课前手动批改预习题。

3）实际操作

（1）5种常用仪器的使用。

学生在实验室用低频信号发生器产生一定频率和电压大小的信号，用毫伏表测量信号电压的有效值，用示波器测量信号的峰值和信号周期，用直流稳压电源输出直流电压，用万用表测量电压、电流。

（2）常用仪器使用与分压式偏置共射极单管放大电路的PCB（图3-10-1）参数测试相结合。

思政元素融入点

培养遵守实验室章程、维护卫生、规范操作的意识，养成良好的实验习惯；端正实验态度，培养实事求是、严谨认真、诚实守信的科学精神和行为习惯；公平公正的评分方式提升学生做实验的积极性和信心，对为人处世态度的养成有正面的影响。

融入方式

教师根据完成的实验节点进行现场评分，观察学生在项目中的表现，对学生起一定的督促作用，提高实验效率。

思政元素融入点

将实验电路的理论知识与实践紧密结合，践行知行统一的科学发展观。遵从认知规律，通过对无故障电路参数、特性的认知，提升和支撑学生有效的认知过程，有助于后续自行搭建电路的故障排除和其他参数测试。从实验步骤、实验表格的设计，体会方法论的概念。

融入方式

提高学生常用仪器使用的熟练度（特别是接地问题），并熟悉无故障电路的基本参数测试，为后续自行搭建电路的故障排除打下基础。

学生在实验室用常用仪器调整和测量分压式偏置共射极单管放大电路PCB的静态工作点，测量电压放大倍数，观察输入电压和输出电压之间的相位关系，观察不同静态工作点对输出波形的影响。

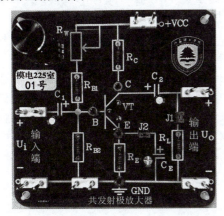

图3-10-1　实验电路

4）实验报告

对常用仪器使用的数据进行分析；画出实验电路图，并标出电压、电流参考方向，整理实验数据，比较理论值和测量值，并加以分析，给出合理的结论。

第二次课的实验实施进程与第一次课相似，只是在预习测试、仿真实验、实际操作环节中都增添了对查找、排除电路故障问题的思考，并在超星学习通上发布分压式偏置共射极单管放大电路的故障排除情况说明表格（内容包括故障现象、可能存在原因和判断选用哪种仪器测试），以提升学生对电路故障的识别、分析、排除能力，初步掌握反思的方法和技能，培养批判性思维，从而发现、分析和解决实验问题。

思政元素融入点

引导学生多维度探索问题，深入理解问题，培养科学的实验思维方式，提升对比、分析、归纳、总结能力，构建自己的认知，阐述自己的理解，不仅注重学习过程中的输入，更强调学习过程中的产出。

融入方式

根据QQ群中教师对每次实验数据的分析、表格结论的得出给予的合理引导，学生撰写实验报告。

3.10.3　教学效果及反思

本次实验课程内容遵循"教为主导，学为主体"的设计原则，借助智慧教学工具，创造全新学习体验。学生通过回答雨课堂上发布的预习题(填空题形式),思考实验电路结构、元器件识别、实验仪器选用、电路理论值计算、实验注意事项等;学习口袋实验箱仿真软件的使用方法,完成仿真部分电路的搭建和参数测试,并上传到雨课堂上发布的预习题(主观题形式);在实验室通过共射极单管放大电路的 PCB,熟练使用常用仪器,熟悉无故障电路的静态工作点、电压放大波形及放大倍数值,并观察输入和输出电压的相位关系;在实验室用口袋实验箱搭建共射极单管放大电路,完成各参数测试,并学习电路故障的查找和排除方法;撰写实验报告,分析数据,给出合理的结论。

通过在教学过程中融入课程思政元素,将唯物主义方法论与电学实验方法、手段相结合。构建多样化的课程学习途径,设计饱满的学习过程,激发学生的学习内动力,逐层次引导。在过程中识别学习状态,评价学习过程,让学生在掌握电学基本知识的同时,学思结合、知行统一,提升数字化学习的能力,更专业,更有扩展空间,更有创造力。同时,养成严谨细致、实事求是、精益求精、刻苦钻研的科学态度和工作作风,将电学实验方法的训练和科学精神、理性思维的养成相结合,点燃求知、创新和探索热情,树立正确的价值观。

学生的电路故障排除能力有待提升,在超星学习通上除了发布故障排除情况说明表格外,再增加一些典型样例图片。可在理论课上增加共射电路中一些参数的调整与选择的说明,有助于学生理解参数取值的折中之美和工程实际中的利弊关系,在应用中加深对知识的理解,甚至重构知识本身,开阔自身的科学视野。

3.11 输出可调的直流稳压电源实验[①]

3.11.1 案例简介与教学目标

本课程旨在培养学生通过动手实践,能够将直流稳压电源相关理论知识转化为实际的应用。学习本次课能够促进学生理解单向半波和桥式整流电路的基本形式和输出波形,知晓并测试两种整流电路的输入、输出电压关系;会分析、研究滤波电容大小对输出电压波形的影响;能综合运用桥式整流、滤波、三端集成稳压器、运算放大器(常简称"运放")等器件,设计与完成实现输出可调的直流稳压电源。本次课的教学目标如下。

1. 知识传授层面

(1) 通过查阅科技文献,充分了解交流电、直流电的优缺点。

(2) 能灵活使用数字万用表、数字示波器对整流、滤波电路进行合理的测试。

(3) 通过实验,能用直流稳压电源基本理论知识进行电路的综合应用。

2. 能力培养层面

(1) 培养学生对二极管、三端集成稳压器器件的识别,能对集成运放进行器件选型,提高学生综合设计电路的能力。

(2) 培养学生使用计算机进行电路仿真的能力,锻炼学生运用理论知识对实际电路进行分析测试的能力。

---

① 完成人:中国计量大学,吴霞。

(3) 提升学生电路调试、故障诊断及解决实际复杂问题的能力。

3. 价值塑造层面

(1) 使学生树立正确的世界观、人生观、价值观。
(2) 培养学生求真务实、踏实严谨的工作作风。
(3) 培养学生的历史责任感以及科技强国的情怀。

3.11.2 案例教学设计

1. 教学方法

本实验课采取线上与线下相结合的混合式实验教学方式。以学生自主学习为主,利用中国大学 MOOC 平台学习"电路与电子技术实验"在线课程,以线下实验教学为主,培养学生运用电路理论进行电路设计、仿真,实现完成相应电路设计任务指标的全过程,培养学生的实验技能与工程实践能力。同时在线课程加入学习园地-科学家小传介绍、思政案例小视频;结合线下实验课堂教学过程,在教学内容里融入思政元素。

(1) 线上预习实验与仿真。学生通过平台在线课程实验内容微课视频的学习,进行实验前的充分准备;通过平台在线实验前的自测题,检测学生实验前的预习效果与学习效率;同时课前对实验任务进行电路仿真,对电路实验结果有正确的预判。

(2) 线下课堂实验。开展基于实验项目的线下实验学习,培养学生解决复杂问题的综合应用能力。

(3) 线上讨论与课后检测。师生进行交流互动与自查。

2. 详细教案

教学内容

1) 实验前线上实验的预习

学生利用课外时间,登录到中国大学 MOOC 平台,注册进入"电路与电子技术实验"课程,进行实验前的实验准备,包括预习提示、实验课件 PPT、实验视频、学习园地、思政案例学习,最后完成实验前的课前测试。

2) 实验前的电路仿真

要求每位学生用 Multisim 电路仿真设计一个具有桥式整流、电容滤波环节,并用三端集成稳压器 7815、集成运放 μA741 构成输出电压可调的直流稳压电源装置,电压调节范围为 15~20V。

3) 课前布置课堂讨论题

以 5~6 人为一个小组,通过查阅

思政元素融入点

在实验过程中,要求学生遵守学术诚信。

融入方式

在实验概论课中,对学生提出在整个实验教学过程中,需要遵守学术诚信,自主完成在线测验,保证在线实验预习成绩真实有效、不允许抄写实验数据、抄袭实验报告等。

思政元素融入点

要有辩证的观点。从科学发展观的角度看待事物问题,培养学生辩证的思维。

融入方式

教师课前布置讨论题,让学生查阅科技文献,充分了解交流电、直流电发展的历史,对比二者的优缺点。介绍直流电的回归事例,让学生明白一个道理:事物的发展不是绝对的,不是一成不变的。科学技术是不断发展变化的,要会用科学发展观的思想分析科学技术的发展变化。

科技文献,提交一份《交流电与直流电,到底谁更好?》的文献小报告。

思政元素融入点

结合本次课的实验内容,教师讲述历史上交直流大战的事例。19世纪90年代,发生了著名的交流电与直流电之战,使得两大电力巨头卷入了这场"电流大战"。

融入方式

通过播放视频,展示爱迪生和乔治·威斯汀豪斯及爱迪生和特斯拉之间的直流电与交流电之间的竞争。爱迪生用交流电电死了大象宣传交流电的危险。但这并没有影响到特斯拉想推广更为廉价且高效的电能梦想。交流电最终占据了主导地位。科学技术是发展变化的,如今在远距离输电过程中,人们又引入了高压直流输送技术。从这个故事引发学生开展课堂的讨论。

(1) 在交流电和直流电的纷争中,为什么爱迪生会输给特斯拉?

(2) 特斯拉为什么放弃交流电的专利?

(3) 直流电与交流电两者各有什么特点?

思政元素融入点

了解直流电源发展史。科学是第一生产力,科学要有创新精神。

4) 线下实验课堂

(1) 首先针对教学内容,教师介绍直流电源的发展历史、介绍历史上的交直流大战的故事。

(2) 课堂开展翻转课堂讨论。针对实验任务,教师有针对性地提出实验问题,供学生进行课堂讨论,教师进行点评提示。

(3) 根据任务指标,学生各自完成实验任务。

① 用电源变压器、整流二极管分别设计完成半波、桥式全波整流电路。用数字示波器分别观测半波、桥式全波整流电路输出接负载 R_L=1kΩ 时的输入、输出电压波形,并将波形和测量电路的输入、输出电压有效值记录于表 3-11-1 中,得出半波与桥式全波整流的输入、输出电压关系表达式。

表 3-11-1　半波、桥式全波整流电路测量数据

电路类型	测试点	测量值(V)	理论值(V)	波形
半波整流电路	U_i			
	U_o			
桥式全波整流电路	U_i			
	U_o			

② 在上述桥式全波整流电路的基础上,分别选用 10μF、330μF 电容在负载电阻 R_L=1kΩ 的情况下设计电路图,用数字示波器观测电容滤波效果,请参照表 3-11-1 自行设计表格,记录输入、输出电压有效值及绘制观测的波形图。

③ 在实验室用桥式整流、电容滤波环节、三端稳压器 7815、集成运放 uA741 构成的直流稳压电源(15~20V),其输出电压可调电路如图 3-11-1 所示,根据输出电压范围,请设计电阻 R_1 与 R_2 阻值参数,并自行设计表格,测试电路各个环节的关键点。

5) 课后开展线上讨论

线上讨论直流电源发展史(图 3-11-2),引发学生深度思考,了解当今我国直流电源的发展技术。

教师发布线上讨论题。

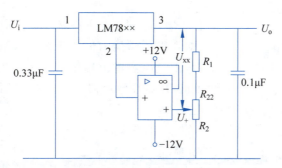

图 3-11-1 输出电压可调的直流稳压电源电路

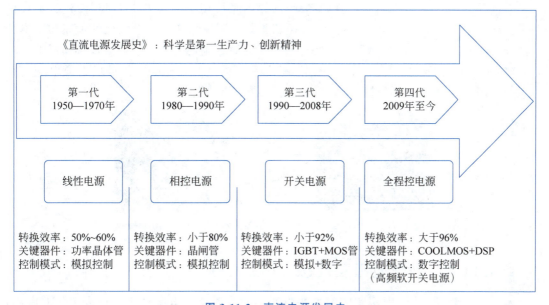

图 3-11-2 直流电源发展史

(1) 交流电与直流电哪一个更好？

(2) 为什么交流电在过去能够所向披靡？而今随着科学技术的发展，为什么直流电又会回归呢？直流电为什么又会得到进一步的推广与应用呢？

6) 工程应用

引入手机充电宝的案例。充电宝(图 3-11-3)的工作原理主要是能量存储、充电及供电，它是一个存储电能的容器。其工作原理

融入方式

我国"西电东送"战略大动脉竣工投产，白鹤滩至江苏的±800kV 高压直流输电工程每年可输送清洁电能超 300 亿 kW·h；准东—皖南的±1100kV 高压直流输电工程能同时点亮 4 亿盏 30W 的电灯。从上述事例引导学生要自强不息、勇攀科学高峰，要有创新精神。大国必要有利器，当代大学生要拥有建设科技强国的情怀。

思政元素融入点

通过实际生活中使用的充电宝爆炸案例，进一步说明用电安全的重要性。

融入方式

教师线上课堂教学中,提出问题,引发学生在线讨论。

① 充电宝的工作原理是什么?

② 如何正确合理使用充电宝,避免安全隐患。

③ 充电宝爆炸的原因是什么?

通过这些线上专题讨论,提升学生用电安全意识。

是首先输入电能,找到外部电源供应预先为内置的电池充电,即先以化学能的形式预先存储起来;当需要给手机供电时,由充电宝输出端供给手机充电;由电池提供能量产生电能,用电压转换器(直流-直流转换器)转换至手机所需的电压。

然而,有少数的不法商人为了节省成本,使用质量较差的充电宝电路板,甚至电路中缺少电压调节的功能,存在爆炸风险。在实际生活中就有充电宝突然爆炸的案例(图 3-11-4)。充电宝爆炸的原因是使用了劣质的电芯和电路板,不合格的电芯和电路板都会引发爆炸。充电宝里的填充物基本分为两种,一种是 18650 锂电池的电芯,另一种是聚合物锂电池的电芯。除了电芯质量的好坏以外,接口处的电路板更是起到控制作用,能指挥正在充电的充电宝依据已经充电的电芯电量大小来决定继续送多少电,以及送电的电压是否需要调整。

图 3-11-3 充电宝

图 3-11-4 充电宝爆炸

3.11.3 教学效果及反思

本次实验教学,让学生用实践的方法将所学的直流稳压电源理论转换为实际的应用,培养了学生分析问题与解决问题的综合能力。

在实验课堂中,结合教学内容,引入了历史上交流电、直流电的纷争案例,生动形象地教育了大学生要守住道德底线,做事不能有违科技伦理,从而引导大学生树立正确的世界观、价值观和人生观。同时让学生充分知晓人类社会的发展并非一帆风顺,引导学生用哲学辩证的观点看待事物发展规律。随着科学技术的发展,直流电发挥其重要的作用,从而引导学生进行更深入的探讨,科技需要创新精神,科技发展不是一成不变的。为什么交流电在过去的历史长河中能够所向披靡呢?而今,又为什么直流电会得到进一步的推广与应用呢?线上讨论我国直流输电工程,对电路实验课开展课程思政更具有现实的意义,并进一步引导学生对直流电的认识与学习;实验课堂中,向学生介绍充电宝爆炸应用案例,更贴近实际生活,引起学生的学习兴趣,更加真实地展示了用电安全的重要性。

本实验设计的直流稳压电源是对外接负载提供输出稳定的直流工作电压。电的用途非常广泛,现代生活离不开电,人们的生活因电的存在而绚丽多彩。根据不同用途、不同场合,用户所需要的电压类型及大小也不相同。现今的远距离输电,为了减少输电损耗,提高其经济性及环保性,采用的是直流高压输送,如我国"西电东送"以±1100kV的特高压工程累计向浙江输电突破5000亿 kW·h;而日常生活中人们使用的手机,当外出及旅行手机电量不足时,利用充电宝对锂电池进行续航。一般市面上常见的充电宝输出电压在5V左右。

3.12 集成运算放大电路的分析与设计[①]

3.12.1 案例简介与教学目标

集成运放是一种高增益、高输入电阻、低输出电阻的直接耦合多级放大电路。在集成运放的基础上,外接不同的反馈网络,可以组成很多基本应用电路。集成运放体积小,使用方便灵活,是应用最为广泛的一类集成电路,小到身边的手机、计算机,大到医疗设备、通信卫星、航天飞机,都使用运放进行信号的放大。

在电子技术中,从基础应用电路实现的功能来看,集成运放的应用主要分为信号运算电路和信号处理电路。信号处理电路一般包括有源滤波电路、电压比较器、精密整流电路和采样-保持电路等。

由集成运放可以构成比例、加法、减法、积分、微分、对数、指数、乘法和除法等基本运算电路,那么如何实现模拟信号的数学运算? 如何判断电路是否为运算电路? 又怎么分析运算电路的运算关系呢? 本实验将借助仪器设备从实验的角度去解答以上问题。

本实验的主要内容是掌握集成运放的使用方法,掌握比例、加法及减法运算电路的设计和测试方法。本次实验的教学目标如下。

1. 知识传授层面

(1) 掌握使用集成运放构成反相输入比例运算电路,同相输入比例运算电路,反相输入求和运算电路、减法运算电路的方法。

(2) 进一步熟悉这些基本电路的输出和输入之间的关系。

2. 能力培养层面

(1) 进一步熟练各种电子仪器仪表的使用。

(2) 通过直流、交流以及交直流混合信号 3 种不同的输入信号,进一步提高学生分析和判断电子电路的能力。

(3) 通过查找和排除电子故障,实验探索,进一步提高学生解决工程问题的实践能力。

3. 价值塑造层面

(1) 厚植核心价值:通过线上教学视频介绍集成电路的发展史,激发学生科技报国的家国情怀和使命担当。

(2) 培养自主学习能力——温故而知新、有备而来:线上聚焦工程实际,培养学生搜集、整合、分析、运用知识的能力。

---

① 完成人:华北电力大学,赵东、柳赞。

(3) 提升实践能力——实践出真知：通过课堂实验探究，培养学生严谨踏实、实事求是的科学作风。

(4) 开拓创新精神：通过课后拓展设计，提高学生自主学习及协作学习的能力，培养学生的创新意识和创新精神。

3.12.2 案例教学设计

1. 教学方法

采用目标导向教育理念进行实验教学设计，从实际工程问题，如指尖脉搏指示器、心电信号放大器等案例出发，引入基本运算电路的概念及工程应用。

(1) 课堂实验阶段：比例、加法、减法运算电路搭建、测试，采用自主实验及现场答疑的方式，引导学生自己发现问题、解决问题。

(2) 对运算电路进行误差分析，引导学生剖析理论设计、仿真设计及实物电路之间理论与现实的差异，采用对比及质性分析的教学方法。

(3) 实验探索环节采用研讨的方式，一起探讨、完善实验方案，将电子电路的系统概念潜移默化地传授给学生。

(4) 课后延展环节：电子电路设计采用任务驱动下结合自主学习、协作学习。

本实验在线上学习、课堂教学过程、自主发挥实践、实验成绩评定及实验报告撰写与总结等部分引入思政元素。

思政元素融入点

教师在课前提出时政问题，由学生自主学习，了解芯片贸易战的内容，增强学生的爱国情怀和历史使命感。通过复习实验相关知识点，学生温故知新，体会理论知识是实验的基础，能够运用理论知识来对实际电路进行分析、设计。培养学生系统化分析及解决问题的能力，培养严谨的学术作风。

融入方式

教师通过云实验小程序发布线上学习要求，学生查找文献资料并在小组内讨论，完成预习测验。

在已知需求情况下选择电路形式，在已知功能情况下选择元器件类型，在已知指标情况下选择元器件的参数。让学生利用辅助工具完成电路设计，做到"有备而来"。

将知识点融入具体的应用实例中，提高学生的学习兴趣。

2. 详细教案

教学内容

1) 线上学习——聚焦实际，挖掘旧知

(1) 聚焦实际问题。

如果有一种元器件，把三极管、电阻、电容等元器件集成在一起，只要供电和外接输入信号，就能获得放大的输出信号，怎样从复杂的三极管放大器设计中解脱出来？一种叫作集成运放的元器件，完美地解决了以上问题。集成运放起初主要用于数学运算如加法、减法、积分、微分等，所以它的名字包含"运算"两个字。

学生需查找文献资料并在小组内讨论：实验提供的 3 种运放（TL072、TL082、LM324）有什么区别？运放采用单电源供电和双电源供电时对其性能及运算电路的结构有什么影响？

(2) 学习内容。

① 复习有关集成运放的原理及运算电路的相关知识。

② 思考输入信号为直流、交流、交直流混合信号时,运算电路的设计方案是否有区别?为什么?

③ 利用 Multisim 设计 $A_u=6$ 的同相比例运算电路和 $A_u=5$ 的减法运算电路,采用适当的方法测量电路增益,并将其与理论值进行对比。

④ 完成线上教学平台中本次实验的预习要求。

⑤ 在虚拟实境实验平台上搭建电路,练习实验内容。

2) 课堂教学过程:实验探究,示证新知,应用新知

(1) 创设工程背景——导入课题。

随着现代技术的发展,越来越多的设备都具备了环境信息感知功能,这些信息通过传感器转化成微弱的电信号,这些微弱的电信号要想传递给处理器进行识别判断必须经过放大器放大到一定的幅值才能被识别。

如果把运放的内容用枯燥的公式和一个个脱离工程背景的电路来介绍,就无法深入了解运放五彩缤纷的世界。因此引入一个鲜活的工程案例——心率测量,如图 3-12-1 所示。运放如何在心率测量这个实际问题中派上用场?如果问:如何知道心脏是否在跳动,大部分同学都能回答出:趴在胸口听、用手把脉、触摸颈动脉……那么心脏跳动的频率又如何由电路来测量呢?可以采用指尖脉搏测试仪来实现。

指尖脉搏测试仪如图 3-12-2 所示,其原理为在指甲的一侧放置发光二极管作为光源,在另一侧放置一个光敏电阻,当穿过指尖的光线受毛细血管的血液体积变化影响时,光敏电阻的输出信号会产生微小的变化,这时只需要经过放大器放大,就能看到指尖脉搏。

分立元件三极管、场效应管构成放大电路能够实现微小信号的放大,但其电路结构复杂,还会因环境温度、电源电压等外界因素的变化,增益、带宽发生漂移。鉴于以上因素,在工程应用中首选由集成运放构成的运算电路,来达到放大微小信号的目的。

(2) 实验教学过程——实证新知。

① 元器件介绍:介绍实验室提供的集成运放 TL082、LM324 在使用时的注意事项。

② 任务分配:按照输入信号的类别(直流信号、正弦交流信号、交直流混合信号)将同学们分为 3 组,分别进行实验电路的搭建、测试及误差分析。

> **思政元素融入点**
>
> 在课堂教学中充分发挥育人的主渠道、主阵地作用,通过工程案例分析,做到价值引领、知识传授、能力培养有机统一,引导学生探索未知、追求真理的责任感,同时强化工程伦理教育。
>
> **融入方式**
>
> **抛砖引玉**
>
> 会看:将知识点融入具体的应用实例中,学会从工程问题出发发现问题、分析问题和解决问题。
>
> 采用先实验后讨论的策略,让学生掌握根据设计任务进行仪器选用、电路调试、误差分析、故障诊断,旨在达到会调、会测的目的。
>
> 由于输入信号的不同,实验要用到的仪器和测试方法不同。通过研讨的方式不断深入探索运算电路的功能,引导学生在思考中完善知识体系,提升知识的应用能力,旨在让学生达到会用的目的。同时将电子电路的系统概念潜移默化地传授给学生。

图 3-12-1　指尖脉搏测试

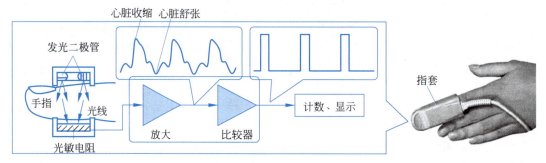

图 3-12-2　指尖脉搏测试仪

③ 实验指导：引导学生根据输入信号的不同及时调整设计方案、选用正确的仪器完成实验；对于实验过程中有问题的同学，要引导学生自己寻找解决问题的办法。

（3）实验探索环节——应用新知。

物理实验中曾用过静电检测器，把丝绸摩擦过的玻璃棒或皮毛摩擦过的橡胶棒靠近验电器的金属球，验电器的金属箔会张开。如何利用运放设计电路实现这一功能？

让同学结合理论所学知识以及本实验的内容，分组讨论，给出设计方案。并与同学们一起探讨参考方案（如图 3-12-3 所示）的优缺点。

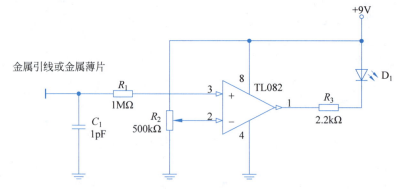

图 3-12-3　静电检测器（参考方案一）

（4）课堂总结——落实重点。

① 不同运算电路分别具有什么特点？

② 在反相求和电路中,集成运放的反相输入端是如何形成虚地的?该电路属于何种反馈类型?

③ 输入信号对运算电路性能有什么影响?是否所有的信号都可以被线性放大?

④ 如何得到运放的电压传输特性曲线?

3) 自主发挥实践环节

对学有余力的学生,可为其提供口袋实验平台,如图 3-12-4 所示,增强学生的创新意识和自主研究能力。让学生尝试在课下研究完成如下任务。

(1) 利用集成运放及其他常用电子元器件设计一个变声器电路或运放混音器。

(2) 利用 Multisim 软件或虚拟实境实验平台线上完成设计任务,或者到实验室利用面包板完成实验电路。

> **思政元素融入点**
>
> 鼓励学生积极尝试、勇于探索,增强学生的创新意识,培养学生的创新思维和创新能力。
>
> **融入方式**
>
> 学生在自主研究的过程中培养勤奋、自觉的学习态度,以及创新能力。通过交流讨论开阔视野、拓展思路。

图 3-12-4 口袋实验平台

4) 实验成绩评定

实验成绩的评定是对学生学习情况的一个评价,实践课程的特殊性要求评价标准要对学生的能力进行多方位评价。成绩评定结合每个项目完成过程中的实验操作、实验素养、实验报告、团队合作、项目创新等内容进行,从"结果视角"转向"过程视角",从"容易测量的数据"到"不易测量的能力"再到"难以测量的素质"、从一维的考试测验转向多维的综合评价。引导学生注重平时学习过程,增强学生主体意识,培养学生脚踏实地的作风和严谨的科学态度。

课程总成绩(100 分)由课堂表现能力(10 分)、7 个分组实验表现(35 分)和 1 个独立考试实验表现(55 分)组成。

每个实验评价包括在线学习测验(20%)、实验过程客观评价(60%)、实验过程主观评价(10%)和学生总结反馈(10%)。

> **思政元素融入点**
>
> 学生对实验电路进行仿真与实物测试的过程在锻炼学生对实验结果的分析能力的同时,增强学生对实验过程和团队协作的重视。在整个实验过程中严格要求,培养学生发现问题、分析问题和解决问题的能力。
>
> **融入方式**
>
> 实验过程要求学生独立规范操作,认真观察实验现象,如实记录实验数据,出现问题认真思考,努力解决,培养学生实事求是、脚踏实地、诚实守信的工作作风。
>
> 要求学生按时出勤,保持实验台和实验室整洁,爱护实验仪表和器材,实验完成后及时整理,养成良好的实验习惯,培养学生的责任心,树立责任感。

> **思政元素融入点**
>
> 实验报告对实验的过程和结果进行总结分析,学生从而发现自身存在的不足,针对问题,不断学习提升,学生自我剖析,自我进步,同时养成良好的学术习惯和严谨的学术作风。
>
> **融入方式**
>
> 要求学生独立、认真撰写实验报告,通过对实验从设计、实现到验证过程的梳理,对整个实验进行全面分析和总结。

5)实验报告撰写与总结

实验报告的撰写是一项重要的基本技能训练,其不仅是对整个实验项目的总结,更重要的是它可以初步地培养和训练学生的逻辑归纳能力、综合分析能力和文字表达能力,是科学论文写作的基础。本课程要求学生独立完成一份实验报告,报告内容实事求是,分析全面具体,文字简练通顺,撰写清楚整洁。实验报告的撰写应包括以下内容。

(1)实验任务和要求。

(2)理论方案论证与设计。

① 方案比较。

② 参数计算。

(3)仿真设计与分析。

① 仿真电路。

② 仿真电路测试。

③ 仿真结果分析与电路调整。

(4)实物电路设计及测试/实景平台设计及测试。

① 电路搭建。

② 电路功能测试(包含测试方法及测试数据、波形)。

③ 测试结果分析与电路修正。

(5)实验总结。

① 收获与体会。

② 对本课程的意见和建议。

对实验过程中的每一项测试内容都设计详细的评测表格,增加实验测试的规范性。

实验报告主要内容的参考样例如图 3-12-5 所示,其他内容自己补充。

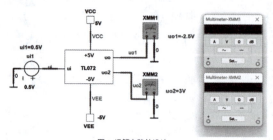

图 3-12-5 实验报告主要内容的参考样例

(1) 理论设计（在纸上完成后拍照粘贴到报告中）
(2) 实验电路（截图时请将设备号和姓名包含在截图界面中）
(3) 实验结果

数据表 1 运算电路测试结果

ui1(V)	0.5Vdc	−0.5Vdc	1.0Vdc
uo1(V)			
uo2(V)			
A_{u1} 实验计算值			
A_{u2} 实验计算值			
A_{u1} 理论计算值			
A_{u2} 理论计算值			

数据表 1 中 ui1=1.0Vdc 时，输入、输出数据：[信号源/万用表/示波器的截图]

实验内容 2：利用 TL072 和电阻（或电位器）设计电路，使其满足图 2 要求。

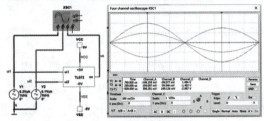

图 2 运算电路的设计 2

(1) 理论设计（在纸上完成后拍照粘贴到报告中）

(2) 实验电路（截图时请将设备号和姓名包含在截图界面中）

(3) 实验结果

数据表 2 运算电路测试结果

ui1(V)	0.2Vpk	−0.1Vpk	0.2Vpk
ui2(V)	0.1Vpk	0.1Vpk	0.4Vpk
uo(V)			
A_u 实验计算值			
A_u 理论计算值			

数据表 2 输入 ui1=0.2Vpk，ui2=0.4Vpk 时，对应的输入、输出波形：[示波器的截图]

实验内容 3：利用 TL072 和电阻（或电位器）设计电路，使其满足图 3 要求。

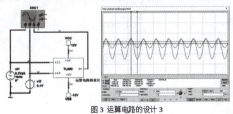

图 3 运算电路的设计 3

图 3-12-5 （续）

(1) 理论设计（在纸上完成后拍照粘贴到报告中）

(2) 实验电路（截图时请将设备号和姓名包含在截图界面中）

(3) 实验结果

数据表 3 运算电路测试结果

u_{i1}(V)	0.2Vpk	0.2Vpk+0.1Vdc	0.2Vpk+0.1Vdc
u_{i2}(V)	0.1Vdc	0.1Vdc	-0.2Vdc
u_o(V)			
A_u实验计算值			
A_u理论计算值			

数据表 3 输入 u_{i1}=0.2Vpk（直流偏移 0.1Vdc），u_{i2}=0.1Vdc 时，对应的输入、输出波形：[示波器的截图]

图 3-12-5 （续）

3.12.3 教学效果及反思

线上+线下及课后拓展，学生收获颇丰，除了能够掌握常用运算电路的分析、设计、测试方法和放大电路的基本测试方法外，还加深了对集成运放的理解。每个小组都提交了各自的设计作品，并能够地对本组和其他组的作品给出公正、客观的评价。

考虑到学生对知识的掌握程度不同，改变了以往所有人同一任务的做法，设计了基本、探索、自主研究 3 个难易程度不同的任务，让大部分学生能够体会实验成功的成就感，也能让能力出众的学生有更大的发挥空间。学生的兴趣浓厚，为整个学习过程奠定了基础。

在教学过程中，通过线上学习，聚焦工程实际，将知识点融入具体的应用实例中，要求学生根据需求出发，进行电路设计，这一过程引导学生强化工程观念、系统思维，并充分体现学生的主体地位。通过课堂教学过程，实验探究，进一步提升学生的实践能力和激发学生的创新意识。

实验过程为学生自己先做，发现问题时，教师引导学生解决问题；再由先解决问题的学生来介绍经验，这样学生更容易接受，知识点和技巧得到了加强；最后学生对自己的学习情况进行客观的自评。整体课堂气氛活跃，完成效果比较好。

由于课堂时间有限，所以布置进阶作业"简易变声电路设计"或"简易心率测试仪设计"，进一步提高学生文献检索、整合、分析、运用信息的能力，把第一课堂和第二课堂相结合，培养学生的创新意识和创新精神，提高学生自主学习及协作学习的能力。

参考文献

[1] 童诗白,华成英.模拟电子技术基础[M].5 版.北京:高等教育出版社,2015.

[2] 李政涛.走出数字化的"课堂之路"[J].上海教育,2023(7):48.

[3] 吴霞,潘岚.电路与电子技术实验教程[M].2 版.北京:高等教育出版社,2022.

[4] 杨欣,胡文锦,张延强.实例解读模拟电子技术完全学习与应用[M].北京:电子工业出版社,2013.

第 4 章

数 字 电 路

4.1 数字电路课程简介

"数字电路"是"数字电路与逻辑设计""数字系统设计""数字电子技术基础"等课程的统称,是电子信息类、电气类和计算机类的学科基础课程,也是学生进入数字技术领域中的一门专业基础课程,在数字技术、集成电路等领域的人才培养方面起到支撑和托举作用。数字电子技术在无线通信、信息处理、航空航天和数控机床等行业中起着极其重要的作用,是当今国际高科技竞争领域的重点技术之一。

学习本课程,使学生掌握数字电路的基本理论和基础知识,建立数字系统的基本概念,培养学生应用数字技术分析、解决实际问题的能力,培养学生的科学精神、严谨态度、工程观点和创新意识。学习本课程,使学生了解驱动数字系统发展的技术因素和社会因素,了解数字技术演变的历史进程特别是中国芯片技术领域的发展与崛起,了解不断探索学习新知识的必要性,进而使学生把握时代脉搏,激发其投身时代、建功立业的意识。

"数字电路"课程的主要内容包括数制与编码、逻辑代数基础、逻辑门电路、组合逻辑电路、触发器、时序逻辑电路、可编程逻辑器件、硬件描述语言、数模和模数转换、脉冲波形的处理,各部分具体涵盖的内容如图 4-1-1 所示。

针对本课程的一些重要知识点,设计理论与实验课的教学思政案例,涵盖的知识点有:进位计数制、逻辑函数的表示方法、二极管逻辑门电路、TTL 与非门、钟控触发器、时序逻辑电路、移位寄存器、移位寄存器在加密算法硬件实现中的应用、存储器及其应用、FPGA 及其应用、数模转换器(Digital-to-Analog Converter,DAC)、模数转换器(Analog-to-Digital Converter,ADC)、精简指令集 CPU 设计、随机数生成电路的设计与实现。

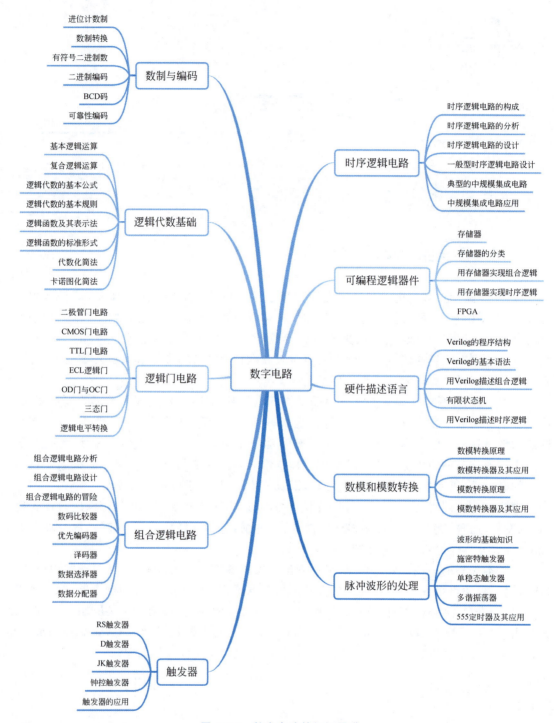

图 4-1-1　数字电路的知识图谱

4.2　进位计数制[①]

4.2.1　案例简介与教学目标

本部分内容属于数字电路课程的开始部分,主要介绍进位计数制,包括十进制、二进制、八进制和十六进制,以及数制之间的转换。本部分的教学目标如下。

1．知识传授层面
(1) 熟悉数制的概念。
(2) 掌握常用数制之间的转换。
(3) 掌握有符号二进制数的原码、反码和补码表示法。

2．能力培养层面
(1) 培养学生分析问题的能力。
(2) 培养学生的思维变通能力。
(3) 培养学生将理论知识应用于工程实践的能力。

3．价值塑造层面
(1) 增强学生的民族自信心与民族自豪感。
(2) 培养学生举一反三、灵活变通的思维方式。
(3) 培养学生对待问题要有全面和严谨的态度。

4.2.2　案例教学设计

1．教学方法

本部分内容是数字电路课程的入门知识,按照实例引入、概念讲解、知识展开、实际应用等步骤进行教学设计,并在整个教学过程中在数制的概念、进制的定义、不同进制转换、有符号与无符号二进制数、实际应用与意义5部分恰当地融入思政元素,将理论提升与价值塑造相结合。

> **思政元素融入点**
>
> 《易经》以"爻、卦"来表示天地和万物,爻分为阴阳两种,是一种二元对立形态。德国数学家莱布尼茨在18世纪发明了二进制。中国文化源远流长,增强学生的民族自豪感和自信心。
>
> **融入方式**
>
> 通过讲述二进制的起源激发学生学习课程的兴趣,通过讲好故事让学生自己去体会中华民族的璀璨文明。

2．详细教案

教学内容

1) 数制的概念

数制是进位计数制的简称,是用一组固定的符号和规则表示数值的方法。日常生活中最常用的是十进制,但数字系统采用的是二进制(binary)。

二进制是以2为基数的进位计数制,其数码只有0和1两种,计数规则是"逢二进一,借一当二"。数字电路中的

---

① 完成人:北京邮电大学,孙文生。

逻辑门均采用二进制实现,其电平只有高和低两种情况。在数字系统中,最小的信息单位是位(bit),1 位代表一个二进制数。位是数据传输、处理和存储的最小单位。一字节(byte,简记为 B)由 8 位二进制数组成,字节和位的对应关系如图 4-2-1 所示。

图 4-2-1 字节和位的对应关系

常用数制举例:

十进制　　　$(13.25)_{10}$

二进制　　　$(1101.01)_2$

八进制　　　$(15.2)_8$

十六进制　　$(D.4)_{16}$

思政元素融入点

十进制最为常见,从十进制入手来认识其他进制,培养学生由浅入深、由已知推未知、举一反三和灵活变通的能力。

融入方式

带领学生一起分析、思考,让学生理解从特殊到一般,再由一般推出特例的过程,培养学生科学的思维方法。

2)进制的定义

由最常见的十进制引出任意进制,并指明各进制与十进制的关系。

(1)十进制

采用 0~9 这 10 个不同的数码。计数规则是"逢十进一,借一当十"。数码处于不同的位置所代表的数值不同。

例:

$565.65 = 5 \times 10^2 + 6 \times 10^1 + 5 \times 10^0 + 6 \times 10^{-1} + 5 \times 10^{-2}$

(2)任意进制(R 进制)

数码:基本符号 $0, 1, 2, \cdots, (R-1)$。

基数:R。

权:R^i。

运算规则:逢 R 进一,借一当 R。

例:

$$(53.62)_7 = 5 \times 7^1 + 3 \times 7^0 + 6 \times 7^{-1} + 2 \times 7^{-2}$$
$$\approx (38.898)_{10}$$

$$(24.35)_5 = 2 \times 5^1 + 4 \times 5^0 + 3 \times 5^{-1} + 5 \times 5^{-2}$$
$$= (14.8)_{10}$$

3) 不同进制转换

(1) 十进制与非十进制转换。

十进制与常用的非十进制转换如图 4-2-2 所示。

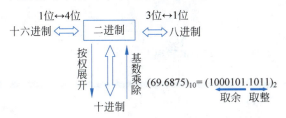

图 4-2-2　十进制与常用的非十进制转换

> **思政元素融入点**
> 通过进制之间的相互转换发现其中规律，引导学生遇到问题应善于找到问题的本质、发现其规律，以助于更好、更快地解决问题。
>
> **融入方式**
> 讨论十进制为什么可以这样转换为二进制，还有没有更快地转换为二进制的方法。给学生举一些例子，如将十进制数 32、64、65、127 等转换为二进制，让学生从中发现规律。

R 进制转换为十进制原则：写出 R 进制数的按权展开式，然后相加。

例：

$$(24.3)_8 = 2 \times 8^1 + 4 \times 8^0 + 3 \times 8^{-1}$$
$$= 16 + 4 + 0.375$$
$$= (20.375)_{10}$$

十进制转换为 R 进制原则：整数部分采用基数连除法（除以基数 R 取余数），小数部分采用基数连乘法（乘以基数 R 取整数）。

例：将 $(837.6875)_{10}$ 转换为十六进制数

```
16 | 837   取余数        0.6875   取整数
16 |  52   5           ×    16
16 |   3   4             4.1250
       0   3             6.875   B
                         B.0000
```

$(837.6875)_{10} = (345.B)_{16}$

(2) 二进制与十六进制之间的转换。

由于 $2^4 = 16$，所以 4 位二进制数对应 1 位十六进制数，二者之间的转换关系如图 4-2-3 所示。

二进制数转换为十六进制数：从小数点起向左、向右每 4 位分成一组，不足 4 位的补零，然后将每组二进制数表示成对应的十六进制数。

例：

$$(1011011.01)_2 = (0101\ 1011.0100)_2$$
$$= (5B.4)_{16}$$

十六进制数转换为二进制数：将每 1 位十六进制数表示成 4 位二进制数，小数点的位置不变。

> **思政元素融入点**
> 通过二进制、八进制、十六进制之间的转换再次说明事物之间是存在联系和规律的，解决问题要善于把握内在规律，只有这样才能更高效地完成工作。
>
> **融入方式**
> 讲述二进制与十六进制的转换，让学生自己概括二进制与八进制之间的转换规律，以及十六进制与八进制之间的转换规律。

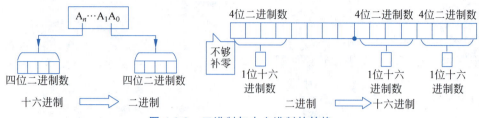

图 4-2-3 二进制与十六进制的转换

例：
$$(7D.A6)_{16} = (0111\ 1101.1010\ 0110)_2$$
$$= (1111101.1010011)_2$$

（3）二进制与八进制之间的转换。

二进制数转换为八进制数：从小数点起向左、向右每 3 位分成一组，不足 3 位的补零，然后将每组二进制数表示成对应的八进制数。

例：
$$(11010101.01011)_2 = (011\ 010\quad 101.010\ 110)_2$$
$$= (325.26)_8$$

八进制数转换为二进制数：将每 1 位八进制数表示成 3 位二进制数，小数点的位置不变。

例：
$$(325.26)_8 = (011\ 010\ 101.010\ 110)_2$$
$$= (11010101.01011)_2$$

（4）十六进制与八进制的相互转换。

用二进制作为"桥梁"，先变为二进制，再转换为目标进制。

思政元素融入点

通过介绍二进制有符号和无符号数的区别，以及补码在算数运算中的特点，引导学生看待问题要全面、细致、严谨。

融入方式

讲述有符号和无符号数的特点，学会取舍和辩证地看问题。

讨论以下问题：采用补码为什么能把减法运算转换为加法运算？有进位时符号位也会溢出，不会引起计算结果的错误吗？

补码的设计来源于对生活的观察，其设计的精巧之处值得学习。

4）有符号与无符号二进制数

（1）无符号二进制数。

其特点是无符号位，各位均用来表示数值，n 位无符号二进制数的表示范围为 $0 \sim 2^n - 1$。

（2）有符号二进制数。

最高位为符号位，0 表示正数，1 表示负数，其余位为数值位。8 位有符号数的表示范围为 $-127 \sim +127$（原码、反码）或 $-128 \sim +127$（补码）。

有符号二进制数有 3 种表示方法，它们对正数的表示完全相同，不同的是对负数的表示。

原码：最高位为符号位，0 表示正数，1 表示负数。

反码：正数的反码与原码相同，负数的反码为原码的数值部分按位取反。

补码：正数的补码与原码相同，负数的补码为反码+1（包括符号位）。

采用补码运算的好处是减法运算可以转换为加法运算,补码运算的减法规则为:先对补码表示的减数再次取补(连同符号位),然后与被减数相加,运算结果也是补码。该规则对有符号数和无符号数均适用。

$$[X]_{补} - [Y]_{补} = [X]_{补} + [[Y]_{补}]_{补}$$

5) 实际应用与意义

(1) 二进制仅有两个数码 0 和 1,所以任何具有二种不同稳定状态的元件都可用来表示一位二进制数。

(2) 采用补码表示可以简化二进制数的四则运算规则,所有四则运算均可转换为加法运算和移位操作,这样可以简化电路的设计,尤其在计算机诞生的初期,可以极大降低硬件的制作难度和成本。

(3) 在计算机中采用二进制表示数可以节省硬件资源。理论表明,用三进位制最省资源,其次就是二进位制。但由于电路区分两种状态最容易,抗干扰能力最强,所以计算机从诞生的初期就开始采用二进制。

(4) 二进制的符号"1"和"0"恰好与逻辑运算中的"对"(true)与"错"(false)相对应,便于计算机进行逻辑运算。

思政元素融入点

通过二进制在实际工程中的应用说明其重要性和优势,由此培养学生的辨别能力和看待事情的科学观,要善于化繁为简,学会从工程角度考虑问题。

融入方式

给出实际具有两种明显稳定状态的元件和现象,如灯的亮与灭、开关的开与关、电压的高与低、水位的高与低等,让学生充分意识到二进制在生活中的重要作用。讨论以下问题:在元件和电路设计中如何提高抗干扰能力?

区分两种状态的元件和电路都是最简单的,虽然单个元件状态数少、信息量小,但却有很强的抗干扰性。让学生理解繁与简的对立统一,引导学生善于简化问题,抓住问题本质,寻找简洁有效的方案。

4.2.3 教学效果及反思

通过本次教学,学生不仅掌握与数制相关的理论知识,还将深入理解数字世界的奥妙,认识到二进制在计算机科学和数字电路中的广泛运用。在教学过程中巧妙引入思想政治元素,使学生认识到专业学科不是冰冷的技术堆积,而是蕴含着深刻的哲学思想,进而引发学生对社会、对发展的思考。

综合来看,通过本次课程,学生将在知识、能力和素质等层面得到提升。这不仅有助于他们成为具备卓越科学专业能力的人才,更能在思想政治素养上取得进步,为当代社会的科技发展和社会进步做出积极的贡献。

4.3 逻辑函数的表示方法[①]

4.3.1 案例简介与教学目标

本部分内容属于数字电路课程的基础部分,主要介绍逻辑函数的基本概念、逻辑函数

---

① 完成人:北京邮电大学,孙文生。

的表示方法、逻辑函数的两种标准表达式、两种标准形式之间的关系等。本部分的教学目标如下。

1. 知识传授层面

(1) 熟悉逻辑函数的基本概念。
(2) 掌握逻辑函数的表示方法及多种等效函数式的相互转换。
(3) 掌握逻辑函数的标准形式及其特点。

2. 能力培养层面

(1) 培养学生学以致用、举一反三的能力。
(2) 培养学生的创新意识和工程设计能力。
(3) 提高学生运用知识解决实际问题的能力。

3. 价值塑造层面

(1) 培养学生团结友善的家国情怀。
(2) 理解事物多样性,培养学生开放和包容的思维。
(3) 培养学生严谨求实的科学态度。

4.3.2 案例教学设计

1. 教学方法

本部分内容采用四步教学法,通过"引、学、练、收"四步,实现聚焦问题、激活旧知、学习新知、实践新知,进而实现新旧知识的融会贯通,并在逻辑变量与逻辑运算、复合逻辑运算、逻辑代数的基本定律和基本规则、逻辑函数的表示方法、逻辑函数的化简5部分融入思政元素。

思政元素融入点

由3种基本逻辑运算可以描述任意复杂的逻辑关系,讨论个人与集体和国家的关系,只有人人爱国、敬业,国家才能强大。

融入方式

在讲完基本逻辑运算后,以《三体》中的人力计算机为转场,讨论学生与学校的关系,进而上升到社会、国家层面,激发学生的团结意识、友善意识、事业心和社会责任感。

2. 详细教案

教学内容

逻辑代数由英国数学家乔治·布尔于1847年创立,是逻辑设计的数学基础,又称布尔代数、开关代数。

1) 逻辑变量与逻辑运算

(1) 逻辑常量: 0、1。

逻辑常量仅表示两种不同状态,如命题的真假、信号的有无等。可参与逻辑运算,逻辑运算按位进行,没有进位。

(2) 逻辑变量: $A,B,C,\cdots$。

逻辑变量表示条件存在与否,结果是真还是假。逻辑变量的取值为逻辑常量。

(3) 基本逻辑运算。

与逻辑运算又称逻辑乘,逻辑表达式为 $F(A,B)=AB$,其含义为仅当决定事件 F 发生的所有条件均具备时,事件 F 才发生。

或逻辑运算又称逻辑加,逻辑表达式为 $F(A,B)=A+B$,其含义为当决定事件 F 发生的所有条件中有一个具备时,事件 F 就发生。

非逻辑运算又称求补运算,逻辑表达式为 $F=\overline{A}$,其含义为结果同条件相反。

逻辑运算的优先级为:非、与、或,可以通过加括号改变其优先级。

2) 复合逻辑运算

复合逻辑运算由基本逻辑运算组合而成,常用的复合逻辑运算如下。

(1) 异或逻辑运算。

当多个变量进行异或运算时,若 1 的个数为奇数,则运算结果为 1,逻辑表达式如下。

$$F = A \oplus B = A\overline{B} + \overline{A}B$$

(2) 同或逻辑运算。

同或运算是异或运算的非,逻辑表达式如下。

$$F = A \odot B = \overline{A}\overline{B} + AB$$

(3) 与非逻辑运算,逻辑表达式如下。

$$F = \overline{AB}$$

(4) 或非逻辑运算,逻辑表达式如下。

$$F = \overline{A+B}$$

(5) 与或非逻辑运算,逻辑表达式如下。

$$F = \overline{AB+CD}$$

同一逻辑函数有多种等价的逻辑函数式,它们之间可以相互转换。

$$\begin{aligned}
F(A,B,C) &= AB + \overline{A}C \quad &\text{与或式} \\
&= (\overline{A} + B)(A + C) \quad &\text{或与式} \\
&= \overline{\overline{AB} \cdot \overline{\overline{A}C}} \quad &\text{与非-与非式} \\
&= \overline{\overline{AB} \cdot \overline{A+C}} \quad &\text{或非-或非式} \\
&= \overline{A\overline{B} \cdot A\overline{C}} \quad &\text{与或非式} \\
&= \overline{A}\overline{B}C + \overline{A}BC + AB\overline{C} + ABC \\
&= (A+B+C)(A+\overline{B}+C)(\overline{A}+B+C)(\overline{A}+B+\overline{C})
\end{aligned}$$

3) 逻辑代数的基本定律和基本规则

(1) 逻辑表达式。

用有限个与、或、非等逻辑运算符,按某种逻辑关系将逻辑变量($A,B,\cdots$)和逻辑常量(0,1)连接起来,所得的表达式被称为逻辑表达式。

(2) 逻辑函数。

假设输出 F 由若干逻辑变量 $A,B,C\cdots$ 经过有限的逻辑运算所决定,即 $F = f(A,B,C,\cdots)$,若输入变量确定以

思政元素融入点

同一函数存在多种等价函数式,让学生理解事物的多样性,要具体问题具体分析,选择最合适的解决问题的方法。

融入方式

给学生讲解不同函数式的特点,以及对应的电路实现。在实际电路中,要根据具体的需求选择最合适的函数式,锻炼学生学以致用、举一反三的能力和工程设计能力。

思政元素融入点

由逻辑代数的基本定律和基本规则,引申说明自然规律的重要性,教育学生要有人与自然和谐共生的理念。

融入方式

定律是逻辑代数内的规律,规则

> 是逻辑代数内的规则,自然界有自己的规则,要遵守规则,敬畏自然,人与自然和谐共处。

后,F 值也被唯一确定,则称 F 是 $A,B,C\cdots$ 的逻辑函数。逻辑函数的取值为逻辑 0 和逻辑 1,它们不代表数值大小,仅表示相互矛盾、相互对立的两种逻辑状态。

(3) 逻辑代数的基本定律。

逻辑代数的基本定律也称为常用公式,如表 4-3-1 所示。

表 4-3-1 逻辑代数的基本定律

交换律	$A+B=B+A$	$A\cdot B=B\cdot A$
结合律	$A+(B+C)=(A+B)+C$	$A\cdot(B\cdot C)=(A\cdot B)\cdot C$
分配律	$A(B+C)=AB+AC$	$A+BC=(A+B)(A+C)$
吸收律	$A+AB=A$	$A(A+B)=A$
0-1 律	$A+1=1$	$A\cdot 0=0$
互补律	$A+\overline{A}=1$	$A\cdot\overline{A}=0$
重叠律	$A+A=A$	$A\cdot A=A$
还原律	$\overline{\overline{A}}=A$	
反馈律	$\overline{A+B}=\overline{A}\cdot\overline{B}$	$\overline{A\cdot B}=\overline{A}+\overline{B}$
自等律	$A+0=A$	$A\cdot 1=A$

(4) 逻辑代数的基本规则。

代入规则:在任何一个逻辑等式中,若将等式两边的某一变量 X,均代之以一个逻辑表达式,则此等式仍然成立。代入规则可用于推广基本定律、公式。

对偶规则:将逻辑函数 F 中的"·"↔"+","0"↔"1"得 F',称之为 F 的对偶式。对偶规则便于记忆基本定律、公式。

推论:若 $F=G$,则 $F'=G'$,$(F')'=F$。

反演规则:在对偶规则的基础上,原变量↔反变量,得到原函数的反函数。

> **思政元素融入点**
>
> 通过介绍逻辑函数的不同表示方法,以及不同方法之间的联系,培养学生全面看待问题的观点和开放包容的思维。
>
> **融入方式**
>
> 逻辑函数的表示方法多种多样,在不同的场景中,使用不同的方式表示逻辑函数才能看起来更方便和谐。通过应用举例,在给定一种方式的逻辑函数后,引导学生求解其他的表现形式,让学生在实际应用中全面考虑问题,体会逻辑函数的多样性。

4) 逻辑函数的表示方法

逻辑函数除了可以用逻辑函数式表示,还可以用真值表、卡诺图、波形图和逻辑图等表示(见图 4-3-1)。

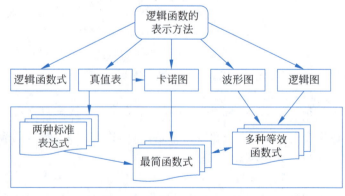

图 4-3-1 逻辑函数的表示方法

(1) 最小项及最小项表达式。

最小项是一种逻辑与项,包含全部逻辑变量,通常用 m_i 表示(见表 4-3-2)。

表 4-3-2　最小项及最小项表达式

ABC	最小项	符号表示
0 0 0	$\overline{A}\,\overline{B}\,\overline{C}$	m_0
0 0 1	$\overline{A}\,\overline{B}C$	m_1
0 1 0	$\overline{A}B\overline{C}$	m_2
0 1 1	$\overline{A}BC$	m_3
1 0 0	$A\overline{B}\,\overline{C}$	m_4
1 0 1	$A\overline{B}C$	m_5
1 1 0	$AB\overline{C}$	m_6
1 1 1	ABC	m_7

(2) 最大项及最大项表达式。

最大项是一种逻辑和项,包含全部逻辑变量,通常用 M_i 表示(见表 4-3-3)。

表 4-3-3　最大项及最大项表达式

ABC	最大项	符号表示
0 0 0	$A+B+C$	M_0
0 0 1	$A+B+\overline{C}$	M_1
0 1 0	$A+\overline{B}+C$	M_2
0 1 1	$A+\overline{B}+\overline{C}$	M_3
1 0 0	$\overline{A}+B+C$	M_4
1 0 1	$\overline{A}+B+\overline{C}$	M_5
1 1 0	$\overline{A}+\overline{B}+C$	M_6
1 1 1	$\overline{A}+\overline{B}+\overline{C}$	M_7

(3) 两种标准形式之间的关系。

相同编号的最小项和最大项互补:

$$\overline{m_i}=M_i \quad \begin{cases} m_3=\overline{A}BC \\ M_3=A+\overline{B}+\overline{C} \end{cases}$$

逻辑函数既可表示为最小项之和的形式,也可表示为最大项之积的形式,二者下标的集合互为补集。

$$F(A,B,C)=\sum m(3,5,6,7)=\prod M(0,1,2,4)$$

5) 逻辑函数的化简

逻辑函数化简的实质是反复运用逻辑代数的定律、公式和规则,消去表达式中的多余项和多余变量。最简函数式标准:表达式中项数最少,每项变量数最少。

思政元素融入点

通过几种不同的逻辑函数的化简方法说明逻辑函数形式的多样性,进一步引申说明要从全面的角度看待问题,理解事物的原理,培养学生明辨是非的能力和严谨的科学观。

融入方式

引导学生尝试使用多种方式对逻辑函数进行化简,分析不同情况下各种方法的优劣。通过列真值表的方式,学生直观地感受到逻辑变量运算的过程,将学习到的知识运用到生活实践中。

(1) 代数化简法。

代数化简法往往要依靠经验和技巧,带有一定的试凑性,常用的方法有并项、消项、消元和配项等。

(2) 卡诺图化简法。

卡诺图是真值表的图形表示,卡诺图的构成如图 4-3-2 所示。

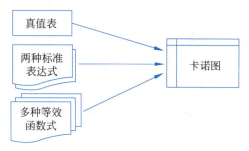

图 4-3-2　卡诺图的构成

卡诺图中的变量按循环码排列,凡是几何位置相邻的最小项均能合并,处于轴对称位置的最小项也可以合并。卡诺图化简法的步骤为:首先画出函数的卡诺图,然后根据设计要求,决定是圈 1 写最简"与或"式,还是圈 0 写最简"或与"式;最后用最大圈将全部 1 格(或 0 格)圈起来,且总圈数最少。

(3) 具有约束项和任意项的逻辑函数及其简化。

约束项:在实际应用中,对输入变量取值的限制被称为约束,对应的最小项恒等于 0,被称为约束项。

任意项:在输入变量的某些取值下,函数值为 1 或 0 不影响逻辑电路的功能,称这些最小项为任意项。

无关项:约束项和任意项的统称。

具有无关项时,逻辑函数的化简方法:在公式法化简中可按需要加上或去掉无关项;在卡诺图中可按需要把无关项视为 1 或 0,与其他项合并。

4.3.3　教学效果及反思

在本次教学过程中,学生不仅掌握了逻辑函数的基础知识,也初步了解到理论知识在数字电路分析与设计中的应用。通过教学反馈可以知道,学生在数字电路的知识掌握、创新思维、解决问题能力以及理解事物多样性与和谐理念方面均有显著提升。学生能深入理解等价逻辑函数式的应用,掌握逻辑函数之间的转换方法,同时体会到逻辑函数中蕴含的人文思想,更好地理解事物的多样性。在以后教学中,可以考虑引入更多互动和实践环节,以增强学生对基本概念的理解和应用能力。

4.4 二极管逻辑门电路[①]

4.4.1 案例简介与教学目标

本部分内容属于数字电路课程的基础部分,主要介绍逻辑门电路相关知识,包括二极管的开关特性、二极管逻辑门电路及二极管门电路的缺点等内容。本部分的教学目标如下。

1. 知识传授层面

(1) 了解二极管的开关特性。
(2) 掌握二极管与门电路和或门电路的基本原理。
(3) 熟悉二极管门电路存在的缺点。

2. 能力培养层面

(1) 培养学生分析推理的能力。
(2) 培养学生辩证思考的能力。
(3) 培养学生理论知识与实际结合的能力。

3. 价值塑造层面

(1) 引导学生投身科学研究、求实创新、科技强国。
(2) 鼓励学生多角度看问题、辩证思考。
(3) 培养学生的家国情怀。

4.4.2 案例教学设计

1. 教学方法

本部分内容按照二极管历史的引入、门电路分类讲解、应用拓展等步骤进行教学设计,并在历史回顾、二极管的开关特性、二极管与门电路、二极管门电路的缺点、实际应用与意义 5 部分融入适当的思政元素,将"思政之盐"融入"课程之汤",使专业知识传授与思政教育同频同步进行。

2. 详细教案

教学内容

1) 历史回顾

1904 年,英国物理学家弗莱明发明了第一个电子二极管,其由一块金属和一个电极组成,开启了人类的电子管时代。

1947 年,美国贝尔实验室发明了晶体管,开启了人类

> **思政元素融入点**
> 通过二极管的发明历史引入二极元件,学生认识科学家的贡献,树立投身科学研究、求实创新的信念和理想。
>
> **融入方式**
> 以讲故事的方式引出二极管元件,讲述电子学发展史上的 3 个里程碑,引导学生思考科学和技术对人类文明的影响,从而激发学习热情,树立求实创新、科技强国的理念。

[①] 完成人:北京邮电大学,孙文生。

的硅文明时代。1956 年,肖克利、巴丁、布拉坦因发明晶体管获得诺贝尔物理学奖。

晶体管的发明是 20 世纪中叶科学技术领域划时代的一件大事,它的诞生使电子学发生了根本性变革。

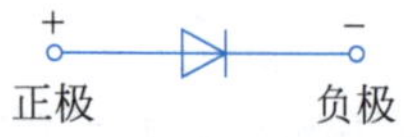

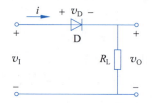

图 4-4-1 二极管的符号

现代二极管是由 N 型和 P 型半导体相接形成的,图 4-4-1 为二极管的符号。二极管具有单向导电性、反向击穿特性、电容特性和温度特性。

肖特基二极管是一种能高速开关的二极管,由金属和半导体接触形成,正向压降 0.3～0.4V,没有电荷存储效应。

> **思政元素融入点**
>
> 通过二极管的开关状态,引导学生要学会抓主要矛盾,学会辩证思考,只有找准方向才能顺利解决问题。
>
> **融入方式**
>
> 带领学生分析二极管的导通与截止状态,分析两种状态在实际电路中产生的作用与效果,找到影响二极管开关速度的主要因素。在分析过程中,引导学生遇到问题时要找准方向,解决主要矛盾。

2)二极管的开关特性

在数字电路中,二极管工作在开关状态,二极管的开关电路如图 4-4-2 所示。

图 4-4-2 二极管开关电路

由于结电容的存在,二极管导通与截止状态的转换需要一定的时间,其开关特性曲线与电荷存储效应如图 4-4-3 所示。

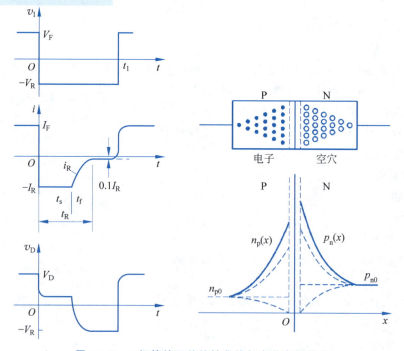

图 4-4-3 二极管的开关特性曲线与电荷存储效应

反向恢复时间 $t_R = t_s + t_f$,其中:t_s 为存储时间,t_f 为下降时间。

3)二极管与门电路

二极管与门电路如图 4-4-4 所示。只要有一个输入端为低电平 0V,输出端即为低电平 0.7V;只有输入端全部为高电平 5V 时,输出端才为高电平 5V,电路实现与逻辑的功能。

> **思政元素融入点**
>
> 通过分析二极管与门真值表,进而更好地分析问题,培养学生分析问题和科学解决问题的能力。
>
> **融入方式**
>
> 带领学生一起分析、思考,得出结论,给出二极管与门真值表。通过该例子举一反三,引导学生多角度看问题、分析问题,进而找到答案。

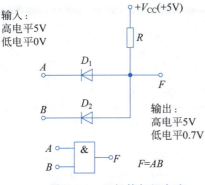

图 4-4-4 二极管与门电路

二极管与门的输入和输出电平关系及真值表分别如表 4-4-1、表 4-4-2 所示,其中 L 代表低电平、H 代表高电平。

表 4-4-1 二极管与门的输入和输出电平关系

A	*B*	*F*
L	L	L
L	H	L
H	L	L
H	H	H

表 4-4-2 二极管与门的真值表

A	*B*	*F*
0	0	0
0	1	0
1	0	0
1	1	1

4)二极管或门电路

二极管或门电路如图 4-4-5 所示。只要有一个输入端为高电平 5V,输出端即为高电平 4.3V;只有输入端全部为低电平 0V 时,输出端才为低电平 0V,电路实现或逻辑的功能。

二极管或门的真值表如表 4-4-3 所示。

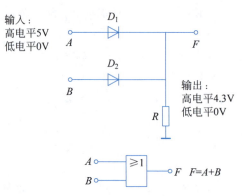

图 4-4-5 二极管或门电路

表 4-4-3 二极管或门的真值表

A	B	F
0	0	0
0	1	1
1	0	1
1	1	1

5）非门电路

非门电路需要用晶体三极管才能实现。放大电路中的单管共射电路,当输入为高电平时,三极管饱和,从集电极输出低电平;当输入为低电平时,三极管截止,从集电极输出高电平,电路实现非逻辑功能。

思政元素融入点

通过指出二极管的缺点,引导学生看待问题要多角度观察,有辩证思维。

融入方式

组织同学自主探索发现二极管门电路的缺点,如何克服缺点,如何由简入繁,从而培养其自主探索、辩证思考的能力。

6）二极管门电路的缺点

（1）输入/输出电平不一致。

受二极管导通压降的影响,输入和输出之间会存在约 0.7V 的电压差,导致输入和输出的高电平和低电平的值不一致。

（2）信号通过多级门电路时,会导致电平偏离。

例如,由 3 个二极管与门构成的电路如图 4-4-6 所示,只要 $B=0$,无论 A 和 C 为何值,输出 F 恒为 0。假设输入 $ABC=101$,即 A、B、C 端输入的电平依次 5V、0V、5V,由于二极管两端存在电压差,输出 F 端的电位为 2.1V,为逻辑 1,导致电路逻辑关系错误。

7）TTL 与非门

实用门电路是二极管和三极管的结合,图 4-4-7 是 TTL 与非门 7400 的内部结构,其中 D_1 和 D_2 是起保护作用的二极管,D_3 的作用是电平偏移。

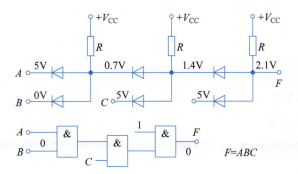

图 4-4-6　由二极管与门构成的电路

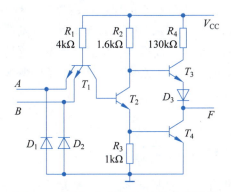

图 4-4-7　TTL 与非门 7400 的内部结构

8）实际应用与意义

（1）整流二极管。

整流二极管是将交流电转换为直流电的元件,其原理是利用二极管的单向导电性。图 4-4-8 是 4 只整流二极管构成的桥式整流电路,正弦交流电经过变压器变压后,再经过桥式整流电路,在负载电阻 R_L 上即可得到直流电压。为保证直流电压的稳定性,可以在负载电阻 R_L 两端并联一个滤波电容。

> **思政元素融入点**
> 通过二极管这种微小元件在电路和生活中的作用,揭示出微小的事物也可以发挥巨大作用。
>
> **融入方式**
> 通过生活中的例子分析二极管在电路中的作用,电子产品就是由这些"默默无闻"的元器件支撑的,一旦有一个元器件损坏,整个集成电路可能会"崩盘"。由此引出"天下兴亡,匹夫有责",国家的发展与我们每个人都息息相关,青年应该到国家最需要的地方去体现自己的价值。

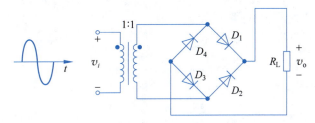

图 4-4-8　桥式整流电路

(2) LED 显示屏。

LED 显示屏采用的是发光二极管,目前 LED 显示屏在体育场馆、广场、会场甚至街道、商场都已广泛应用。

(3) 手机、计算机。

日常生活必备的手机、计算机等工具都离不开二极管,包括发光二极管、红外二极管、激光二极管等。

4.4.3 教学效果及反思

通过本次教学,学生不仅掌握与二极管相关的理论知识,也将领悟到二极管在数字电路和日常生活中的应用与意义,深入理解小小的元器件在数字电路中发挥的重要作用。在教学过程中巧妙地引入思政元素,使学生认识到微小的个体也可以发挥举足轻重的作用,只要每个人都充分发挥自己的价值,社会就会不断进步。培养学生不仅要具备扎实的学科专业能力,更要在思想政治素养上取得同步提升,在未来为国家科学技术的发展做出杰出的贡献。

4.5 TTL 与非门[①]

4.5.1 案例简介与教学目标

本部分内容属于数字电路课程的基础部分,主要介绍标准 TTL 与非门的电路结构和工作原理、TTL 与非门的特性及参数等。本部分的教学目标如下。

1. 知识传授层面

(1) 掌握标准 TTL 与非门的电路结构。

(2) 掌握标准 TTL 与非门的工作原理。

(3) 了解 TTL 与非门的特性及参数。

2. 能力培养层面

(1) 培养学生分析问题的能力和思维判断能力。

(2) 培养学生的创新意识和创新能力。

3. 价值塑造层面

(1) 培养学生脱虚向实的奋斗精神和大局观念。

(2) 引导学生树立正确的人生观和价值观。

(3) 培养学生科学、辩证的思维方式。

4.5.2 案例教学设计

1. 教学方法

本部分内容讲述 TTL 门电路的内部结构及其端口特性,按照实例引入、原理讲解、特

---

① 完成人:北京邮电大学,孙文生。

性分析等步骤进行教学设计,并在标准 TTL 与非门的电路结构、标准 TTL 与非门的工作原理、TTL 与非门的特性及参数 3 方面融入思政元素,将专业知识与思政教育紧密结合。

2. 详细教案

教学内容

1) 标准 TTL 与非门的电路结构

标准 TTL 与非门 7400 的电路结构如图 4-5-1 所示。
逻辑电平:高电平 3.6V,低电平 0.3V。

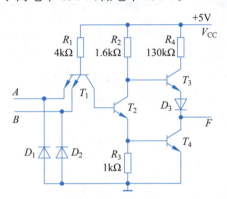

图 4-5-1　标准 TTL 与非门 7400 的电路结构

> **思政元素融入点**
> 在 TTL 与非门的电路结构部分,讨论华为自主研发芯片,培养学生具有脱虚向实、严谨创新、团结拼搏、科技强国的意识和使命感。
>
> **融入方式**
> 讲解完本知识点后,开始讨论集成电路工艺、光刻机,举例华为自主研发芯片,提高了公司的技术自主性,降低了对外部技术的依赖,并在全球科技竞争中取得领先地位。鼓励学生要具有创新意识,培养创新能力。

图 4-5-1 所示的电路分为输入级、中间级和输出级。

输入级:由多发射极晶体管 T_1、电阻 R_1 和保护二极管 D_1、D_2(防止负极性干扰脉冲损坏 T_1)组成。

中间级:由晶体管 T_2,电阻 R_2、R_3 组成,T_2 的集电极和发射极同时输出两个反相的电压信号,作为输出级中晶体管 T_3、T_4 的驱动信号。

输出级:由晶体管 T_3、T_4,二极管 D_3 和电阻 R_4 组成推挽输出(又称图腾输出)电路。T_3 导通时 T_4 截止,T_3 截止时 T_4 饱和。由于采用推挽输出,该 TTL 门电路不仅输出阻抗低,带负载能力强,还可以提高工作速度,降低功耗。

2) 标准 TTL 与非门的工作原理

在分析电路时,各项参数定义如下:电源电压 $V_{CC}=5V$,输入低电平 0.3V,高电平 3.6V,发射结导通时 $V_{BE}=0.7V$,集电结导通时 $V_{BC}=0.7V$,晶体管饱和压降 $V_{CES}=0.3V$(深度饱和时取值为 0.1V)。

(1) 当输入全部为高电平(3.6V)。

当输入端全部为高电平 3.6V 时,由于 T_1 的基极电压 V_{B1} 约为 2.1V,所以 T_1 所有的发射结反偏,集电结正偏,T_1 的基极电流 $I_{B1}=\dfrac{E_C-V_{B1}}{R_1}=\dfrac{5V-2.1V}{4k\Omega}=0.725mA$,$T_1$ 处于倒置(反向)放大工作

> **思政元素融入点**
> 分析标准 TTL 与非门的工作原理,培养学生推理、举一反三的能力。
>
> **融入方式**
> 将输入端的电平分为两种情况,带领学生一起分析、思考当有不同的输入时,电路中各参数的不同情况。

状态,晶体管的反向电流放大系数 β_F 很小(β_F 约为 0.02),此时 $I_{B2}=I_{C1}\approx I_{B1}=0.725\text{mA}$,$I_{B2}$ 较大使 T_2 管饱和,且 T_2 发射极向 T_1 管提供足够的基极电流,使 T_4 也饱和。这时 T_2 的集电极电位 $V_{C2}=V_{CES2}+V_{BE4}\approx 0.3\text{V}+0.7\text{V}=1\text{V}$,这个电压加至 T_3 管基极,不足以使 T_3 的发射结和二极管 T_3 都导通。由于 T_4 饱和,T_3 截止,此时门电路的输出为低电平 $V_O=V_{OL}=V_{CES2}\approx 0.3\text{V}$。

(2) 输入端至少有一个为低电平(0.3V)。

当输入端至少有一个为低电平(0.3V)时,T_1 对应的发射结正偏,T_1 的基极电位 $V_{B1}\approx 1\text{V}$,T_1 进入深度饱和状态,其集电极电位 $V_{C1}\approx 0.4\text{V}$,要使 T_2 和 T_4 导通,需要 V_{C1} 的取值为 1.3~1.4V,所以 T_2 和 T_4 截止。由于 T_2 截止,其集电极电位 V_{C2} 近似为电源电压值(5V),T_3 和 D_3 通过电阻 R_2 提供基极电流而导通,此时 T_3 处于放大状态,门电路的输出为高电平 $V_O=V_{OH}=V_{C2}-V_{BE3}-V_{D3}\approx 5\text{V}-0.7\text{V}-0.7\text{V}=3.6\text{V}$。

> **思政元素融入点**
>
> 讲解 TTL 与非门的电压传输特性时,带领学生分析不同阶段电压的特性带来的电路的不同状态,培养学生分析问题的能力。
>
> **融入方式**
>
> 带领学生一起分析、思考,并引入人生的不同阶段有不同的事情需要去做,在读书期间就需要认真学习,不断提升自己各方面的能力。

3) TTL 与非门的特性及参数

(1) 电压传输特性。

标准 TTL 与非门的特性曲线如图 4-5-2 所示。

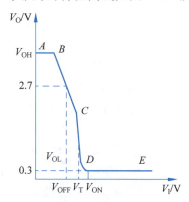

图 4-5-2 标准 TTL 与非门的特性曲线

AB 段:$V_I<0.6\text{V}$,T_1 深度饱和,使 T_2 和 T_4 截止,T_3 导通。

BC 段:$0.6\text{V}\leqslant V_I<1.3\text{V}$,$T_1$ 仍处于饱和状态,T_2 开始导通,T_4 尚未导通。T_2 处于放大状态,其集电极电压随输入电压的增加下降,并通过 T_3、D_3 反映在输出端。

CD 段:$1.3\text{V}\leqslant V_I<1.4\text{V}$,$T_4$ 开始导通,输出电压迅速降低,T_3 趋于截止。

DE 段:$V_I\geqslant 1.4\text{V}$,T_1 进入倒置放大状态,其基极电流全部注入 T_2 的基极,使 T_2 饱和,T_4 也饱和,T_3 截止,输出低电平。

(2) 静态输入特性。

静态输入特性曲线如图 4-5-3 所示。

① 输入漏电流 $I_{iH}=14.5\mu\text{A}$,当 $v_i=V_{iH}$ 时,T_1 倒置工作的输入电流。

② 输入短路电流 $I_{iS}\approx -1.075\text{mA}$,当 $v_i=0$ 时的输入电流,通常 $I_{iL}\approx I_{iS}$。

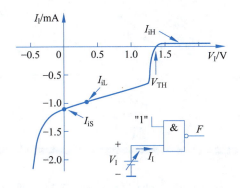

图 4-5-3 静态输入特性曲线

(3) 输入负载特性。

输入端接高电平、接电源、悬空时,都相当于输入逻辑 1。通过上拉电阻 R_1 接电源时,R_1 的阻值一般在 $10\text{k}\Omega$ 左右。

① 输入端与电源之间接电阻 R_1 负载,如图 4-5-4 所示。

② 输入端与地之间接电阻 R_1 负载,如图 4-5-5 所示。

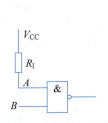

图 4-5-4 输入端与电源之间接电阻 R_1 负载   图 4-5-5 输入端与地之间接电阻 R_1 负载

$$V_I = \frac{R_I}{R_I + R_1}(V_{CC} - V_{BE1})$$

$$R_{OFF} = 300\Omega, \quad R_{ON} = 200\Omega.$$

关门电阻 R_{OFF}:保证 T_4 截止,输出高电平时,允许 R_1 的最大值。

开门电阻 R_{ON}:保证 T_4 导通,输出低电平时,允许 R_1 的最小值。

负载特性曲线如图 4-5-6 所示。

③ 扇出系数 N_O:推动同类门的个数,通常 $N_O \geqslant 8$。

输出低电平时:$N_{OL} = I_{OLmax}/I_{iLmax}$

输出高电平时:$N_{OH} = I_{OHmax}/I_{iHmax}$

考虑最坏的情况,扇出系数:$N = \min(N_L, N_H)$

④ 平均传输延迟时间 t_{pd}:平均传输延迟时间是指输出信号滞后于输入信号的时间(见图 4-5-7)。

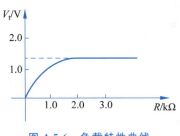

图 4-5-6　负载特性曲线

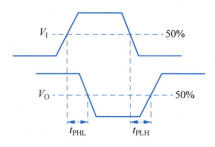

图 4-5-7　与非门平均传输延迟时间

将输出电压由高电平跳变为低电平的传输延迟时间称为通导延迟时间 t_{PHL}，将输出电压由低电平跳变为高电平的传输延迟时间称为截止延迟时间 t_{PLH}。输出信号略滞后于输入信号，典型值达到纳秒级。平均传输延迟时间的计算如下：

$$t_{pd} = \frac{1}{2}(t_{PHL} + t_{PLH})$$

TTL 门电路的优点是工作速度快，驱动能力强；缺点是功耗较大。

4.5.3　教学效果及反思

本次教学不仅能使学生掌握 TTL 与非门的相关知识，理解理论知识在实际工程中的应用，还能培养学生分析问题的能力和科学的思维方式。在教学过程中引入思政元素，让学生思考在专业理论中蕴含的哲学思想，使学生在知识、能力和素质方面受到全面的培养和浸润。

4.6　钟控触发器[①]

4.6.1　案例简介与教学目标

本部分内容属于整门课程的中期部分，主要介绍钟控触发器的逻辑功能、钟控 SR 触发器、钟控 D 触发器、钟控 JK 触发器、钟控 T 触发器、触发器之间的转换和钟控触发器的缺点等。本部分的教学目标如下。

1. 知识传授层面

（1）熟悉钟控触发器的逻辑功能。

（2）掌握钟控 SR 触发器、钟控 D 触发器、钟控 JK 触发器、钟控 T 触发器以及各种触发器之间的转换。

（3）了解时钟电平触发的钟控触发器的缺点。

2. 能力培养层面

（1）培养学生分析问题的能力和逻辑思维能力。

---

① 完成人：北京邮电大学，孙文生。

(2) 培养学生灵活解决工程问题的能力。

3. 价值塑造层面

(1) 培养学生勇于创新和不断追求卓越的精神。

(2) 培养学生的科学思维和辩证思维。

4.6.2 案例教学设计

1. 教学方法

本部分内容按照功能介绍、分类讲解、类别转换、缺点分析等步骤进行教学设计,在钟控触发器的逻辑功能、各类钟控触发器、各种触发器之间的转换、钟控触发器的缺点 4 部分融入思政元素,在学习知识的同时加强思政教育。

2. 详细教案

教学内容

1) 钟控触发器的逻辑功能

在数字系统中,通常要求触发器的状态不在输入信号变化时立即转换,而等控制脉冲到达时才转换,这个控制脉冲就是时钟脉冲(Clock Pulse,CP)。用 CP 保持整个时序系统协调工作的电路被称为同步时序电路。转换时刻受 CP 控制的触发器被称为钟控触发器,钟控触发器是同步时序电路的基础。

触发器可以存储信息,CPU 内部也有触发器,它们与存储器内的存储单元有什么区别?

2) 各类钟控触发器

(1) 钟控 SR 触发器。

钟控 SR 触发器的结构如图 4-6-1 所示,S 为置位端,R 为复位端。

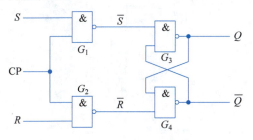

图 4-6-1 钟控 SR 触发器的结构

特征方程:
$$Q^{n+1} = (S + \bar{R}Q^n) \cdot CP + Q^n \cdot \overline{CP}$$

思政元素融入点

通过触发器和存储器中存储单元的讨论,引出现实中国产内存厂商发力打破韩美内存垄断,使内存条大降价的例子,强调勇于创新和追求卓越的重要性。

融入方式

通过国产内存厂商发力打破韩美内存垄断,使内存条大降价的例子,讨论自主研发的重要性、人才储备的重要性、学好基础的重要性等,培养学生勇于创新和不断追求卓越的精神。

思政元素融入点

通过讲解各类钟控触发器产生原因和特点,培养学生的科学思维和辩证思维方式。

融入方式

从历史角度去分析触发器的发展过程,SR 触发器虽然不实用但却是构成各种触发器的基础,分析为何曾经 JK 触发器是主流而现在 D 触发器是主流。带领学生从历史的长河去总结科学、辩证的思维方式。

(2) 钟控 D 触发器。

令 $R=\overline{S}$，即可得到钟控 D 触发器，其结构如图 4-6-2 所示。

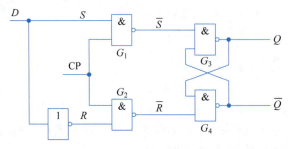

图 4-6-2　钟控 D 触发器的结构

特征方程：

$$Q^{n+1} = D \cdot CP + Q^n \cdot \overline{CP}$$

钟控 D 触发器功能表如表 4-6-1 所示，其中"×"表示任意。

表 4-6-1　钟控 D 触发器功能表

CP	D	Q^{n+1}	功能说明
0	×	Q^n	保持
1	0	0	置 0
1	0	1	置 1

触发方式：电平触发。

(3) 钟控 JK 触发器。

钟控 JK 触发器有两个输入端，但输入的取值不再受限制，可以取 00、01、10 和 11 这 4 种组合的任何一种。钟控 JK 触发器的结构如图 4-6-3 所示。

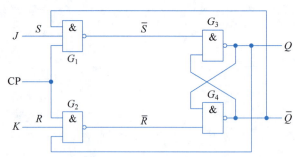

图 4-6-3　钟控 JK 触发器的结构

特征方程：

$$Q^{n+1} = (J\overline{Q^n} + \overline{K}Q^n) \cdot CP + Q^n \cdot \overline{CP}$$

钟控 JK 触发器功能表如表 4-6-2 所示。

表 4-6-2 钟控 JK 触发器功能表

CP	J	K	Q^{n+1}	功能说明
0	×	×	Q^n	保持
1	0	0	Q^n	保持
1	0	1	0	置0
1	1	0	1	置1
1	1	1	$\overline{Q^n}$	翻转

(4) 钟控 T 触发器。

将钟控 JK 触发器的输入端连接在一起，就得到钟控 T 触发器。钟控 T 触发器的结构如图 4-6-4 所示。

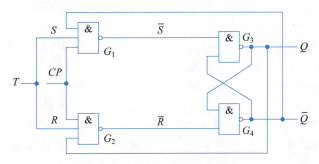

图 4-6-4 钟控 T 触发器的结构

特征方程：

$$Q^{n+1} = (T\overline{Q^n} + \overline{T}Q^n) \cdot CP + Q^n \cdot \overline{CP}$$

钟控 T 触发器功能表如表 4-6-3 所示。

表 4-6-3 钟控 T 触发器功能表

CP	T	Q^{n+1}	功能说明
0	×	Q^n	保持
1	0	Q^n	保持
1	1	$\overline{Q^n}$	翻转

触发器的触发方式分为时钟电平触发和时钟边沿触发，上述触发器的触发方式均为时钟电平触发。

3) 各种触发器之间的转换

在实际应用中，常需利用现有触发器完成其他触发器的逻辑功能，这就需要将不同功能的触发器进行转换。

转换的关键是转换逻辑电路，同时应注意转换前后的触发方式不变。

转换方法有公式法和真值表法。例如，将 D 触发器改成 T 触发器。

> **思政元素融入点**
>
> 由各类触发器之间的转换，培养学生分析问题的能力、逻辑思维和灵活解决工程问题的能力。
>
> **融入方式**
>
> 根据各类触发器的逻辑功能不同，引导学生通过公式法和真值表法

完成不同触发器之间的转换,从而培养学生的逻辑思维和灵活解决工程问题的能力。

公式法：
$$\because \begin{cases} Q^{n+1} = D \\ Q^{n+1} = T \oplus Q^n \end{cases}$$
$$\therefore D = T \oplus Q^n$$

真值表法如表 4-6-4 所示。

表 4-6-4　真值表法

Q^n	T	Q^{n+1}	D
0	0	0	0
0	1	1	1
1	0	1	1
1	1	0	0

思政元素融入点

通过介绍电平触发的触发器可能存在的问题,培养学生严谨求实的态度和细致周密的洞察力。

融入方式

结合钟控触发器的特点和功能,引导学生根据工程需求合理选择触发器,并思考时钟边沿触发与时钟电平触发的异同。

4) 钟控触发器的缺点

（1）CP＝1 期间,输入信号不能发生变化,应用受限,抗干扰能力较差。

（2）CP＝1 的脉冲宽度要求较严。

对于钟控 JK 触发器,在 CP＝1 期间,若 $J=K=1$,则触发器存在空翻现象,即触发器的输出不断发生变化。

4.6.3　教学效果及反思

通过本次教学,学生学习了钟控触发器的相关知识,培养了科学分析问题的能力。在教学过程中引入思政元素,培养学生勇于创新和不断追求卓越的精神。本次课程不仅在知识层面进行了拓展,还在学生的思维方式和综合素质方面进行了全面培养和磨炼。在教学过程中,引入实践环节,带领学生使用逻辑门搭建触发器,或者用 Verilog 描述触发器,可以使学生对触发器的掌握更加深刻,教学效果有很大提升。

4.7　时序逻辑电路[①]

4.7.1　案例简介与教学目标

本部分内容属于数字电路课程的后半部分,主要介绍时序逻辑电路(简称时序电路)的概念与分类、典型的时序逻辑电路、时序逻辑电路的应用等内容。本部分的教学目标如下。

1. 知识传授层面

（1）熟悉组合逻辑电路(简称组合电路)和时序逻辑电路的定义。

（2）熟悉同步时序电路与异步时序电路的特点。

---

① 完成人：北京邮电大学,孙文生。

(3) 掌握时序逻辑电路的分类,理解典型的时序逻辑电路。

2. 能力培养层面

(1) 培养学生辩证思考的能力。

(2) 培养学生将理论与实际结合的能力。

3. 价值塑造层面

(1) 培养学生注重过程、注重积累,建立终身学习意识。

(2) 培养学生严谨求实、掌握科学的分析方法。

(3) 激发学生的民族荣誉感与科技创新热情。

4.7.2 案例教学设计

1. 教学方法

本部分内容按照概念定义、深入展开、分类讲解及实际应用等步骤进行教学设计,并在组合电路与时序电路、摩尔型时序电路、时序电路实际应用 3 部分融入思政元素,让学生在掌握知识的同时提升思想政治素养。

2. 详细教案

教学内容

1) 组合电路与时序电路

(1) 组合电路。

电路的输出只与当前输入有关。

(2) 时序电路。

电路的输出不仅与当前输入有关,还与历史输入有关。

(3) 时序电路的组成。

时序电路的框图如图 4-7-1 所示,其中,存储电路由触发器构成。若所有触发器的时钟来源都相同且触发时刻相同,则称之为同步时序电路;若至少有一个触发器的时钟来源不同且触发时刻不同,则称之为异步时序电路。

> **思政元素融入点**
>
> 针对时序电路的输出受当前和历史影响这一点,引入思政,鼓励学生多读书、读好书,做一个温暖、有情怀的社会主义接班人。
>
> **融入方式**
>
> 古语云:"腹有诗书气自华",无数先贤智者都强调读书对个人成长的重要性。在人生的道路上,现在的选择和成就都是过去努力和积累的结果。每一次的学习、思考和尝试,都在无形中塑造着我们的未来。书籍是知识的海洋,是智慧的源泉,它能帮助我们开阔眼界,增长见识,更能滋养我们的心灵。由此引导学生多读书,读好书,认真做好每一件事。

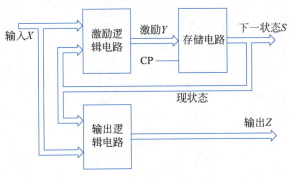

图 4-7-1 时序电路的框图

时序电路可用3类方程式来描述:激励方程、状态方程、输出方程。激励方程是获得状态方程的过渡表达式,实际描述时序电路功能的是状态方程和输出方程。

激励方程:
$$Y = f(输入信号\ X, 现在状态\ S^n)$$

状态方程:
$$S^{n+1} = h(输入信号\ X, 现在状态\ S^n)$$

输出方程:
$$Z = g(输入信号\ X, 现在状态\ S^n)$$

2)米利型时序电路

根据输出信号的特点,将时序电路划分为米利型和摩尔型两种。

米利型同步时序电路(见图4-7-2)的输出是输入变量和状态变量的函数。
$$Z = A \oplus B \oplus Q^n$$

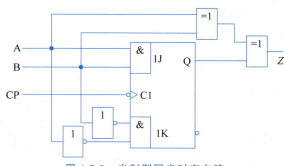

图 4-7-2 米利型同步时序电路

其中,$X_1, X_2, \cdots, X_n$为外部输入信号。$Q_1^n, Q_2^n, \cdots, Q_k^n$为触发器的输出,称之为状态变量。$Z_1, \cdots, Z_m$为时序电路对外输出。$Y_1, Y_2, \cdots, Y_p$为触发器的激励信号。

激励方程:
$$Y_i = g_i(X_1, X_2, \cdots, X_n; Q_1^n, Q_2^n, \cdots, Q_k^n), \quad i = 1, 2, \cdots, p$$

状态方程:
$$Q_i^{n+1} = h_i(X_1, X_2, \cdots, X_n; Q_1^n, Q_2^n, \cdots, Q_k^n), \quad i = 1, 2, \cdots, k$$

输出方程:
$$Z_i = f_i(X_1, X_2, \cdots, X_n; Q_1^n, Q_2^n, \cdots, Q_k^n), \quad i = 1, 2, \cdots, m$$

状态表和状态图如图4-7-3所示。

S^{n+1}/Z \ X	0	1
S^n		
A	C/1	D/1
B	B/0	C/1
C	C/1	A/1
D	D/0	C/0
E	E/0	C/0
F	F/0	C/1

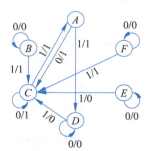

图 4-7-3 米利型同步时序电路的状态表和状态图

状态表：以字母表示各状态。
状态转移表：以二进制代码表示各状态。
状态图：以节点表示状态，以有向线段表示状态转移关系。

3）摩尔型时序电路

摩尔型同步时序电路（见图4-7-4）的输出仅是状态变量的函数。

> **思政元素融入点**
> 通过时序电路的分类，理解事物之间存在的联系和规律，要善于把握规律才能高效解决问题。
>
> **融入方式**
> 讨论时序电路分为米利型和摩尔型的原因和必要性，如果不分类会怎么样。由此启发学生在解决问题时要科学分析、善于发现规律，培养学生科学解决问题的能力。

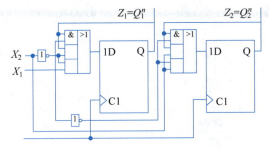

图 4-7-4 摩尔型同步时序电路

激励方程：
$$Y_i = g_i(X_1, X_2, \cdots, X_n; Q_1^n, Q_2^n, \cdots, Q_k^n), \quad i=1,2,\cdots,p$$

状态方程：
$$Q_i^{n+1} = h_i(X_1, X_2, \cdots, X_n; Q_1^n, Q_2^n, \cdots, Q_k^n), \quad i=1,2,\cdots,k$$

输出方程：
$$Z_i = f_i(Q_1^n, Q_2^n, \cdots, Q_k^n), \quad i=1,2,\cdots,m$$

状态表和状态图如图4-7-5所示。

S^n \ S^{n+1}/Z \ X	0	1
A	A/0	B/0
B	B/0	C/0
C	C/0	D/0
D	D/0	E/0
E	A/1	B/1

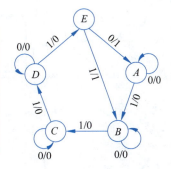

图 4-7-5 摩尔型同步时序电路的状态表和状态图

4）常用时序电路

（1）寄存器。

寄存器由多位触发器构成，用来寄存多位二进制信息，各触发器由统一的时钟控制。寄存器74LS374的功能表如表4-7-1所示，其内部由8个D触发器构成。

表 4-7-1　74LS374 的功能表

$\overline{OC}$	CLK	D	Q
0	↑	0	0
0	↑	1	1
0	0	×	Q^n
1	×	×	高阻

（2）移位寄存器。

在时钟脉冲的驱动下，可以实现数据的左移或右移，移位寄存器能实现输出的串行到并行的转换。图 4-7-6 是由 4 个 D 触发器构成的 4 位右移寄存器。

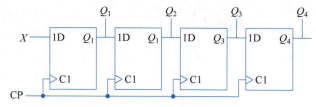

图 4-7-6　由 D 触发器构成的移位寄存器

（3）计数器。

计数器是通过电路的状态来反映输入脉冲数目的电路。电路中的触发器通常采用 D 触发器或 JK 触发器。

思政元素融入点

通过时序逻辑电路在实际中的应用告诉学生理论知识的应用处处可见，与生活密不可分。

时序电路广泛应用在数字系统中，通过华为的故事激发学生的民族自豪感和科技创新意识。

融入方式

通过收集学生身边的华为产品，讨论某种产品的设计思想，内部可能用到的芯片，进而讨论华为的技术，以及企业为国家发展作出的贡献。增强学生民族自豪感并为鼓励其为科技发展贡献力量。

5）时序电路的实际应用

时序逻辑电路在实际中的应用很广泛，如数字时钟（见图 4-7-7）、交通信号灯（见图 4-7-8）、电梯控制盘（见图 4-7-9）等。

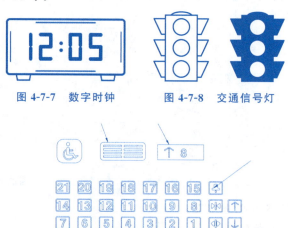

图 4-7-7　数字时钟　　　图 4-7-8　交通信号灯

图 4-7-9　电梯控制盘

4.7.3　教学效果及反思

通过本次教学，学生不仅能够掌握与时序逻辑电路概念相关的基础知识，还深刻领悟到时序逻辑电路在数字电路和实际生活中的应用与意义,培养学生对科技发展的深刻理解和敏感度。在教学过程中巧妙引入思政元素,激发学生的民族荣誉感,并使学生意识到把握细节和日常积累的意义。在倡导科技强国、教育强国的今天,一堂课不只是知识的传递,更是对学生全面素养的塑造与提升,帮助学生成为德才兼备的全面型人才。

4.8 移位寄存器在加密算法硬件实现中的应用[①]

4.8.1 案例简介与教学目标

移位寄存器电路属于时序逻辑电路,本部分主要介绍移位寄存器电路的结构及特点、基于触发器设计的移位寄存器应用等。本部分的教学目标如下。

1. 知识传授层面

(1) 学习寄存器、移位寄存器电路的结构及特点。
(2) 理解寄存器及移位寄存器在通信及加密领域的应用。
(3) 进一步学习移位寄存器电路反馈逻辑设计方法。

2. 能力培养层面

(1) 能够运用时序逻辑电路知识对移位寄存器电路进行自启动及反馈逻辑设计。
(2) 具备灵活运用所学知识设计电路的能力。
(3) 能够熟练应用开发板和 Mulitsim 软件进行电路功能设计与验证。

3. 价值塑造层面

(1) 培养学生严谨的科学态度,提升保密意识。
(2) 培养学生的安全意识和大局观念。
(3) 培养学生科学、辩证的思维方式。

4.8.2 案例教学设计

1. 教学方法

本部分内容从实例引入、理论讲解、电路设计训练 3 方面进行教学设计,采用课堂测试、提问、电路设计讨论等方式开展教学活动,并在寄存器和移位寄存器电路结构及特点、移位寄存器电路反馈逻辑设计、移位寄存器应用电路 3 部分融入思政元素。

2. 详细教案

教学内容

1) 寄存器和移位寄存器电路的结构及特点

实例引入:远距离、近距离数据传输都不能将大量数据一次进行传递,需要少量分批进行传输,即数据串并转

> **思政元素融入点**
>
> 移位寄存概念的引出:通过生活中的实例,结合我国通信技术发展、保密技术应用,引出数据串并转换,移位寄存的概念。培养学生发散思维,提升文化自信。
>
> **融入方式**
>
> 列举通信传输"天路"、空间站回传画面,让学生思考在远距离数据传输的情况下,大量图像、声音不能一次性传输,需要分批传输-寄存,即串并转换。在涉密数据传输、密码机系统数据传输等近距离数据传输实例中,让学生分析数据传输-寄存方式。

---

① 完成人:北京电子科技学院,李雪梅。

换,移位寄存。移位寄存器实例如图 4-8-1 所示。

通信传输"天路"　　　　空间站回传画面

涉密数据传输　　　　密码机系统数据传输

 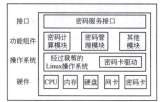

图 4-8-1　移位寄存器实例

移位寄存器的基本电路结构如图 4-8-2 所示。

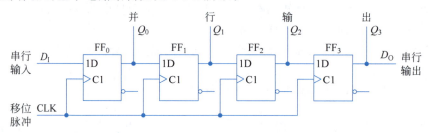

图 4-8-2　移位寄存器的基本电路结构

思政元素融入点

由移位寄存器反馈逻辑设计推导出时序逻辑电路的另一种设计方法,培养学生发散思维及推理、举一反三的能力。

融入方式

结合课堂测试,带学生一起分析、思考反馈逻辑设计过程,引导学生思考移位寄存器电路中反馈逻辑设计方法,进一步体会与基于触发器设计时序电路相比,基于移位寄存器设计时序电路具有结构简单、效率高的特点。

2) 移位寄存器电路反馈逻辑设计

修改基本移位寄存器结构——增加反馈逻辑电路,实现多种时序逻辑电路(见图 4-8-3),如流水灯电路、环形和扭环形计数器、顺序脉冲发生器、序列信号发生器。

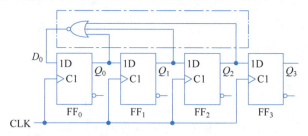

图 4-8-3　反馈逻辑电路

设计实例:设计实现序列信号 0001011。

方法 1:基于触发器设计(展示学生作业)。

方法 2：基于移位寄存器设计，修改反馈逻辑（见图 4-8-4）。

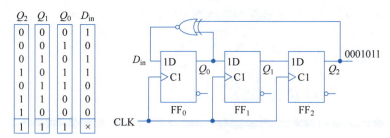

图 4-8-4　移位寄存器电路设计

3）移位寄存器应用电路——伪随机序列信号发生器

伪随机序列信号发生器电路如图 4-8-5 所示。

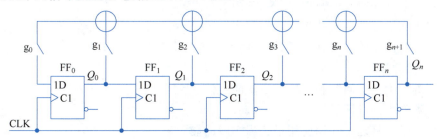

图 4-8-5　伪随机序列信号发生器电路

电路特点：每个触发器输出都引出一个反馈支路。反馈支路系数(1,0)情况与算法结构有关。电路反馈系数选取原则与算法的关系如表 4-8-1 所示。

表 4-8-1　电路反馈系数选取原则与算法的关系

寄存器级数	m 序列长度	m 序列产生器反馈系数（八进制）
2	3	7
3	7	13
4	15	23

知识链接　软件加密与硬件加密技术。

软件加密：信息安全模块对信息进行加密，接收端使用相应的解密软件进行解密并还原。

硬件加密：通过专用加密芯片或独立的处理芯片等实现密码运算。

数字电路在密码算法硬件设计中起着重要作用。当 n 值较大时，采用硬件描述语言（HDL）设计。

思政元素融入点

将数字电路设计与加密技术结合，引入软件加密和硬件加密技术概念，体现专业培养特色，拓宽学生视野，提升学生的科学素养。通过软硬件加密特点及应用场景的区别，培养学生的辩证思维。

融入方式

课堂设计训练：让学生使用开发板设计实现长度为 7 的伪随机序列信号。观察序列信号的变化过程，结合密码学相关知识，思考如何利用该序列信号进行数据的加解密，提出设计方案。

4.8.3　教学效果及反思

本次教学不仅让学生学到移位寄存器电路的相关知识，掌握理论知识在实际工程中的应用,而且培养了学生分析问题的能力和科学的思维方式。在教学过程中引入思政元素,让学生明确专业知识和理论中蕴含着辩证法和方法论。

4.9 存储器及其应用[①]

4.9.1 案例简介与教学目标

本部分内容属于整门课程的后半部分,主要介绍可编程逻辑器件的概念、只读存储器(Read-Only Memory,ROM)和随机存储器(Random Access Memory,RAM)的原理、利用 ROM 和 RAM 实现逻辑功能等内容。本部分的教学目标如下。

1. 知识传授层面

(1) 熟悉只读存储器的原理、分类、结构及特点。
(2) 熟悉随机存储器的结构及工作方式。
(3) 掌握存储器的应用,能够利用存储器实现逻辑电路。

2. 能力培养层面

(1) 培养学生分析问题和解决问题的能力。
(2) 培养学生的辩证思维。
(3) 培养学生将理论知识应用于工程实践的能力。

3. 价值塑造层面

(1) 培养学生的奉献精神和全局意识。
(2) 引导学生树立正确的人生观和价值观。
(3) 培养学生科学、辩证的思维方式。

4.9.2 案例教学设计

1. 教学方法

本部分内容按照存储器介绍、分类展开、逻辑电路讲解等步骤进行教学设计,并在 ROM、RAM、用存储器实现电路 3 部分融入思政元素以丰富整个教学过程。

2. 详细教案

教学内容

1) ROM

ROM 在正常使用时只能读取,掉电后信息不丢失(非易失性),一般用于存放固定的数据或程序(见图 4-9-1)。

(1) 只读存储器的组成。

只读存储器由存储矩阵、地址译码器、输出缓冲器

> **思政元素融入点**
>
> 通过存储器的结构理解社会的构成,培养学生的奉献精神和全局意识。
>
> **融入方式**
>
> 可以将每个存储单元看作人类个体或者单位,只有各有所长,存储单元存储的数据才有意义,通过执行程序操作地址,输出的数据才能发挥巨大的作用,进而培养学生的奉献精神和全局意识,让学生树立正确的人生观和价值观。

---

① 完成人:北京邮电大学,孙文生。

组成。

(2) 只读存储器的主要种类。

① 掩模式只读存储器,主要特点为:信息只能读出,不能改写;只能在工厂生产,适合大量生产的定型产品。

② 可编程只读存储器(Programmable Read Only Memory,PROM),主要特点为:可在实验室实现一次编程(见图 4-9-2)。

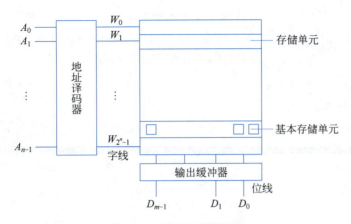

图 4-9-1 只读存储器结构

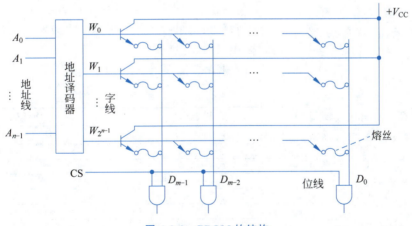

图 4-9-2 PROM 的结构

在 PROM 的结构中,每个存放数据的节点上有一个熔丝,出厂时各单元内容均为 1,若希望某一单元存放 0,只需将该节点对应的熔丝烧断。

③ 可改写只读存储器,主要包括 UVEPROM、EEPROM、Flash、FRAM。

2) RAM

RAM 在工作时可对任一存储单元读取或写入,也被称为随机存取存储器(见图 4-9-3)。

静态 RAM(Static RAM,SRAM),数据写入后可一直

思政元素融入点

通过介绍 RAM 的发展,以及国内存储技术的发展,培养学生的民族自豪感和学习热情与动力。

融入方式

解释集成电路上的摩尔定律 (Moore's Law),即集成电路上可容纳的晶体管数量每隔 18~24 个月翻一番,这一定律推动了计算机硬件(包括 RAM)的快速发展。从 RAM 容量的快速增长,引入我国电子行业的飞速发展,增强学生的民族自豪感和成为未来科技工作者的热情。

思政元素融入点

由存储器可以实现逻辑电路,引申说明细小的工作也有价值,教育学生树立正确的人生观、价值观,一步一个脚印,踏实努力,做好小事,收获大成功。

融入方式

引入华为公司麒麟 9000 集成了 153 亿只晶体管的事例,表明微不足道的晶体管也可以有大价值,教育学生敢于沉淀,勇于承担社会责任,奉献社会,做好每一件小事,为全局的成功贡献力量。

保存(不掉电的情况下)。

动态 RAM(Dynamic RAM,DRAM)。数据的保存时间有限,工作中需定时刷新。

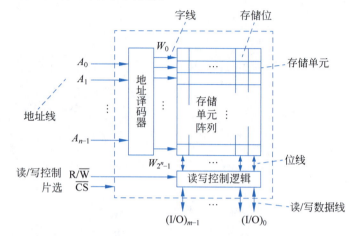

图 4-9-3 随机存储器的结构

3) 用存储器实现逻辑电路

用存储器可以实现组合逻辑、时序逻辑、信号发生器等,下面举例说明如何实现逻辑电路。

存储器实现组合逻辑:用 ROM 实现 4 位自然二进制码到循环码的转换电路。

(1) 建立真值表,如表 4-9-1 所示。

表 4-9-1 真值表

二进制码				循环码			
A_3	A_2	A_1	A_0	D_3	D_2	D_1	D_0
0	0	0	0	0	0	0	0
0	0	0	1	0	0	0	1
0	0	1	0	0	0	1	1
0	0	1	1	0	0	1	0
0	1	0	0	0	1	1	0
0	1	0	1	0	1	1	1
0	1	1	0	0	1	0	1
0	1	1	1	0	1	0	0
1	0	0	0	1	1	0	0
1	0	0	1	1	1	0	1
1	0	1	0	1	1	1	1
1	0	1	1	1	1	1	0
1	1	0	0	1	0	1	0
1	1	0	1	1	0	1	1
1	1	1	0	1	0	0	1
1	1	1	1	1	0	0	0

(2) 求标准积之和式。

$$D_0 = \sum m(1,2,5,6,9,10,13,14)$$
$$D_1 = \sum m(2,3,4,5,10,11,12,13)$$
$$D_2 = \sum m(4,5,6,7,8,9,10,11)$$
$$D_3 = \sum m(8,9,10,11,12,13,14,15)$$

(3) 画出 ROM 阵列图(见图 4-9-4)。

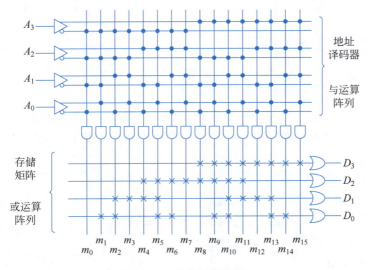

图 4-9-4　ROM 阵列图

存储器实现时序逻辑：用 ROM 与触发器配合即可实现时序逻辑电路。图 4-9-5 为使用 ROM 和寄存器实现计数器或序列信号发生器的一般性电路。寄存器使状态变化和时钟信号 CP 的有效边沿同步。

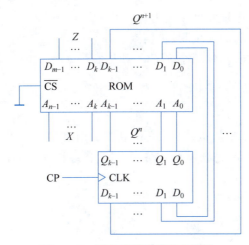

图 4-9-5　用存储器实现时序逻辑

4.9.3 教学效果及反思

通过本次教学,学生不仅能掌握存储器的基础知识及其在数字系统中的应用,更能理解理论知识与实际工程应用的关系。通过学习存储器及其在逻辑电路中的应用,让学生学会灵活运用存储器实现组合与时序逻辑电路。本次教学不仅在技术层面培养了学生分析问题的能力,锻炼了学生的创新思维方式,同时引入思政元素,让学生认识到学科基础知识所蕴含的哲学思想、辩证法和方法论,从人生观、价值观等不同层面让学生在知识、能力和素质方面得到全面的提高。

4.10 FPGA 及其应用[①]

4.10.1 案例简介与教学目标

本部分内容处于整门课程的后半部分,主要介绍现场可编程门阵列(Field Programmable Gate Array,FPGA)的组成、工作原理及其在实际工程中的应用等内容。本部分的教学目标如下。

1. 知识传授层面

(1) 熟悉 FPGA 的组成及工作原理。

(2) 掌握使用 FPGA 完成组合与时序逻辑电路的方法。

(3) 了解 FPGA 在实际工程的应用。

2. 能力培养层面

(1) 培养学生分析问题、解决问题的能力。

(2) 培养学生的工程思维与解决一般工程问题的能力。

(3) 培养学生将理论知识应用于实际工程的能力。

3. 价值塑造层面

(1) 培养学生的创新思维和创新能力。

(2) 引导学生树立正确的人生观、价值观。

(3) 塑造具有刻苦钻研精神的全面复合型人才。

4.10.2 案例教学设计

1. 教学方法

本部分内容按照 FPGA 基本结构、逻辑电路讲解和实际工程应用等步骤进行教学设计,并在 FPGA、使用 FPGA 完成逻辑电路、FPGA 在各种领域的广泛应用 3 部分融入思政元素。

---

① 完成人:北京邮电大学,孙文生。

2. 详细教案

教学内容

1）FPGA

FPGA 是 20 世纪 80 年代中后期发展起来的一种高密度可编程逻辑器件。

FPGA 的基本结构（见图 4-10-1）由可编程逻辑模块（Programmable Logic Block，PLB）、输入/输出模块（Input/Output Block，IOB）、互联资源（Interconnect Resource，IR）3 部分组成。

> **思政元素融入点**
>
> FPGA 的优点是能灵活改变电路功能，教育学生在日常学习生活中，遇到不同困难，应该利用自己所学知识，灵活改变自身应对困难的态度，适应困难。
>
> **融入方式**
>
> 通过介绍 FPGA 的灵活性和可编程性，启发学生要成长为可迅速适应环境的全面复合型人才。
>
> 引入"两弹一星"元勋钱学森的案例，钱学森面对不同领域的难题，能灵活调整应对思路，在各方面都取得了伟大的成就，在航天领域，领导团队研制长征一号火箭；在导弹领域，提出钱学森弹道，在此基础上研制的东风系列洲际导弹，成为震慑对手的国之重器。教导学生活学活用，成为像钱学森等科学家那样的国家需要的复合型人才。

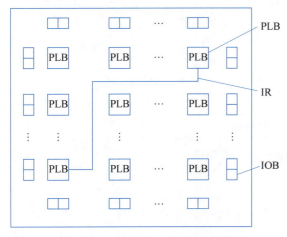

图 4-10-1 FPGA 的基本结构

FPGA 的逻辑单元主要由查找表（Look-Up-Table，LUT）和 D 触发器（DFF）构成，LUT 负责实现组合逻辑，DFF 负责实现时序逻辑。

LUT 本质上是一个 RAM，对于 4 输入 LUT，每个 LUT 可以看成有 4 位地址线的 $16×1$ 的 RAM。当用户通过 Verilog 描述一个逻辑电路后，FPGA 开发软件会自动计算逻辑电路的所有可能结果，并把结果写入 RAM 中。使用该电路时，等于用输入信号作地址进行查表，找出该地址对应的内容输出即可。

FPGA 适用于高速数据处理，但设计难度大。相对于微控制器，FPGA 的复杂性较高，需要掌握专业的设计工具和技术，并进行复杂的逻辑设计和验证。

2）使用 FPGA 完成逻辑电路

用 FPGA 实现组合电路。

例1 某化工厂的液体罐上安装了 9 个液位传感器，该传感器的工作原理是：当液面高于传感器时，传感器输出逻辑 1，当液面低于传感器时，传感器输出逻辑 0。请用 Verilog 完成 FPGA 控制逻辑的设计，要求用七段数码管实时显示液面高度，当液面高度超过 S9 时，点亮 LED 报警。

> **思政元素融入点**
>
> 使用 Verilog 程序控制 FPGA，能够直观地让学生感受到理论与实践的融合。通过程序仿真，进一步强化学生对理论知识的理解，在动手实验的过程中不断培养学生解决实际工程问题的能力。

> **融入方式**
>
> 通过使用 Verilog 程序控制 FPGA 实现逻辑电路，引申到教育学生实践出真知。

解：① 根据题意画出电路原理图（见图 4-10-2）。

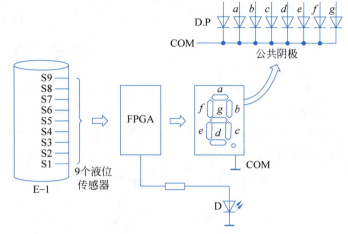

图 4-10-2　电路原理图

② 根据原理图编写 Verilog 程序。

```
module liquidsensor(S, y, led);
input[9:1] S;              //来自液面传感器
output reg[6:0] y;         //接七段数码管
output led;                //接LED报警电路

assign led=S[9];
always @(S)                //优先编码的真值表
  case (S)
    9'b000000000: y = 7'b0111111;//显示 0
    9'b000000001: y = 7'b0000110;//显示 1
    9'b000000011: y = 7'b1011011;//显示 2
    9'b000000111: y = 7'b1001111;//显示 3
    9'b000001111: y = 7'b1100110;//显示 4
    9'b000011111: y = 7'b1101101;//显示 5
    9'b000111111: y = 7'b1111100;//显示 6
    9'b001111111: y = 7'b0000111;//显示 7
    9'b011111111: y = 7'b1111111;//显示 8
    9'b111111111: y = 7'b1100111;//显示 9
    default: y =7'b0000000;     //熄灭
  endcase
endmodule
```

用 FPGA 实现时序逻辑电路。

例 2　查阅资料，在 FPGA 上实现 74HC595。

解：① 74HC595 为 8 位串行输入、并行输出的位移缓存器，并行输出为三态输出。资料手册中 74HC595 的原理图如图 4-10-3 所示。

② 根据原理图编写 Verilog 程序。

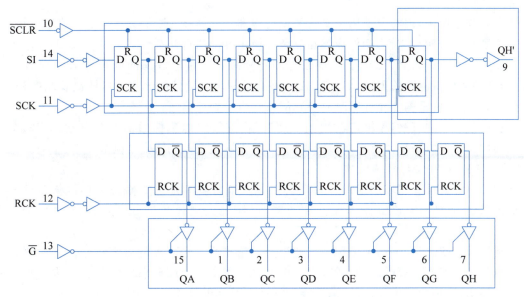

图 4-10-3　74HC595 的原理图

```
// Verilog description of 74hc595.
module hc595
(
    input sclr_n, si, sck, rck, g_n,
    output qh, qg, qf, qe, qd, qc, qb, qa, qh_qout
);
reg [7:0] shift_dffs;
always @(posedge sck or negedge sclr_n)
begin
    if(~sclr_n)
    begin
        shift_dffs[7:0] <= 8'h00;
    end
    else
    begin
        shift_dffs[7:0] <= {shift_dffs[6:0], si};
    end
end
reg [7:0] storge_dffs;
always @(posedge rck)
begin
    storge_dffs[7:0] <= shift_dffs[7:0];
end
assign qh_qout = shift_dffs[7];
assign {qh, qg, qf, qe, qd, qc, qb, qa} = g_n ? 8'bzzzzzzzz : storge_dffs[7:0];

endmodule
```

3）FPGA 在各种领域的广泛应用

（1）FPGA 在医学影像领域的应用。

在医学影像领域，FPGA 被广泛应用于超声、磁共振成像和计算机断层扫描等设备中。FPGA 的可编程性使得设备可以根据不同的扫描要求进行优化。

（2）FPGA 在军事领域的应用。

FPGA 在军事领域具有广泛的应用，它的灵活性和可编程性使其成为关键的硬件解决方案。

思政元素融入点

以 FPGA 在前沿领域的应用为例，培养学生创新思维和创新能力。

融入方式

通过介绍 FPGA 在不同领域的创新，教育学生要善于思考，如何把技术运用于生活，培养学生应用型创新意识，为建设祖国贡献力量。

在导弹系统中,FPGA 常用于实时数据处理和控制系统,它可以执行复杂的导航算法、目标识别和飞行控制逻辑,确保导弹在复杂环境中准确执行任务。

在雷达系统中,FPGA 用于信号处理和目标跟踪。雷达数据的高速实时处理对于快速、精确的目标检测至关重要,而 FPGA 的并行计算能力使其能够应对这些高要求的任务。此外,FPGA 的可重构性允许即时适应新的雷达信号处理算法。

在通信系统中,FPGA 被广泛用于加密和解密任务,以确保通信的安全性。FPGA 的可编程性允许军方根据需要更新加密算法,应对不断演变的网络安全挑战。

(3) FPGA 在云计算领域的应用。

FPGA 在云计算领域的应用体现了其在高性能计算和加速方面的独特优势。云服务提供商采用 FPGA 加速卡作为硬件加速器,以满足大规模数据处理和深度学习推理的需求。

在深度学习方面,FPGA 可用于加速神经网络推理。FPGA 的可编程性使其能够高效地实现卷积神经网络等模型的计算,提高模型推理速度。云计算平台将 FPGA 嵌入数据中心服务器中,为用户提供弹性的、高性能的深度学习推理服务。

在大规模数据处理方面,FPGA 可用于加速数据分析、图像处理和搜索等任务。通过在云服务器中集成 FPGA 加速卡,云计算提供商能够加速大规模数据集的处理,缩短处理时间,提高数据分析效率。

4.10.3 教学效果及反思

在本次教学过程中,学生不仅学到了 FPGA 的专业知识,掌握了如何使用 Verilog 描述组合与时序逻辑电路的方法,以及如何利用 FPGA 解决实际工程中的问题,同时体会到 FPGA 在各领域的广泛应用,在知识、能力和素质方面得到全面的培养和提升。教学过程中的思政不仅拓展了学生的知识体系,更在道德和价值观层面拓宽了他们看待技术的视角。学生通过独立思考,在掌握技术的同时,能够理解其背后的社会道德、伦理和文化影响,培养学生的社会责任感和创新精神,使学生在未来能够更好地融入社会,为社会提出创新性解决方案,为国家的发展做出贡献。

4.11 数模转换器[①]

4.11.1 案例简介与教学目标

数字系统是对数字信号进行处理的系统,而实际信号通常是连续变化的模拟量,如温度、压力、声音等,这些模拟量需转换成数字量才能被数字系统处理。本部分内容属于整门课程的后半部分,主要介绍数字数模转换的概念、基本原理及数模转换器(DAC)的分类与主要技术指标等。本部分的教学目标如下。

---

① 完成人:北京邮电大学,孙文生。

1. 知识传授层面
（1）理解数字信号和模拟信号及数模转换的概念。
（2）掌握数模转换的基本原理。
（3）掌握不同类型的数模转换器。
（4）掌握数模转换器的主要技术指标。

2. 能力培养层面
（1）培养学生分析问题的能力和思维判断能力。
（2）培养学生工程环境下合理取舍的能力。
（3）培养学生将理论知识灵活应用于实际工程的能力。

3. 价值塑造层面
（1）培养学生严谨创新、团结拼搏的精神。
（2）引导学生树立正确的人生观和价值观。

4.11.2 案例教学设计

1. 教学方法

本部分内容按照概念讲解、原理展开、转换分类及主要技术指标分析等步骤进行教学设计，并在数字信号和模拟信号及数模转换的概念、数模转换器的分类、数模转换器的主要技术指标 3 部分融入思政元素。

2. 详细教案

教学内容

1）数字信号和模拟信号及数模转换的概念

信号是传递信息的载体。在电子学中，信号可以分为模拟信号与数字信号，如图 4-11-1 所示。模拟信号是一种幅度及时间上都连续的信号。数字信号是一种幅度及时间上都离散的信号。

模拟信号表示连续变化的信号，能够捕捉到极细微的变化，信号处理简单，但抗干扰能力差、传输距离短、存储成本高；数字信号的特点是存在舍入误差，但抗干扰能力强，通过编码能增强信息可靠性、硬件实现简单、具有可压缩性。

经数字系统处理后的数字信号需转换为模拟信号，并经功率放大后才能驱动执行机构进行动作。数模转换是将离散的数字信号

> **思政元素融入点**
>
> 从模拟通信到数字通信，再到 5G、6G 移动通信技术，以及数字化后的保密通信技术。强调数字技术在信息安全和国家安全中的关键作用。引导学生思考在信息传递过程中如何确保敏感信息的安全，以及技术创新对国家安全的挑战与机遇。
>
> 比较模拟信号和数字信号的优缺点，掌握辩证思维。
>
> **融入方式**
>
> 在现代战争中，通信的安全性和抗干扰性至关重要。例如，20 世纪 80 年的国产外贸型 C601 反舰导弹，在当时情况下是如何解决被干扰问题的。讨论模拟通信和数字通信的实用场合，以及如何解决强干扰下的通信问题等问题，也可以探讨水下通信与空中通信的区别，启迪学生思维。
>
> 组织学生讨论模拟信号和数字信号的不同，有得有失，掌握科学的辩证思维方法。

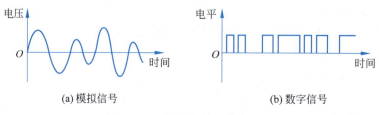

(a) 模拟信号   (b) 数字信号

图 4-11-1   模拟信号与数字信号

转换为连续变化的模拟信号,完成数模转换的电路被称为数模转换器。

2) 数模转换的基本原理

(1) 数模转换中数字量与模拟量的对应关系。

在数字系统中,数字量采用二进制编码,每一位数码都有固定的权值。若 n 位二进制数用 $D_n = d_{n-1} d_{n-2} \cdots d_1 d_0$ 表示,则从最高位(most significant bit,MSB)到最低位(least significant bit,LSB)的权值依次为 $2^{n-1}, 2^{n-2}, \cdots, 2^1, 2^0$。为将数字量转换为模拟量,只需把每一位数码按权转换为相应的模拟量,然后将这些模拟量相加,即可得到与该数字量对应的模拟量,这便是数模转换的基本原理。

设某 DAC 输入为 n 位二进制数 D_n,将 D_n 按权展开,使输出为模拟电压 v_O,与输入数字量 D_n 成正比,即

$$v_O = k \cdot \sum_{i=0}^{n-1} (d_i \times 2^i)$$

其中,k 为数模转换的比例系数。

(2) 数模转换器的组成。

数模转换器一般由数码寄存器、模拟开关电路、解码网络、求和电路以及基准电压源等 5 部分组成,如图 4-11-2 所示。

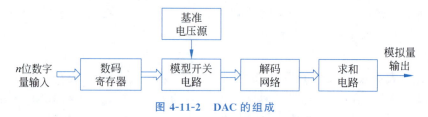

图 4-11-2   DAC 的组成

DAC 的基本原理为:来自数据总线的 n 位数字量锁存到数码寄存器中,数码寄存器的输出驱动模拟开关,使数码为 1 的位在解码网络中产生与其权值成正比的电流并流入求和电路;求和电路将这些电流相加,获得与 n 位数字量成正比的模拟量(电流)输出。若需要数模转换器输出电压信号,可以通过集成运算放大器将求和后的电流转换成电压。

3) 数模转换器的分类

按照解码网络的不同,DAC 可以分为权电阻解码网络 DAC、T 型电阻解码网络 DAC、倒 T 型电阻解码网络 DAC、权电流解码网络 DAC、权电容解码网络 DAC 等;按照模拟开关电路的不同,DAC 又可以分为 CMOS 模拟开关 DAC 和双极型电流开关 DAC。

开关网络对数模转换速度的影响较大,在速度要求不高的情况下可以选用 CMOS 模拟开关 DAC,若对速度要求较高,可以选用双极型电流开关 DAC 或转换速度更高的 ECL 电流开关 DAC。

> **思政元素融入点**
> 通过讲解数模转换器的分类及各类 DAC 的优缺点,培养学生在不同场景下灵活变通、合理解决工程问题的能力。
> **融入方式**
> 介绍数模转换器的分类,详细讲解各种解码网络的原理和优缺点,以及在解决实际工程问题时如何进行选取。

(1) 权电阻解码网络 DAC。

图 4-11-3 为 4 位权电阻网络 DAC 的原理图,它主要由 4 部分组成。

① 精密基准电压源 V_{REF}。

② 权电阻解码网络 R、$2R$、$4R$、$8R$。

③ 与权电阻解码网络对应的模拟开关电路。

④ 实现电流求和的集成运算放大器 A。

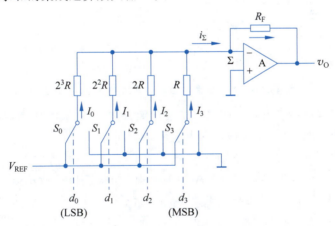

图 4-11-3 4 位权电阻解码网络 DAC 的原理图

流入求和点(虚地点)的电流表达式为

$$i_\Sigma = i_F$$
$$= I_3 d_3 + I_2 d_2 + I_1 d_1 + I_0 d_0$$
$$= \frac{V_{\text{REF}}}{R} d_3 + \frac{V_{\text{REF}}}{2R} d_2 + \frac{V_{\text{REF}}}{2^2 R} d_1 + \frac{V_{\text{REF}}}{2^3 R} d_0$$
$$= \frac{V_{\text{REF}}}{2^3 R} (d_3 \times 2^3 + d_2 \times 2^2 + d_1 \times 2^1 + d_0 \times 2^0)$$

输出电压为

$$v_O = -i_F R_F = -i_\Sigma R_F$$
$$= -\frac{V_{REF} R_F}{2^3 R}(d_3 \times 2^3 + d_2 \times 2^2 + d_1 \times 2^1 + d_0 \times 2^0)$$

权电阻解码网络 DAC 的缺点是电阻种类较多,阻值之间成比例,给制造电路带来不便;当位数较多时,最大电阻和最小电阻相差较大。

(2) T 型电阻解码网络 DAC。

在 T 型电阻解码网络 DAC 中,R-$2R$ T 型电阻解码网络 DAC 是最常见的一种。4 位 T 型电阻解码网络 DAC 的原理图如图 4-11-4 所示,电路中的电阻只有 R 和 $2R$ 两种阻值,且 R-$2R$ 电阻解码网络的基本单元呈字母 T 型。

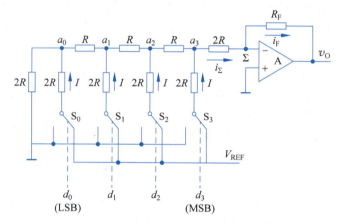

图 4-11-4 4 位 T 型电阻解码网络 DAC 的原理图

T 型电阻解码网络的优点是克服了多阻值问题,电阻仅有 R、$2R$ 两种,制造方便;缺点是当数码为 0 和为 1 时,参考电源提供的电流大小不同。

(3) 倒 T 型电阻解码网络 DAC。

4 位 R-$2R$ 倒 T 型电阻解码网络 DAC 的原理图如图 4-11-5 所示,电路结构与 T 型电阻解码网络 DAC 基本相似,只是基准电压 V_{REF} 的位置不同。$S_3 \sim S_0$ 依然为模拟开关,受输入数码 $d_3 \sim d_0$ 的控制。当 $d_i = 1$ 时,开关 S_i 置向右边,与求和点 Σ 相连;当 $d_i = 0$ 时,开关 S_i 置向左边,与地相连。R-$2R$ 电阻解码网络的基本单元呈倒 T 型,运算放大器 A 构成电流求和及电流转电压电路。

输出电压为

$$v_O = -i_F R_F = -i_\Sigma R_F$$
$$= -\frac{V_{REF} R_F}{2^4 R}(d_3 \times 2^3 + d_2 \times 2^2 + d_1 \times 2^1 + d_0 \times 2^0)$$
$$= -\frac{V_{REF} R_F}{2^4 R} \sum_{i=0}^{3}(d_i \times 2^i)$$

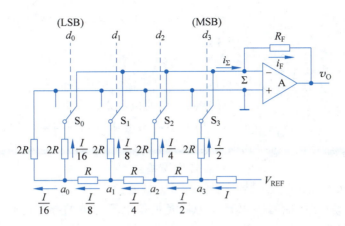

图 4-11-5 4 位倒 T 型电阻解码网络 DAC 的原理图

无论输入数字量($d_3 \sim d_0$)为何值,模拟开关始终在求和点 Σ 与地之间切换,开关端点的电压始终为地电位,各支路中的电流为恒流,不会产生寄生电容充、放电而引起的传输延迟,提高了数模转换速度,减少了参考电源 V_{REF} 和电路中的尖峰电流。

采用倒 T 型电阻解码网络的 10 位单片集成数模转换器 AD7520 的电路原理图如图 4-11-6 所示。使用 AD7520 时需要外接集成运放,运放的反馈电阻可以使用其内部反馈电阻 R,也在 v_O 到 I_{out1} 之间外接反馈电阻,为保证转换的精度,外接参考电压 V_{REF} 必须保证有足够的稳定度。

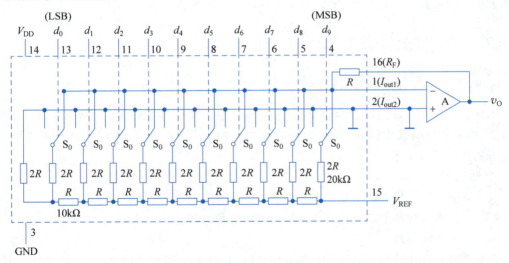

图 4-11-6 AD7520 的电路原理图

4)数模转换器的主要技术指标

(1)转换速度。

① 转换速度通常用输出电流(或电压)的建立时间来衡量。

思政元素融入点

通过介绍数模转换器的主要技术指标,培养学生全面看待问题的观点和在不同场景需求下对技术指标的

② 建立时间：从稳定输入到稳定输出所需时间，通常小于 $1\mu s$。

(2) 分辨率。

DAC 分辨最小输出电压的能力。

① 用 DAC 的位数来衡量分辨率。

② 用最小输出电压(01H)与最大输出电压(FFH)的比值来衡量分辨率。

(3) 转换误差。

> 合理取舍能力。
> **融入方式**
> 讲解数模转换器的主要技术指标，通过介绍各指标的含义及相互制约的关系、性价比等，引导学生在人生中要学会取舍，在大学生活中要注重基础、保持专注，有所舍弃。

转换误差为实际输出的电压与理想值的最大偏差。

① 非线性误差(非线性度)：其产生原因是模拟电子开关的导通电阻和导通压降以及 R、$2R$ 电阻值的偏差。

② 漂移误差(平移误差)：运放的零点漂移引起的误差，可用零点校准消除。

③ 增益误差：基准电压和运放增益不稳定引起的误差。

4.11.3 教学效果及反思

通过本次教学过程，学生不仅学到数模转换的相关知识、熟悉了各种数模转换器的工作原理，也理解了理论知识在实际工程中的应用，培养了学生分析问题的能力和科学的思维方式。在教学过程中引入思政元素，让学生知道在专业知识和理论中蕴含着哲学思想。本次教学过程能让学生在知识、能力和素质方面得到同步提升。

4.12 模数转换器[①]

4.12.1 案例简介与教学目标

本部分内容属于整门课程的后半部分，主要介绍模拟信号和数字信号及模数转换的基本概念、模数转换的基本过程、采样定理及模数转换器(ADC)的分类与主要技术指标等。本部分的教学目标如下。

1. 知识传授层面

(1) 熟悉模拟信号和数字信号及模数转换的概念。

(2) 掌握模数转换的基本过程：采样、保持、量化、编码。

(3) 掌握采样定理。

(4) 掌握并行比较型 ADC、逐次渐近型 ADC 的基本原理和其他 ADC 的特点与应用。

(5) 熟悉模数转换器的主要技术指标。

2. 能力培养层面

(1) 培养学生分析问题的能力和思维判断能力。

---

① 完成人：北京邮电大学，孙文生。

(2) 培养学生工程环境下合理取舍的能力。
(3) 培养学生将理论知识灵活应用于实际工程的能力。

3. 价值塑造层面
(1) 培养学生严谨创新、团结拼搏的精神。
(2) 引导学生树立正确的人生观和价值观。

4.12.2 案例教学设计

1. 教学方法

本部分内容按照概念讲解、转换过程、转换分类和主要技术指标等步骤进行教学设计，并在模拟信号和数字信号及模数转换的概念、模数转换的基本过程、模数转换器的分类、模数转换器的主要技术指标 4 部分融入思政元素。

2. 详细教案

教学内容

1) 模拟信号和数字信号及模数转换的概念

自然界中的许多物理量（如温度、压力、亮度等）在时间和数值上都是连续变化的，这类物理量被称为模拟量。为便于采集、传输和分析，工程上通常将这类模拟量转换成电压或电流，并称之为模拟信号，如图 4-11-1(a)所示。另一类物理量只在特定的时间点上取特定的数值，数值的变化不是连续的，而是某个最小单位的整数倍，这类物理量被称为数字量，与数字量对应的电信号被称为数字信号，如图 4-11-1(b)所示，该类信号在时间和数值上都是离散的。

称处理模拟信号的电路为模拟电路，如放大电路、滤波电路等；称处理数字信号的电路为数字电路，如计数器、加法器等。

模数转换是将连续的模拟量通过采样转换成离散的数字量。

2) 模数转换的基本过程

(1) 采样：将时间上连续的模拟信号转换为离散信号。

具体说就是将随时间连续变化的信号转换为一串脉冲，这个脉冲是等距离的，幅度取决于输入的模拟量。

采样定理：描述了将模拟信号转变成离散信号，并且从离散信号恢复原始信号所需要的最低采

> **思政元素融入点**
> 从模拟到数字的发展，以及这些年我国科技企业的发展，引入科技强国的重要性。介绍模拟域到数字域的变换及科学解决问题的方法，探讨科学、技术、工程与应用研究内容的区别。
>
> **融入方式**
> 通过固定电话网的演变、移动通信技术的进步，阐述华为等国内企业在支撑国家发展中所起的作用和对全球科技发展的巨大贡献。
>
> 科学研究"是什么、为什么"，技术研究"怎么做"，工程研究"如何做得多快好省"，帮助学生找准自己的定位。通过激光陀螺仪的研制，讲述我国科学家不畏艰险、严谨创新、顽强拼搏、不懈追求科学真理的品格，引导学生树立正确的人生观、价值观。

> **思政元素融入点**
> 由模数转换的过程，以及采样定理，培养学生科学的思维方式。
>
> **融入方式**
> 通过探讨在模数转换过程中，为什么要经过采样、保持、量化、编码，讲述科学解决问题的方法；通过采样定理的示例，进一步培养学生理解科学的思维和解决问题的能力。

样频率。若原始信号的最高频率分量为 F_H，则采样频率 f_s 应满足：$f_s \geqslant 2F_H$。

（2）保持：保证在量化编码期间，输入信号幅度不变。

保持电路实际上是使用了电容的存储特性，在实际应用中，采样与保持经常合二为一，采样与保持过程如图 4-12-1 所示。

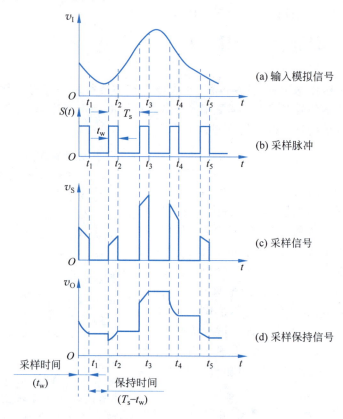

图 4-12-1　采样与保持过程

（3）量化：实现幅度数字化，用数字量近似表示模拟值。

把输出数字量为 1 时对应的输入模拟电压称为量化单元，记作 Δ。当输出数字量为 D 时，对应的输入模拟电压应为 $D\Delta$，即量化单元的整数倍。因此，对于任意输入模拟电压，首先应把它量化为 Δ 的整数倍。

由于采样信号的电压不一定能被 Δ 整除，所以量化前后不可避免存在舍入误差，称此误差为量化误差，用 ε 表示。量化误差属于原理误差，它只能减少，不能消除。ADC 的位数越多，各离散电平之间的差值越小，量化误差就越小。

（4）编码：把量化的结果转化为相应的二进制代码的过程。

若输入模拟量是正值，可以采用自然二进制码对量化结果进行编码；若输入模拟量有正有负，则可以采用二进制补码的形式对其进行编码。

3) 模数转换器的分类

直接转换型：将模拟信号直接转换成数字信号，如并行比较型 ADC、逐次渐近型 ADC。

(1) 并行比较型 ADC。

并行比较型 ADC 是转换速度较快的一类 ADC。3 位并行比较型 ADC 的原理图如图 4-12-2 所示，由电阻分压器、电压比较器、寄存器和编码器等组成。其中，V_{REF} 为参考电压；v_I 为输入模拟电

> **思政元素融入点**
> 通过讲解模数转换器的分类及各类转换的优缺点，培养学生在不同场景下灵活变通、合理解决工程问题的能力。
>
> **融入方式**
> 由模数转换器的分类，详细讲解各种模数转换器的原理和优缺点，以及在解决实际工程问题时如何进行选取。

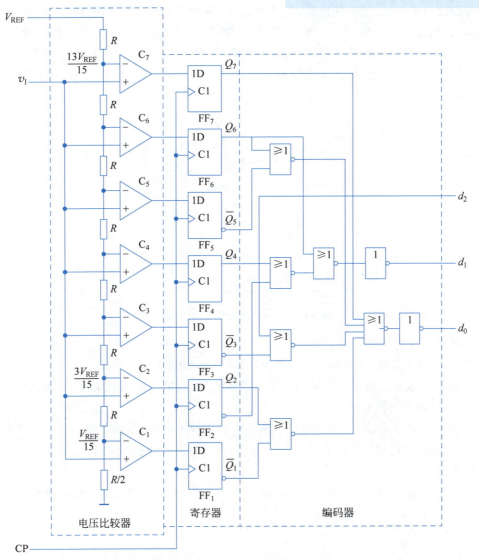

图 4-12-2　3 位并行比较型 ADC 的原理图

压,取值范围为 $0\sim V_{REF}$;输出为 3 位二进制数字量 $d_2d_1d_0$。

从图 4-12-2 可以得出以下结论。

① 通过电阻分压形成各种比较电平,输入模拟信号经采样-保持后送入比较器与比较电平进行比较。当高于比较电平时,该比较器输出为 1,反之为 0。

② 比较器的输出送到由 D 触发器组成的缓冲器中,避免各比较器响应速度差异造成的逻辑误差。

③ 缓冲的输出送到优先编码器,经过编码器将其转换为 3 位二进制信号。

(2) 逐次渐近型 ADC。

并行比较型 ADC 转换速度快,但电路复杂、成本高。而逐次渐近型 ADC 能兼顾速度和性价比,具有电路简单、转换速度快等优点,完成一次转换所需时间与其数字量的位数和时钟频率有关,数字量的位数越少,时钟频率越高,转换所需时间越短。逐次渐近型 ADC 的原理图如图 4-12-3 所示,由电压比较器 C、逐次渐近寄存器、DAC、控制逻辑和时钟脉冲源等组成。

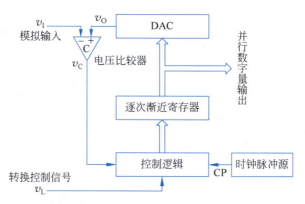

图 4-12-3　逐次渐近型 ADC 的原理图

从图 4-12-3 可以得出以下结论。

① 由电压比较器、逐次渐近寄存器、DAC 和控制电路组成。

② 电压比较器实现输入电压与反馈电压的比较,当输入电压幅度大于反馈电压时输出高电平,否则输出为低电平。

③ 逐次渐近寄存器是关键电路,当第一个时钟到来时,其最高位输出 1,在下一个时钟边沿,最高位的数码取决于比较器的输出电压,同时将次高位输出置为 1,重复这一过程,进行转换比较。

间接转换型:先将模拟信号转换成时间和频率等,再将时间或频率转换成数字信号,如双积分型 ADC、电压频率型 ADC。

(1) 双积分型 ADC。

双积分型 ADC 的原理图如图 4-12-4 所示,其转换原理是先将输入模拟量转换成对应的时间间隔,再在该时间内用固定频率的计数器计数,计数器所计得的数字量正比于输入模拟量。

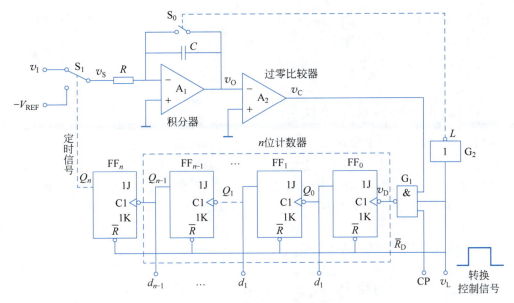

图 4-12-4　双积分型 ADC 的原理图

双积分型 ADC 具有抑制交流干扰、结构简单、转换精度高等特点。转换精度取决于参考压精度和时钟脉冲精度。不足之处是转换速度低且转换时间不固定。

数字式万用表一般采用双积分型 ADC。

(2) 电压-频率变换型 ADC。

电压-频率变换型 ADC 的原理图如图 4-12-5 所示，它先将输入模拟量转换为与之成比例的频率信号，再在固定的时间内对该频率信号进行计数，得到的计数结果即为输入模拟量对应的数字量。

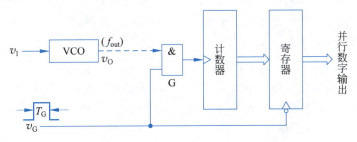

图 4-12-5　电压-频率变换型 ADC 的原理图

4) 模数转换器的主要技术指标

(1) 分辨率。

输出量的最小变化所对应的输入模拟量的变化量，可用 ADC 的位数表示。

> **思政元素融入点**
>
> 通过介绍模数转换器的主要技术指标，培养学生全面看待问题的观点和在不同场景需求下对技术指标的合理取舍能力。

> **融入方式**
>
> 讲解模数转换器的主要技术指标,通过介绍各指标的含义及相互制约的关系、性价比等,引导学生在人生中要学会取舍,在大学中要注重基础、保持专注,有所舍弃。

(2) 转换速度。

完成一次转换所需的时间。

(3) 相对精度。

实际输入和理论值之差与满刻度模拟电压的比值。

4.12.3 教学效果及反思

本次教学使学生掌握模数转换的基础知识,明确理论知识在现实场景中的应用。通过在教学过程中引入思政元素,培养学生严谨创新、团结拼搏的精神,让学生学会在工程应用中合理取舍。为了让学生对 ADC 有直观的认识,可以用万用表、Arduino UNO 板、虚拟实验仪器 AD2 进行演示,让学生查阅资料,熟悉这些仪器中的 ADC 选型和特点。

4.13 精简指令集 CPU 设计[①]

4.13.1 案例简介与教学目标

本实验案例基于硬件描述语言 Verilog HDL 实现一款精简指令集 CPU。该案例的设计流程包含模块设计、指令编码、硬件实现、仿真与时序分析。学生通过设计 CPU,能够全面理解数制与编码、算术运算与逻辑运算的基本原理、组合及时序逻辑电路的综合应用,理解数字系统的模块化设计思想,熟悉有限状态机和用 Verilog 描述数字系统的方法,能够使用电子设计自动化(EDA)软件工具完成复杂数字系统分析、设计、综合与测试。

本案例涉及数字电路课程的众多核心知识点,具有很强的综合性,且 CPU 的设计方案并不唯一,设计方案具有一定的开放性。在思政方面,本案例以"脱虚向实,严谨创新,团结拼搏,科技强国"为宗旨,将思政目标"编码"到整个实验过程中,实现教学内容与时代同频,教学方法与学生共振,在传承知识的同时,通过使命担当教育,实现学生价值观的引领。本实验案例的教学目标如下。

1. 知识传授层面

(1) 掌握数字系统的设计方法以及用 Verilog 描述数字逻辑模块的方法。

(2) 了解冯·诺依曼体系结构与精简指令集的相关背景和特点。

(3) 熟悉 CPU 基本工作原理与工作时序。

(4) 掌握基于 EDA 软件与 FPGA 开发板进行复杂数字系统分析、设计与仿真的方法。

2. 能力培养层面

(1) 培养学生的分析问题能力、思维判断能力、动手实践能力与综合创新能力。

(2) 深化"自上而下,逐步求精"的设计理念,培养学生"理论联系实际"的工程思维。

---

① 完成人:北京邮电大学,孙文生。

3. 价值塑造层面

(1) 引导学生树立正确的人生观、价值观。

(2) 培养学生脚踏实地的实干精神与严谨创新的研究态度。

(3) 提高学生自我认同与专业认同水平,培养学生科技强国的大局观与奉献精神。

4.13.2 案例教学设计

1. 教学方法

本实验案例包含3个环节:技术背景认知、重要概念讲解、工程实践应用。在计算机基本工作原理、计算机体系结构、CPU基本工作原理与模块组成、复杂指令集与精简指令集、基于Verilog的精简指令集CPU设计、CPU功能仿真等环节应用沉浸式课程思政教学设计,以实践教学的形式,隐式融入思政元素,达到"寓教于乐,润物无声"的思政教学目的。

2. 详细教案

教学内容

1) 计算机基本工作流程

介绍计算机的基本工作流程,让学生认识不同计算机的共性。目前任何类型计算机都遵循以下基本工作流程。

(1) 将数据与程序输入存储器。

(2) 从第一条指令地址开始运行程序,直至全部程序运行完毕,结束运行。

2) 计算机体系结构

介绍两种经典的计算机体系结构:冯·诺依曼体系结构与哈佛体系结构,让学生理解二者的区别,认识CPU在计算机系统中的重要作用。

(1) 冯·诺依曼体系结构。

该体系结构由控制器、运算器、存储器与输入/输出设备构成,如图4-13-1所示。

冯·诺依曼体系结构的核心思想是:程序和数据必须先通过输入设备存入存储器中,才能被CPU处理,处理后的数据也要放在存储器中,再经过输出设备进行输出。

(2) 哈佛体系结构。

该体系结构由控制器、运算器、指令存储器、数据存储器与输入/输出设备构成,如

> **思政元素融入点**
>
> 该部分为实验的理论讲解部分,通过计算机引入计算机的奠基人——图灵,通过图灵的故事,理解脚踏实地的实干精神与严谨创新的研究态度。
>
> **融入方式**
>
> 第二次世界大战期间,德国人发明了恩尼格玛密码机,为破解德军的加密信息,英国召集了大批数学家、密码学家。图灵提出,能战胜机器的只有机器,最终发明了能自动计算的机器,破译了该密码机加密的密文。以此故事为引子,引导思政目标的讨论。

> **思政元素融入点**
>
> 该部分为实验的理论讲解部分,通过分析两种计算机体系结构的差异,培养学生的抽象思维能力与工匠精神。
>
> **融入方式**
>
> 讨论两种体系结构的本质区别,为什么要推出哈佛体系结构?分别列举每种体系结构的CPU或单片机,为提高运算速度和指令执行效率,还有哪些可以改进的地方?进而培养学生的抽象思维能力与工匠精神。

图 4-13-2 所示。

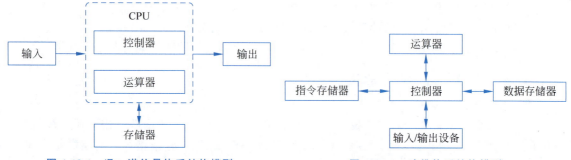

图 4-13-1 冯·诺依曼体系结构模型　　图 4-13-2 哈佛体系结构模型

哈佛体系结构将指令部分与数据部分分开存储,可同时执行取指令和取操作数,提升了 CPU 的运算速度。

> **思政元素融入点**
>
> 通过讲解 CPU 的基本工作原理,培养学生的系统思维与大局观。
>
> **融入方式**
>
> 从硬件层面剖析 CPU 的组成与基本工作原理,硬件模块的有序组合构成了 CPU,让学生理解模块与系统之间的相辅相成关系,体会系统思维与大局观。

3) CPU 基本工作原理与模块组成

分析 CPU 的模块组成,并讲解 CPU 和各模块的工作原理,让学生从硬件层面深入理解 CPU 是如何工作的。

(1) CPU 的基本工作原理(见图 4-13-3)。

① 取指令:根据 CPU 内部的程序指针,取出存储器中该指针所指地址处的指令,并送到 CPU 的指令寄存器中。

② 分析指令:CPU 对当前取得的指令进行分析,根据指令的操作码产生相应的控制命令。

③ 执行指令:基于分析指令时产生的控制命令,形成相应的操作时序和控制信号,控制器、数据存储器与输出设备执行相应的命令,完成该条指令的功能。

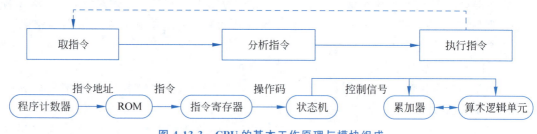

图 4-13-3 CPU 的基本工作原理与模块组成

(2) CPU 的模块组成。

① 算术逻辑单元:完成算术运算和逻辑运算。

② 累加器:暂存当前运算结果。

③ 程序计数器:提供指令地址。

④ 译码器与指令寄存器:寄存指令,根据指令操作码产生相应的控制逻辑。

⑤ 时钟单元与有限状态机:产生系统基准时钟与各模块操作时序。

4) 复杂指令集与精简指令集

介绍复杂指令集与精简指令集的时代背景、主要特点与应用场景,让学生认识两种指令集的优势与存在的问题,并理解指令与数据在 CPU 运算过程中所起到的作用。

复杂指令集随着现代电子计算机的发展而诞生,其特点是指令种类丰富,功能复杂,必须在一条指令执行结束后响应中断。复杂指令集多用于通用型计算机。

精简指令集诞生于 20 世纪 70 年代,其特点是指令种类较少,功能简单,复杂功能通过指令组合完成,可在一条指令执行中的特定步骤响应中断。精简指令集多用于小型电子设备与专用型计算机。

5) 基于 Verilog 的精简指令集 CPU 设计

指导学生基于 Verilog,参考本实验案例或自行设计精简指令集 CPU。在实践中,让学生掌握 CPU 的硬件构成与指令系统,全面理解数制、编码与组合/时序电路的综合应用。

本案例给出了一款具有 8KB 寻址空间的 8 位直接寻址精简指令集 CPU 的设计方案。该 CPU 的逻辑结构如图 4-13-4 所示。

(1) CPU 的模块构成。

① 时钟生成器:基于输入时钟信号,生成取指信号与算术逻辑运算单元(ALU)的使能信号。

② 指令寄存器:在基准时钟信号的驱动下,将数据总线传来的指令存入其内部寄存器。

③ 程序计数器:提供指令地址,CPU 由此访问存储器的相应地址,读取该地址存放的指令。

④ 累加器:存放当前的运算结果,该结果来自存储器或 ALU 的运算结果。

⑤ 算术逻辑运算单元:根据不同的操作码对数据进行加、与、异或、跳转等基本运算或操作。

⑥ 数据控制器:控制累加器的数据输出。

⑦ 地址多路器:根据取指令信号,控制输出的地址为程序地址或数据地址。

⑧ 状态机:CPU 的控制核心,根据指令操作码产生控制信号,控制各模块在特定步骤使能,实现指令预期功能。

> **思政元素融入点**
> 复杂指令集与精简指令集表面上存在一些对立的关系,由此培养学生的辩证思维。
>
> **融入方式**
> 通过介绍两种指令集的时代背景,让学生从指令集的角度了解现代计算机的发展历程。通过对比两种指令集的优缺点,培养学生的辩证思维,提高分析实际问题时的客观性。

> **思政元素融入点**
> 本部分是实验部分,采用"浸润式"课程思政体系,将思政目标"编码"到实验过程中,让学生自己去体会。
>
> 本部分通过 CPU 的设计,实现"脱虚向实,严谨创新,团结拼搏,科技强国"的思政目标。
>
> **融入方式**
> 通过指导学生完成精简指令集 CPU 系统功能设计、指令系统设计、仿真实验,培养学生的务实态度、工程思维,团队合作、不畏艰辛、勇于拼搏的精神,培养学生的创新精神和家国情怀。

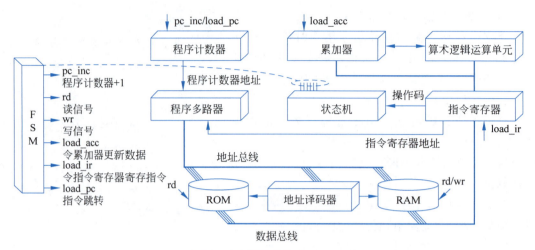

图 4-13-4 本案例给出的精简指令集 CPU 的逻辑结构

（2）CPU 的指令系统。

① 停机（HLT）：进行一个指令周期的空操作。

② 为零跳过（SKZ）：运算结果为 0，则跳过下一条指令。

③ 相加（ADD）：将指令地址中的数据与累加器数据相加，结果写回累加器。

④ 相与（AND）：将指令地址中的数据与累加器数据相与，结果写回累加器。

⑤ 相异或（XOR）：将指令地址中的数据与累加器数据相异或，结果写回累加器。

⑥ 读数据（LDA）：将指令地址中的数据读入累加器。

⑦ 写数据（STO）：将累加器中的数据写入指令地址。

⑧ 无条件跳转（JMP）：直接跳转到指令地址，从该地址继续执行指令。

思政元素融入点

本部分是实验的仿真环节，依然采用"浸润式"课程思政体系，让学生理解芯片设计的科学研究方法，理解实验是检验真理的唯一标准，唤起学生的家国情怀，激发求知欲。

融入方式

通过指导学生完成 CPU 的仿真程序设计与仿真分析，学生能够在实践中体会 EDA 软硬件在集成电路设计与制造领域中至关重要的地位，并对电子信息类专业对科技强国建设的强劲助推作用产生深刻认同。

6）CPU 功能仿真

指导学生编写二进制程序与仿真模块，对设计完的精简指令集 CPU 进行仿真，验证其功能的正确性，并尝试通过改进硬件模块与指令系统，优化 CPU 的性能。在实践中，让学生熟练掌握使用 EDA 软硬件进行复杂数字系统分析、设计、综合与测试的方法。

建立 RAM、ROM、地址译码器等外围器件模型，编写仿真文件，并设计二进制程序与数据。仿真时，将二进制程序与数据分别载入 ROM 与 RAM 中，再通过复位信号启动 CPU 的运行，观察各信号波形时序与仿真输出（见图 4-13-5），验证 CPU 设计的正确性，并对 CPU 性能做出评估。

本案例给出了求解斐波那契数列的二进制程序，二进制表示及功能描述如表 4-13-1 所示。

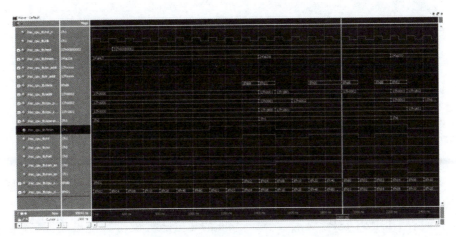

图 4-13-5 本案例 CPU 仿真波形

表 4-13-1 二进制表示功能描述

选址	高 3bit	低 13bit	助记符	功　　能
00	101	1100000000001	LDA	将 F2 读入累加器
02	110	1100000000010	STO	TEMP=F2
04	010	1100000000000	ADD	计算 F1+F2,结果写回累加器
06	110	1100000000001	STO	F2=F1+F2
08	101	1100000000010	LDA	将 TEMP 读入累加器
0a	110	1100000000000	STO	F1=TEMP
0c	100	1100000000011	XOR	比较 TEMP 与 LIMIT 的大小,相等则为 0
0e	001	0000000000000	SKZ	若上一条指令结果为 0,跳过下一条指令,否则不跳过
10	111	0000000000000	JMP	跳转至 t_rom 地址 0 的指令,继续执行
12	000	0000000000000	HLT	停机,仿真结束

该程序可令本案例中的精简指令集 CPU 计算斐波那契数列 144 之前的各项(见图 4-13-6)。

```
# TIME        FIBONACCI NUMBER        # TIME         FIBONACCI NUMBER
#--------------------------------     #--------------------------------
#     7000.0ns   0                    #   57400.0ns   13
#    14200.0ns   1                    #   64600.0ns   21
#    21400.0ns   1                    #   71800.0ns   34
#    28600.0ns   2                    #   79000.0ns   55
#    35800.0ns   3                    #   86200.0ns   89
#    43000.0ns   5                    #   93400.0ns   144
#    50200.0ns   8
```

图 4-13-6 求斐波那契数列的过程

4.13.3　教学效果及反思

本实验案例已多次应用于数字电路课程教学,教学效果较好。本实验案例跳脱"显式"与"故事型"课程思政模式,以紧贴时代前沿的教学内容、理论加实践的教学方式、完善而翔实的实验资料,在使学生从系统与硬件层面深入理解 CPU 工作原理的同时,将思政教学内容"编码"到整个实验教学过程中,学生通过动手实践,体会 EDA 软硬件在集成电路设计与制造领域中的重要地位,体会严谨创新、团结拼搏、科技强国的重要性。通过本实验案例的实施,学生由"知之者"变为"乐之者",学习专业知识的兴趣被充分激发。

4.14 随机数生成电路的设计与实现[①]

4.14.1 案例简介与教学目标

本实验是一个设计型实验,要求学生利用硬件描述语言 VHDL,在可编程器件实验板上设计一个随机数生成和显示控制电路,以实现以下功能:

(1) 数码管 DISP7-DISP3 显示班级和班内序号共 5 位数字,如 205 班 6 号同学显示"20506";

(2) 数码管 DISP2-DISP0 显示一个 0~999 的 3 位随机数,3 位随机数每 2s 变换一次;

(3) 系统具有复位功能,复位后数码管 DISP2-DISP0 上显示"000",2s 后再开始,每 2s 切换一次不同的随机数,要求使用按键复位。

通过本实验,学生能够较好地掌握相关基本原理和实验技能,掌握数字系统设计与实现,培养解决复杂工程问题的能力。本实验的教学目标如下。

1. 知识传授层面

(1) 掌握数码管动态扫描显示的原理、设计及实现。
(2) 掌握随机数电路的设计及实现。
(3) 练习硬件描述语言和元件例化语句的使用,掌握结构化描述方式。
(4) 掌握仿真信号的设置与观测方法。

2. 能力培养层面

(1) 学习自顶向下的设计思想和模块化设计方法,培养系统化分析及解决问题的能力。
(2) 锻炼理论知识对实际电路进行分析、设计的能力。
(3) 提升仿真手段的应用能力和仿真结果的分析能力。
(4) 启发培养自主学习、自我提升和创新能力。

3. 价值塑造层面

(1) 引导学生做事情大处着眼、小处着手,养成踏实严谨的工作作风。
(2) 培养学生客观、全面、辩证的思维方式。
(3) 培养学生的责任心,树立责任感。

4.14.2 案例教学设计

1. 教学方法

本次实验采用探究式教学方法,以"教师讲授+学生讨论+学生实践"的方式进行。教师主要讲授实验原理和设计方法,采用多种互动模式,注重启发式教学,对学生进行引领,使学生明白做什么和怎么做。学生根据实验要求和原理进行资料查阅、电路设计、仿真验

---

① 完成人:北京邮电大学,史晓东、陈凌霄、孙丹丹、袁东明。

证和硬件电路测试分析,在完成基本实验要求后,学生也可以自由扩展实验内容,进行创新研究。在教学实践过程中,在教师的引领下以学生的"学"和"做"为中心,学生在其学习过程中充分发挥主动性,教师则根据学生实验进展情况及出现的问题给出相关指导,保证实验的顺利实施。在电路设计、数码管分时扫描显示原理、随机数的生成方法、实现过程中需注意的问题、实验验证、实时报告 6 部分融入思政元素。

2. 详细教案

教学内容

1) 电路设计(教师教授)

设计部分强调自顶向下的设计思想和模块化设计方法(见图 4-14-1)。

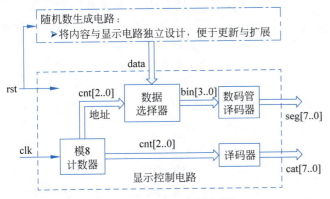

图 4-14-1 设计框图

> **思政元素融入点**
>
> 学生在设计电路时要从全局出发,自顶向下,既要考虑每个模块的功能和具体实现,又要兼顾模块之间的关系,将所学的数字电路理论知识运用到电路的各个模块的实现过程中,并在设计过程中逐步养成"大处着眼、小处着手"的工作方法,培养实事求是、脚踏实地、诚实守信的工作作风。
>
> **融入方式**
>
> 应用理论知识来对实际电路进行分析、设计,培养学生系统化分析及解决问题的能力,培养严谨的学术作风。

2) 数码管分时扫描显示原理(教师教授)

数码管扫描重点介绍电路结构,通过动画展示电路分时工作过程,介绍扫描显示原理,数码管电路结构如图 4-14-2 所示,共阴极控制信号的时序关系如图 4-14-3 所示。

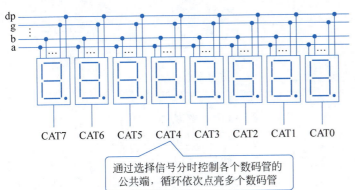

图 4-14-2 数码管电路结构

> **思政元素融入点**
>
> 数码管分时扫描控制电路虽然比独立控制复杂,但能够减少 I/O 口使用,降低功耗,生活中随处可见的各种 LED 显示屏多采用此种控制方式。学生通过了解这些知识,明白产品设计和工程实现不仅要考虑功能,还要充分考虑用户体验、技术环境及社会效应等因素,提倡"以人为本"的设计理念,通过此环节培养学生的工程技术素养和社会责任感。

融入方式

引导学生思考多个数码管显示电路采用分时扫描工作方式的优点和缺点,了解数码管扫描显示顶层逻辑控制和底层驱动电路之间的关系。进一步引申到目前各种室内外大屏幕的显示控制方式,引导学生思考实际工程应用,培养工程素质。

思政元素融入点

鼓励学生积极尝试、勇于探索,增强创新意识。

融入方式

学生在自主研究的过程中培养勤奋、自觉的学习态度和创新能力。通过交流讨论开阔视野、拓展思路。

思政元素融入点

培养学生从实践的角度思考问题,学会透过现象看本质,能够将表面的功能或现象对应到专业性的问题并找到解决问题的思路,面对复杂问题能够抓住解决问题的关键。

融入方式

通过引导学生分析实验要求中所对应的各个电路特点和细节问题,思考各电路采用不同的实现方式可能出现不同的问题,培养学生看问题要全面、做事情要注重细节,学会分析问题并利用所学知识解决问题。

思政元素融入点

学会合理设置仿真信号并对仿真结果进行正确观测和合理分析,锻炼运用仿真手段验证设计的能力,掌握科学的工作方法、培养客观的工作态度,培养一丝不苟的工匠精神。

融入方式

在整个实验过程中,严格要求学生独立规范操作,认真观察实验现象,如实记录并分析实验数据,出现问题要认真思考,努力解决。培养学生实事求是、脚踏实地、诚实守信的工作作风。

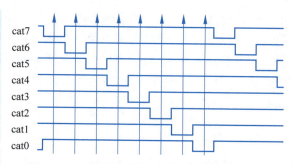

图 4-14-3　共阴极控制信号的时序关系

3)随机数的生成方法(学生自主研究)

在上一次课堂上布置学生自主研究随机数的生成方法,本次实验组织学生交流实现方法,讨论不同方法的优点和缺点。

4)实现过程中需注意的问题(总结提示)

教师进行总结,并提示学生注意实现过程中可能出现的问题,引导学生发现问题并思考解决问题的方法。

(1)每位数独立生成。

① 译码方便,不需要拆分。

② 注意个位、十位、百位产生的数字在生成速度、生成顺序方面要有区别。

(2)3 位数同时生成,译码时如何拆分。

(3)产生的数字不在 0~999 时如何处理。

(4)复位按键信号的处理和复位后第一个 2s 的准确性如何保障。

5)实验验证

学生设计实现电路,并通过仿真和硬件测试,课堂实验过程如下。

(1)仿真阶段。

① 合理设置输入信号。

② 体现电路功能。

③ 学会通过仿真调试电路。

(2)硬件验证阶段。

① 掌握实验板各种器件的工作原理和特性。

② 展示电路功能。

③ 根据需要使用仪表测试电路。

适时引导、个别指导、统一讲解。

本实验仿真要求重点观测中间信号,即产生随机数,并达到一定的数量,以便观测随机的效果,硬件要求在实验板上展示实验结果。仿真要求如下。

> 要求学生按时出勤,保持实验台和实验室整洁,爱护实验仪表和器材,实验完成后及时整理,养成良好的实验习惯,培养学生的责任心,树立责任感。

① 加入中间信号,重点看产生的随机数(见图 4-14-4)。

② 不要求全部仿真,产生 20～30 个随机数(见图 4-14-5)。

硬件电路实现结果如图 4-14-6 所示。

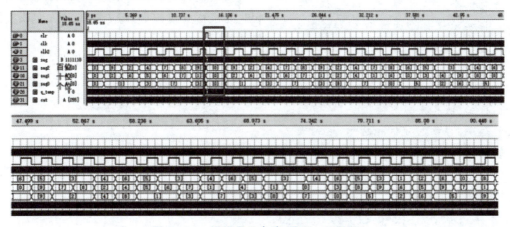

图 4-14-4 译码显示电路(显示一组即可)

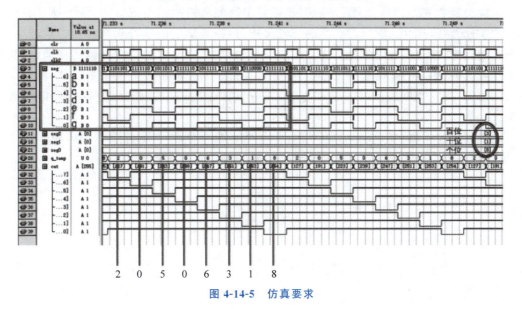

图 4-14-5 仿真要求

图 4-14-6　硬件电路实现结果

思政元素融入点

实验报告对整个实验过程(设计、验证、实现等环节)梳理,将实验进行全面的分析和总结,培养学生在专业方面的文字表达能力和严谨的学术作风。

融入方式

要求学生独立、认真撰写实验报告,对实验过程和结果进行客观、详细的分析和总结,达到巩固知识、积累经验、提高表达能力的目的。

6) 实验报告

课后通过实验报告对实验进行总结,实验报告要求格式规范、书写工整、清晰,实验报告格式如下:

(1) 实验名称和实验任务要求。
(2) 设计思路和过程(包含模块连接图)。
(3) VHDL 程序(打印)。
(4) 仿真波形图(打印)。
(5) 仿真波形图分析。
(6) 故障及问题分析。
(7) 总结和结论。

4.14.3　教学效果及反思

本次实验首先抛出问题,引导学生课下自主研究随机数的生成方法,课上通过多种互动模式实现教师与学生、学生与学生的交流和探讨,提升学生的学习兴趣和自主学习能力。在教学过程中,充分体现以学生为中心的教学理念,学生在学习过程中占据主导地位,教师作为学习辅助,更多的是给予启发和引导,并且在每个实验环节设立明确的目标,使学生能够有的放矢,激发学生的学习兴趣和热情,充分发挥学生的主观能动性,取得良好的教学效果。

由于课堂时间和实验板器件的限制,有些随机数电路的实现方法无法应用于本次实验,希望在后续综合实验中对随机数电路能够进行进一步的研究。

第 5 章

信号与系统

5.1 信号与系统课程简介

"信号与系统"是电子信息、自动化、电气工程、计算机等学科的专业基础课程,也是学生接触较早的一门专业基础课程。该门课程涵盖了信号分析与处理、系统分析等方面的知识。该门课程知识点丰富,逻辑严密且相互关联,内容理论性强,涉及的公式和定理较多,需要学生具备较为扎实的数学和物理基础,具备一定的系统思维能力和逻辑推理能力,能够将理论知识联系到实际问题的解决中。该门课程的后续课程有"数字信号处理""通信原理""自动控制原理"等,也是相关专业的重要专业课。

学习本课程,不仅使学生掌握信号和系统分析的基本概念、基本原理和基本分析方法,提高其系统思维能力、理论联系实际的能力,而且培养学生的科学精神、探索精神、创新精神、严谨的治学态度、理论与实践相结合的思想和系统观念。

信号与系统课程的主要内容包括:信号的描述与分类、基本运算和分解;系统的分类、性质和描述方法;信号和系统的时域、频域、复频域、z 域分析方法;系统的状态变量分析法等内容。各部分具体涵盖的内容如图 5-1-1 的课程知识图谱所示。

针对本课程的一些重要知识点,设计相关内容的教学思政案例,涵盖的知识点有周期信号的傅里叶级数、抽样信号的频谱分析与抽样定理、无失真传输、低通滤波器、调制与解调、频分复用等。

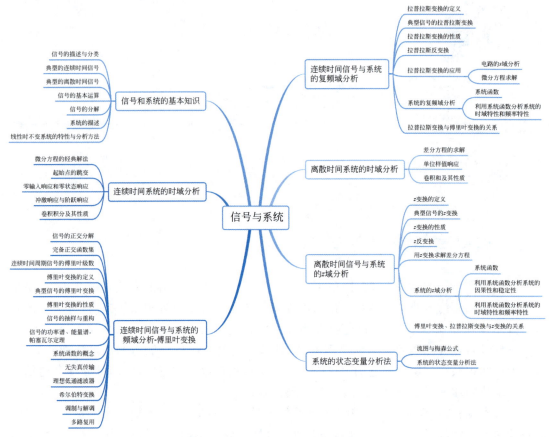

图 5-1-1　信号与系统的知识图谱

5.2　周期信号的傅里叶级数①

5.2.1　案例简介与教学目标

本部分是"连续时间信号与系统的复频域分析"的第一部分内容，主要介绍周期信号的傅里叶级数，包括三角函数形式的级数和指数形式的级数。本案例作为频域分析的开始，让学生对频率及频率分析有感性认识。本部分的教学目标如下。

1. 知识传授层面

（1）了解傅里叶分析方法的历史。

（2）掌握周期信号傅里叶级数的展开形式（三角函数形式和指数形式），给定周期信号，能展开成级数形式。

（3）理解傅里叶级数展开的物理意义，了解傅里叶级数展开的应用。

---

① 完成人：德州学院，赵立岭、董文会、杨延玲；电子科技学院，王丽丰。

(4) 了解狄利赫里条件。

2. 能力培养层面

(1) 培养学生思维判断的能力。

(2) 培养学生运用所学知识分析实际问题的能力。

3. 价值塑造层面

(1) 培养学生科学、辩证的思维方式和观点。

(2) 培养学生实事求是的科学态度,塑造坚强的毅力和恒心。

(3) 让学生感受科学知识的魅力。

5.2.2 案例教学设计

1. 教学方法

本部分内容以理论讲授为主,通过引入实例、动画演示辅助学生理解。以问题为导向,引导学生思考。

2. 详细教案

教学内容

1) 引言

(1) 以生活中常见现象介绍频率,表明频率与我们息息相关。

例如,男性与女性的声音不同,双音频电话。

(2) 简要介绍傅里叶的生平事迹。

傅里叶(1768—1830年,照片见图5-2-1),法国著名数学家、物理学家。1817年,当选法国科学院院士。

图 5-2-1 傅里叶

(3) 介绍傅里叶的主要成就。

主要贡献是在研究热的传播时创立一套数学理论,这对19世纪的数学和物理学的发展都产生了深远影响。

> **思政元素融入点**
>
> 任何科学理论、科学方法的建立都是经过许多人不懈努力而得来的,其中有争论,还有人为之献出了生命。由此说明要想在科学的领域有所建树,必须倾心尽力为之奋斗。培养科学家精神,鼓励学生不要盲目崇信权威。进一步警示同学们学习及人生道路如逆水行舟,不进则退,要有不达目的誓不罢休的勇气和毅力。
>
> **融入方式**
>
> 傅里叶早在1807年就写成关于热传导的基本论文,但经拉格朗日、拉普拉斯和勒让德审阅后被科学院拒绝,1811年又提交了经修改的论文,该文获科学院大奖,却未正式发表。1822年,傅里叶终于出版了专著《热的解析理论》,该著作将欧拉、伯努利等在一些特殊情形下应用的三角级数方法发展成内容丰富的一般理论,三角级数后来就以傅里叶的名字命名。
>
> 通过介绍傅里叶求学、研究经历,介绍科学家精神,说明只要坚持、执着地去做,就会有回报。同时指出权威人士也有犯错的时候,要学会坚持真理。是"金子"总会发光。

"周期信号都可表示为不同频率的正弦信号的加权和""非周期信号都可表示为正弦信号的加权积分"。该成果发表时被拒,之后发表在《热的解析理论》一书中。

(4) 以"玛丽莲·爱因斯坦"为例,介绍对信号进行频率处理的结果,引起学生学习兴趣。

思政元素融入点

从傅里叶变换的发展史出发,指出人类在认识世界、适应大自然的进程中,理论与实践、科学与技术相互依存、相互推动的普遍真理。

引导学生认识到理论和实践是相辅相成的,要热爱实践活动,积极研究科学。

融入方式

从18世纪到19世纪末,由于工程技术应用的领域还不够广泛,傅里叶分析方法的理论研究工作进展缓慢。到20世纪初,通信与电子系统的出现和广泛应用为傅里叶变换开创了用武之地。正弦振荡器、滤波器、谐振电路的实现使傅里叶分析方法产生了活力。从此,通信工程、信号处理的发展处处伴随着傅里叶变换的应用,此后小波变换、数据压缩等研究异彩纷呈。

思政元素融入点

引导学生分析傅里叶级数中每个参数的物理意义,再引申到人的职业道德规范(爱岗敬业、各司其职)。感受科学的魅力,培养学生的辩证思维。

融入方式

通过提问,引导学生思考;通过实例或动画演示,体会周期信号可以用不同频率的正弦信号表示。

2) 系统分析从时域转换到变换域

变换方法是理论分析中一种常用的方法,通过变换可以简化计算或看清事务的本质。系统分析方法如图 5-2-2 所示。

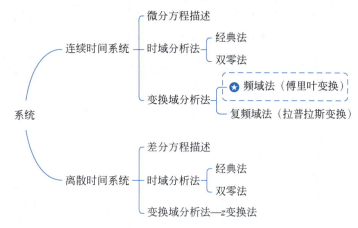

图 5-2-2 系统分析方法

傅里叶变换中,信号与系统特性被描述为以频率为变量的函数,称之为频率域分析(简称频域法)。

3) 三角函数形式的傅里叶级数

根据信号的正交函数分解,给出周期信号三角函数形式傅里叶级数的表达式。

$$f(t) = a_0 + \sum_{n=1}^{\infty}[a_n\cos(n\omega_1 t) + b_n\sin(n\omega_1 t)]$$
$$= c_0 + \sum_{n=1}^{\infty}c_n\cos(n\omega_1 t + \varphi_n)$$

其中,ω_1 表示基波角频率,a_0 表示直流分量,a_n 表示余弦分量幅度,b_n 表示正弦分量幅度,c_n 表示谐波幅度。

$$a_0 = \frac{1}{T}\int_0^T f(t)\mathrm{d}t$$
$$a_n = \frac{2}{T}\int_0^T f(t)\cos n\omega_1 t\,\mathrm{d}t$$
$$b_n = \frac{2}{T}\int_0^T f(t)\sin n\omega_1 t\,\mathrm{d}t$$
$$c_n = \sqrt{a_n^2 + b_n^2}$$

$$\varphi_n = -\arctan\frac{b_n}{a_n}$$

根据完备正交函数的特点,介绍展开式中各系数的求解方法。

解释展开式的物理意义:周期信号可以分解为直流分量与许多谐波分量(呈谐波关系的正弦分量)之和。

通过图 5-2-3 中的图形,学生直观感受不同频率的正弦波合成会得到什么波形。

提问:正弦信号是连续变化的,对具有突变特征的信号(如周期矩形脉冲信号),能用傅里叶级数展开吗?

以图 5-2-4 为例,介绍不同频率正弦信号的合成的样子,然后以动画演示的方式,观察有限项合成后的波形。

> 不同频率的正弦信号可以合成方波、锯齿波等,感受知识的魅力。
>
> 引导学生思考拉格朗日拒绝成果发表的原因(正弦曲线无法组合成一个带有棱角的信号),说明"直觉"有时是错的,学会辩证分析问题。
>
> 任何周期信号(满足一定条件)都可用一系列不同频率的简单的正弦信号表示,包括一些有突变特征的信号,复杂的事情可分解为一系列简单事情的叠加。

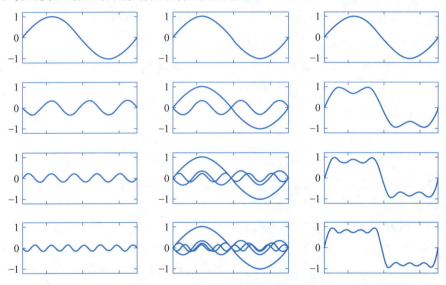

图 5-2-3 不同频率的正弦波合成

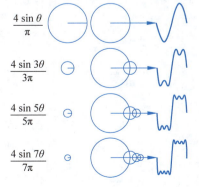

图 5-2-4 正弦信号的合成

总结：傅里叶提出周期信号可表示为不同频率的正弦信号的加权和，这为信号之间的比较提供了方便。

思政元素融入点

傅里叶的成就虽然赢得了广泛的赞许，但严格地讲并不是任意周期函数的傅里叶级数都收敛。狄利赫里迈开了傅里叶级数严密化的坚实一步。由此引导学生要尊重科学、严谨细致，做事要有规则意识，要学会敬畏规则。

融入方式

狄利赫里在1822—1825年，在巴黎几次会见傅里叶之后，对傅里叶级数产生了兴趣。1829年他在论文《关于三角级数的收敛性》中给定并证明狄利赫里条件，成为傅里叶级数理论的真正奠基者。这一成功离不开严谨细致、精益求精的科学精神。由傅里叶级数展开的条件引申出：任何知识或方法的应用都是有条件的，只是有些条件比较宽松。

思政元素融入点

同一信号可有不同的表达形式。欧拉公式建立起三角函数和指数函数之间的"桥梁"，使二者建立起联系。进一步说明联系具有客观性、普遍性和多样性，由此培养学生看待事情的科学观。

融入方式

欧拉公式被誉为"数学中的天桥"，不仅具有数学上的意义，而且在电路分析、信号处理、量子力学等领域都有广泛的应用。欧拉公式揭示了数学中一种深刻的内在联系，同时启示我们在生活中如何看待事物之间的联系。

两种形式的傅里叶级数，含义不同，应用不同，在信号分析中发挥着不同功能。

负频率没有实际意义，但引入负频率后，可以在整个空间进行求和，为后面傅里叶变换的引入打下基础，同时可以将周期信号的傅里叶级数和傅里叶变换联系起来。

4) 周期信号傅里叶级数展开式的条件——狄利赫里条件

周期信号能够进行傅里叶级数展开的一组充分条件如下：

（1）在一个周期内，信号是绝对可积的；

（2）在一个周期内，如果有间断点存在，则间断点的数目是有限个；

（3）在一个周期内，极大值和极小值的数目有限。

可以看出，狄利赫里条件限制比较宽松，一般周期信号都能满足。

5) 指数形式的傅里叶级数

利用欧拉公式 $\cos x = \dfrac{e^{jx} + e^{-jx}}{2}$，可由三角函数形式的傅里叶级数推出指数形式的傅里叶级数。

$$f(t) = \sum_{n=-\infty}^{\infty} F_n e^{jn\omega_1 t}$$

其中，F_n 为复系数。

$$F_n = \frac{1}{T} \int_{-\frac{T}{2}}^{\frac{T}{2}} f(t) e^{-jn\omega_1 t} dt$$

周期信号的三角函数形式的傅里叶级数和指数形式的傅里叶级数只是同一种信号的两种不同表示形式。

两种傅里叶级数之间的关系如下：

$$F_n = \frac{1}{2}(a_n - jb_n), \quad F_{-n} = \frac{1}{2}(a_n + jb_n)$$

$$a_n = F_n + F_{-n}, \quad b_n = j(F_n - F_{-n})$$

$$|F_n| = \frac{1}{2}\sqrt{a_n^2 + b_n^2} = \frac{1}{2}c_n$$

在指数形式的傅里叶级数中，由于 n 的取值为从负无穷到正无穷，此时就出现负频率。

提问：为何会出现负频率？负频率有何意义？

解释负频率的出现是使用欧拉公式引起的,负频率没有物理意义;通过观察级数系数,指出 $\pm n$ 是同时存在的,正负两项共同表示一个频率分量。

6) 实例运用

求解图 5-2-5 所示的周期方波的傅里叶级数。

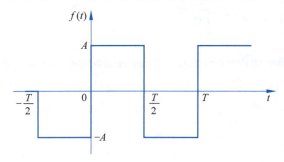

图 5-2-5 周期方波的波形

思政元素融入点

自然界的许多现象都具有周期性或重复性,如常见的方波。

通过练习,强化周期信号的特征与傅里叶级数之间的关联。

由信号的分解与合成过程,启发学生的思维方式,树立正确的价值观。

融入方式

通过动图形象地展示三角函数合成方波的过程。

傅里叶级数在实际中的应用主要是将复杂的周期函数表示成三角函数的线性组合,通过对简单函数的分析达到对复杂函数的深入理解和研究。复杂的问题是可以分解的。

当在学习和生活中遇到一些难解决的问题时,可以试着采用分解的方法,把复杂问题分解成一个个独立的简单问题,这样就可以逐一突破。

$$a_0 = \frac{1}{T}\int_0^T f(t)\,dt = 0$$

$$a_n = \frac{2}{T}\int_{-\frac{T}{2}}^{\frac{T}{2}} f(t)\cos n\omega_1 t\,dt = 0$$

$$b_n = \frac{2}{T}\int_{-\frac{T}{2}}^{\frac{T}{2}} f(t)\sin n\omega_1 t\,dt = \frac{4}{T}\int_0^{\frac{T}{2}} A\sin n\omega_1 t\,dt$$

$$f(t) = \frac{4A}{\pi}\left(\sin\omega_1 t + \frac{1}{3}\sin 3\omega_1 t + \frac{1}{5}\sin 5\omega_1 t + \cdots\right)$$

通过图 5-2-6 实例讲解周期信号的分解与合成。

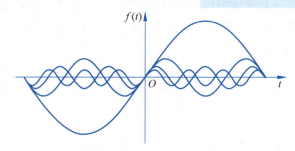

图 5-2-6 周期信号的分解

5.2.3 教学效果及反思

本教学内容是信号与系统频域分析的开始。通过本节内容的学习,不仅要理解三角函数形式和指数形式的傅里叶级数,掌握其各系数的计算,而且要逐步建立起频域分析的思想,让学生明白信号分解的意义,为接下来信号的频域分析打下基础。引用实例和动画演示,使学生加深对问题的理解,同时提高学习兴趣与分析问题的能力。引入思政元素,培养学生的科学家精神和辩证思维,感受科学知识的魅力,让学生知道在专业知识和理论中蕴含着哲学思想、辩证法。因此,本次课能让学生在知识、能力和素质方面得到全面的培养。

5.3 抽样信号的频谱分析与抽样定理[①]

5.3.1 案例简介与教学目标

本部分内容处于整门课程的中间部分,主要介绍连续时间信号抽样后的频谱及其与原信号频谱之间的关系,以及在此基础上奈奎斯特提出的采样定理。本部分的教学目标如下。

1. 知识传授层面

(1) 了解为什么进行抽样。
(2) 掌握信号抽样的本质(如何进行抽样)。
(3) 利用频域卷积定理计算抽样信号的频谱,并进一步分析其与原信号频谱的关系。
(4) 根据分析推断出抽样定理,在实际工程应用中能够根据实际情况折中选择。

2. 能力培养层面

(1) 培养学生能够从实际中找出问题、分析问题和解决问题和能力。
(2) 培养学生能够根据原理画出结果、进行分析,得出结论的能力。
(3) 培养学生能够将理论知识和仿真实验的结果应用于实际工程的能力。

3. 价值塑造层面

(1) 培养学生能够从技术飞速发展给我们的生活带来变化的层面上,去体会我们所学的专业对国家发展、科技进步有怎样的贡献,因而应更有使命担当。
(2) 培养学生能够根据需求出发,善于总结,提出新理论、新方法,如奈奎斯特采样定理。
(3) 培养学生能够用科学、辩证的思维方式去解决问题,充分考虑参数选择(采样间隔选择)对环境资源的影响。

5.3.2 案例教学设计

1. 教学方法

本部分内容按照实例引出、数学问题定义、知识展开、重要理论讲解、仿真演示加深理解、实际应用加强认知进行教学设计,并在为什么进行采样、采样的本质、采样信号的频谱、理想采样下不同采样频率的频谱和工程应用 5 部分融入思政元素。

---

① 完成人:青岛理工大学,周立俭。

2. 详细教案

教学内容

1) 为什么进行采样

采样是现实工程应用的需求,从图 5-3-1 的实例中让学生思考采样的必要性。

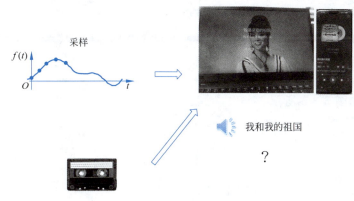

图 5-3-1　信号采样的引出

> **思政元素融入点**
> 采样的引出:原来的歌曲最开始口口传唱,然后是唱片,后来离我们最近的是磁带(模拟),现在是数字存储媒介(U 盘、硬盘等)。
> 学生在聆听歌曲中体会到与祖国的血脉相连,激发其爱国热情,更体会到科技的发展与专业息息相关,激发学生的使命担当,祖国未来的发展靠他们,要有过硬的技术能力,为祖国贡献一份力量。
>
> **融入方式**
> 以《我和我的祖国》这首歌曲为例,课前播放这首歌曲,引申音乐的存储媒介和音质。在歌曲的内容和科技的发展进程两方面引入思政内容。

2) 采样的本质

采样是从连续信号到离散信号的"桥梁",是对信号进行数字处理的第一个环节,图 5-3-2 展示了采样在通信中的作用。

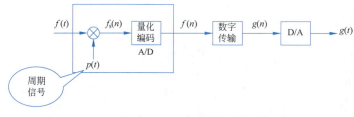

图 5-3-2　信号采样系统结构

> **思政元素融入点**
> 由连续到离散,培养学生思维、推理、举一反三的能力。
>
> **融入方式**
> 带领学生一起分析、思考,由此得出结论。利用计算机处理连续时间信号存在的问题、解决的办法,设想电路中的解决方案,在数学上如何实现抽样。

需要解决的问题:$f_s(t) \leftrightarrow F_s(\omega)$ 与 $F(\omega)$ 的关系;由 $f_s(t)$ 能否恢复 $f(t)$。

3) 采样信号的频谱

理想采样情况下的信号采样系统框图如图 5-3-3 所示。

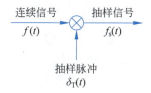

图 5-3-3　信号采样系统框图

> **思政元素融入点**
> 根据前面的分析,定义所要解决的数学问题,然后由同学去求解。先以理想抽样为例,观察理想抽样之后频谱的情况。
>
> **融入方式**
> 充分理解理想与现实的差异,以及在数学上引入理想情况的必要性和优点:一种科学的研究方法。

被采样信号的时域和频域波形如图 5-3-4 所示。

图 5-3-4　被采样信号的时域和频域波形

采样脉冲表达式：

$$p(t) = \delta_T(t) = \sum_{n=-\infty}^{\infty} \delta(t - nT_s)$$

采样脉冲的时域波形和频谱如图 5-3-5 所示。

图 5-3-5　采样脉冲的时域波形和频谱

采样脉冲的频谱为

$$P(\omega) = \delta_T(\omega) = \omega_s \sum_{n=-\infty}^{\infty} \delta(\omega - n\omega_s)$$

采样信号的频谱为

$$F_s(\omega) = F[f(t)\delta_T(t)]$$
$$= \frac{1}{2\pi} F(\omega) * \delta_T(\omega) = \frac{1}{T_s} \sum_{n=-\infty}^{\infty} F(\omega - n\omega_s)$$

采样信号的频谱图(无混叠的情况)如图 5-3-6 所示。

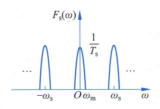

图 5-3-6　采样信号的频谱图(无混叠的情况)

思政元素融入点

通过分析不同采样频率对采样后频谱的影响,一方面培养学生根据需求出发,善于总结,提出新理论新方法；另一方面培养学生全面看待问

4) 理想采样下不同采样频率的频谱

让学生完成下面练习,并结合仿真进行分析。

已知某带限信号 $f(t)$ 的波形和频谱如图 5-3-7 所示,对其进行理想采样,分别大致画出不同采样频率情况下采样信号的频谱。并思考：在什么情况下可以通过一个理想低通滤波器得到原信号的频谱；理想低通滤波器要满足怎样的条件。

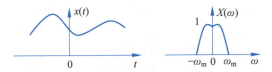

图 5-3-7　某带限信号的波形和频谱

题的观点，尤其是少了不行，过了也不行，适度是工作生活中必备的能力。

融入方式

画出在不同采样频率情况下的频谱，让学生进一步理解采样后信号频谱的变化，以及在不同情况下信号频谱的情况，思考如何实现采样。

引导学生理解不同采样频率的频谱。

$\omega_s \geqslant 2\omega_m$ 的情况如图 5-3-8 所示，其中，ω_s 为周期采样脉冲的角频率，ω_m 为被采样信号的带宽。

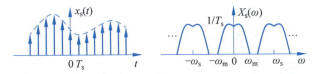

图 5-3-8　采样频率符合奈奎斯特定理要求时的采样信号频谱

$\omega_s < 2\omega_m$ 的情况如图 5-3-9 所示。

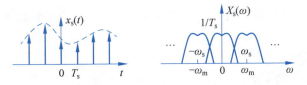

图 5-3-9　采样频率不符合奈奎斯特定理要求时的采样信号频谱

引导学生总结出抽样定理：要从采样信号中无失真地恢复原信号，采样频率应大于信号最高频率的 2 倍。采样频率小于最高频率的 2 倍时，信号的频谱有混叠；抽样频率大于最高频率的 2 倍时，信号的频谱无混叠。

5) 工程应用

以语音信号为例，观察采样间隔，即采样频率如何选择才能使信号失真较小。实际情况如何解决。

已知音频信号频率范围(0.3～3.4kHz)，那么按照最高频率 $f_m = 3.4\text{kHz}$，则根据采样定理采集音频信号的频率 f_s 应该满足 $f_s \geqslant 2f_m$。也就是最小抽样频率 $f_{s\min} = 6800\text{Hz}$。

取 $f_s = 8000\text{Hz}$，则采样周期 $T_s = \dfrac{1}{8000} = 125\mu s$。

问题延伸：目前分析的假设前提条件是带限信

思政元素融入点

通过仿真演示采样在实际工程中的应用，说明采样频率的选择非常重要，进一步引申说明看事情要一分为二，要有科学、辩证的观点，由此培养学生的辨别、判断能力和看待事情的科学观。

融入方式

采样频率过小，不能真实反映信号，失真严重；采样频率过大，采集成本会增高，计算量增大，对资源消耗较大，影响环境。折中选择，让学生了解理论知识如何在实际中应用。

号、理想采样,如果是带限信号、周期脉冲信号采样和非带限信号、理想采样这两种情况,如何选择采样频率。

5.3.3 教学效果及反思

本次教学,不仅让学生学到采样的相关知识,而且知道理论知识在实际工程中的应用,培养学生分析问题的能力和科学的思维方式。在教学过程中引入思政元素,让学生知道在专业知识和理论中蕴含着哲学思想、辩证法和方法论。因此,本次课能让学生在知识、能力和素质方面得到全面的培养和浸润。

对于工程应用部分,如果能采用真实的电路采集系统进行实际采样演示,同时进行计算复杂度分析,会让学生印象更深刻。

5.4 系统的无失真传输[①]

5.4.1 案例简介与教学目标

信号的频域表示(傅里叶变换)和系统的频域描述(频率响应特性)是"信号与系统"课程的重点内容。本案例的教学内容是傅里叶变换的应用,分析信号经过线性时不变系统产生失真的原因,并进一步分析失真的补偿和利用。本部分的教学目标如下。

1. 知识传授层面

(1) 理解系统线性失真产生的原因。

(2) 掌握无失真传输系统幅频特性和相频特性的特点,加深对系统频率响应特性物理意义的理解。

2. 能力培养层面

(1) 了解信号经系统传输的频域分析方法。

(2) 了解所学基本理论在工程中的应用,提高系统建模和实践能力。

3. 价值塑造层面

(1) 培养学生的科学思维方法、创新意识和合作意识。

(2) 引导学生领会基础研究的重要性,重视基础课程的学习。

(3) 通过应用实例体会"集中力量办大事"的道理。

5.4.2 案例教学设计

1. 教学方法

本部分内容按照问题引出、知识逐层展开、重要概念讲解、实际应用加强认知进行教学设计,并在问题引入、相关内容复习、失真的原因、系统的无失真传输条件和应用实例 5 部分融入思政元素。

---

① 完成人:北京邮电大学,尹霄丽、尹龙飞、张洪光、侯宾。

2. 详细教案

教学内容

1) 问题引入

信号在传输过程中,由于系统带宽受限、噪声、干扰等,将会对信号造成失真,有可能降低通信质量。

2) 相关内容复习

系统框图如图 5-4-1 所示。系统对信号传输有什么影响呢? 幅度加权、相位修正。

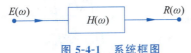

图 5-4-1 系统框图

思政元素融入点
树立责任意识。
融入方式
提出问题:
失真是如何产生的;
如何利用失真。

思政元素融入点
培养学生分析问题的能力。温故而知新。
融入方式
通过已学基本理论分析信号经系统传输产生失真的可能原因。

图 5-4-1 中输入信号的频谱密度为 $E(\omega)$,系统函数为 $H(\omega)$,响应信号的频谱密度为 $R(\omega)$。它们之间的关系如下:

$$R(\omega) = E(\omega)H(\omega)$$
$$H(j\omega) = |H(j\omega)|e^{j\varphi(j\omega)}$$
$$|R(j\omega)| = |H(j\omega)| \cdot |E(j\omega)|$$
$$\varphi_R(j\omega) = \varphi(j\omega) + \varphi_E(j\omega)$$

3) 失真的原因

分析系统对单频率正弦波的影响:设输入信号为 $\cos(\omega_0 t)$,经过系统后,输出信号为 $|H(\omega_0)|\cos[\omega_0 t + \varphi(\omega_0)]$,进一步推导如下式。

$$\cos(\omega_0 t) \rightarrow |H(\omega_0)|\cos[\omega_0 t + \varphi(\omega_0)]$$
$$= |H(\omega_0)|\cos\left[\omega_0\left(t + \frac{\varphi(\omega_0)}{\omega_0}\right)\right]$$

思政元素融入点
培养学生科学的思维方法,锻炼学生分析问题的能力。
融入方式
从单频率入手分析系统的频率响应,考虑系统频率响应中的幅频特性和相频特性。

幅度失真:各频率分量幅度产生不同程度的加权。幅度失真如图 5-4-2 所示。

例1:
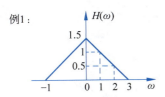

输入信号: $\sin(t)+\sin(2t)$
输出信号: $1\times\sin(t)+0.5\times\sin(2t)$

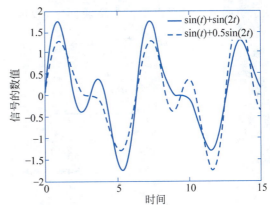

图 5-4-2 幅度失真

相位失真：各频率分量产生的相移不与频率成正比，使响应的各频率分量的时移不同。相位失真如图 5-4-3 所示。

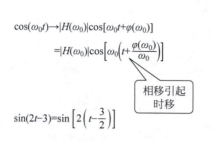
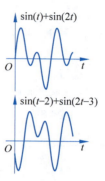

图 5-4-3　相位失真

思政元素融入点

从特殊到一般的问题分析方法。系统的性质可以从不同方面反映，所以分析问题可以从不同角度思考，培养学生勇于探索的科学精神和思维方式。

融入方式

考虑系统失真的一般情况。

4）系统的无失真传输条件

（1）从时域（波形变化的角度）分析系统的无失真，线性失真如图 5-4-4 所示。

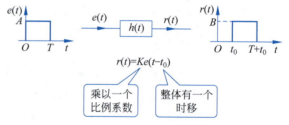

图 5-4-4　线性失真

（2）根据时域条件或者系统的频率特性推出系统无失真传输条件的频域条件。

无失真传输系统的系统函数如下式，其中，系统函数的幅度为与频率无关的常数 K。

$$H(j\omega) = \frac{R(j\omega)}{E(j\omega)} = K e^{-j\omega t_0}$$

从系统函数可以得出系统为全通网络，相位与频率成正比，相频特性是一条过原点的负斜率的直线，如图 5-4-5 所示。

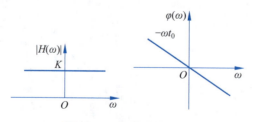

图 5-4-5　频率特性曲线

5) 应用实例：如何利用失真？

(1) 实例1：啁啾(chirp)脉冲放大技术原理。

时域展宽：利用正色散(看作一个全通)，例子见图 5-4-6。

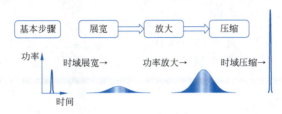

图 5-4-6　利用正色散

时域压缩：利用负色散(与展宽系统相反的相频特性)。

时域展宽/压缩：利用光的色散实现不同频率光脉冲信号在时域上错位，从而实现展宽，类似通信中的线性调频(linear frequency modulation)，因线性调频后的声音信号类似鸟声，所以这种调制又称为啁啾。

(2) 实例2：全波整流电路。

电脑所用电源为直流，如何从工业用电的交流变为直流，就是利用了失真(但这是非线性失真)。其中最重要的一步是整流，如图 5-4-7 所示。

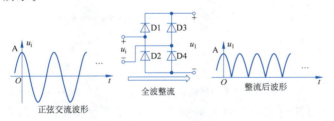

图 5-4-7　全波整流电路及整流前后的波形

5.4.3　教学效果及反思

在本次教学中，从信号在系统中传输系统造成波形劣化引出话题，激发学生的工程责任意识。通过复习，学生将问题逐步"拆解"为基本知识点，有利于培养学生的逻辑思维能力。在知识的扩展部分"如何利用失真"，通过2018年诺贝尔物理学奖"啁啾脉冲放大技术"以及普遍应用的电源适配器等应用实例，让学生了解所学知识点的应用价值，引导学生思考并深刻领会基础研究的重要性，重视基础课程的学习，树立产业强国的工程责任感，为原始创新积聚力量，同时引入思政元素"集中力量办大事"，体现了我国的制度优势以及中华民族长久以来的集体力量。因此，本次课能让学生在知识、能力和素质方面受到全面的培养和浸润。

思政元素融入点

弘扬家和万事兴，集中力量办大事的精神。

融入方式

引入2018年诺贝尔物理学奖获奖项目，让学生重视基础课程的学习。引导学生重视基础理论的学习。分析啁啾脉冲放大技术中的基本原理，让学生自然而然领悟到同频共振、同相相长的道理。

思政元素融入点

通过实例说明，有时我们要避免失真，但有时我们也要利用失真，所以有些事情并不都是不利的，进一步引申说明看事情要一分为二，要有科学、辩证的观点，由此培养学生的辨别、判断能力和看待事情的科学观。

融入方式

介绍普遍应用的电源适配器，即将工频交流电转换为直流电。

5.5 理想低通滤波器[①]

5.5.1 案例简介与教学目标

本部分内容属于傅里叶变换的应用,处于整门课程的中间部分,主要介绍理想低通滤波器的频率特性、冲激响应、阶跃响应和对矩形脉冲的响应。本部分的教学目标如下。

1. 知识传授层面

(1) 掌握理想低通滤波器的频率特性。
(2) 掌握理想低通滤波器的冲激响应、阶跃响应及对矩形脉冲的响应的特点。
(3) 进一步理解时域和频域的关系。
(4) 了解吉伯斯现象。

2. 能力培养层面

(1) 培养学生分析问题的能力和思维判断能力。
(2) 培养学生借助仿真手段辅助问题理解的能力。
(3) 培养学生的发散思维。

3. 价值塑造层面

(1) 培养学生包容、宽广的胸怀和大格局意识。
(2) 树立正确的人生观、价值观,领悟理想与现实是矛盾的统一体。
(3) 培养学生正确的思维方式和方法,敢于取舍和尝试,抓主要问题。

5.5.2 案例教学设计

1. 教学方法

本部分内容按照问题引出、知识逐层展开、仿真演示加深理解、实际应用加强认知和拓展思维进行教学设计,并在理想低通滤波器的频率特性,理想低通滤波器的冲激响应、阶跃响应及对矩形脉冲的响应,应用案例 3 部分融入思政元素。

2. 详细教案

教学内容

1) 问题引出

如果传输的低频信号中掺入了中、高频信号如何处理?即如何去掉不需要的中、高频信号?

> **思政元素融入点**
> 人有宽广的胸怀,才能更好地生活和服务社会。
> **融入方式**
> 将通频带比喻为人的胸怀,胸怀越宽广,就越包容,就越能客观理性地看待问题,从而使社会更和谐。

2) 理想低通滤波器的频率特性

理想低通滤波器的系统函数如下:

$$H(j\omega) = \begin{cases} 1 \cdot e^{-j\omega t_0}, & |\omega| < \omega_c \\ 0, & \text{其他} \end{cases}$$

[①] 完成人:北京邮电大学,俎云霄。

ω_c 为截止频率,$0\sim\omega_c$ 的频率区间为理想低通滤波器的通频带。通频带越宽,能够通过的信号频率范围越大。

3) 理想低通滤波器的冲激响应、阶跃响应及对矩形脉冲的响应

(1) 理想低通滤波器的冲激响应。

根据冲激响应和系统函数的对应关系,利用傅里叶逆变换定义式推导出理想低通滤波器冲激响应的表达式。

$$h(t) = \frac{\omega_c}{\pi} \cdot \text{Sa}[\omega_c(t-t_0)]$$

对冲激响应进行分析,得出结论。
① 输出失真。当通频带无限宽时,可以实现无失真传输。
② 理想低通滤波器是个物理不可实现的非因果系统。

(2) 理想低通滤波器的阶跃响应。

根据激励与响应的时域和频域关系,利用傅里叶逆变换定义式推导出理想低通滤波器阶跃响应的表达式。

$$g(t) = \frac{1}{2} + \frac{1}{\pi}\text{Si}[\omega_c(t-t_0)]$$

其波形如图 5-5-1 所示。

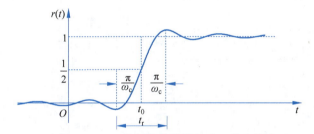

图 5-5-1　理想低通滤波器的阶跃响应的波形

根据图 5-5-1 分析阶跃响应的上升时间 t_r 与理想低通滤波器截止频率 ω_c 的关系,得出结论:阶跃响应的上升时间与理想低通滤波器截止频率成反比。即如果截止频率小,则上升时间长,反之,上升时间短,二者相互影响。

(3) 理想低通滤波器对矩形脉冲的响应。

矩形脉冲可以用阶跃函数及延迟的阶跃函数表示,即可表示为

$$e(t) = u(t) - u(t-\tau)$$

利用阶跃响应及系统的时不变性质可以推导出对脉宽为 τ 的矩形脉冲 $e(t)$ 的响应 $r(t)$,即

$$r(t) = \frac{1}{\pi}\{\text{Si}[\omega_c(t-t_0)] - \text{Si}[\omega_c(t-t_0-\tau)]\}$$

思政元素融入点

通过"冲激响应输出失真"的结论,进一步说明拥有宽广胸怀的重要性。通过"理想低通滤波器是个物理不可实现的非因果系统"的结论,说明通常任何事情都不是完美的,理解人无完人、白璧微瑕的道理,树立正确的人生观和价值观;要懂得理想与现实是矛盾的统一体,二者是有区别的,我们要心怀理想,勇敢面对现实,注重过程。

融入方式

说明理想低通滤波器在现实中是不存在的,但我们可以设计尽可能接近理想的滤波器,进而引申说明任何人或事物不都是完美的,但我们可以通过努力尽量做到完美,同时我们要包容和理解不完美;我们不要因为没能实现自己的理想而气馁,要更看重过程,只要自己在完成事情的过程中有收获就值得。

思政元素融入点

理想低通滤波器对矩形脉冲的响应对我们的启示:在实际处理问题时要懂得取舍,抓主要矛盾,解决问题。

融入方式

通过分析脉宽与截止频率对输出信号的影响,引申说明做一件事情时要分析其影响因素,并合理确定这些因素,从而取得最佳效果。

分析脉宽与截止频率的大小对输出信号的影响,并进行仿真演示。改变脉宽与截止频率的比例关系,观察输出信号波形的变化,如图 5-5-2、图 5-5-3 所示。

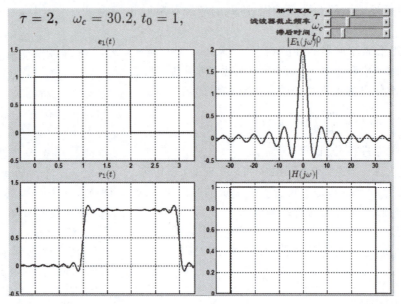

图 5-5-2　截止频率与脉宽之比约为 15

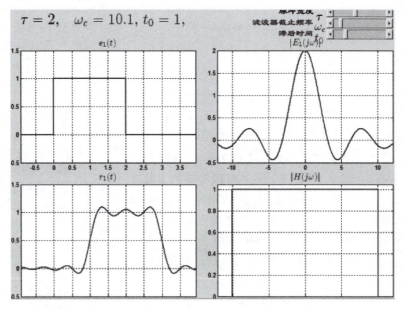

图 5-5-3　截止频率与脉宽之比约为 5

结论:截止频率与脉宽之比越大,输出信号越接近输入信号,失真越小;如果脉宽过小或截止频率过小,都会使输出信号严重失真。

通过分析及仿真可知：截止频率越大，能够通过的高频信号越多，输出信号越接近输入信号，但是，无论截止频率多大，输出信号波形的两边都有一个峰值，而且已经证明，当通过的高频信号很多时，该峰值趋于一个常数，大约等于总跳变值的 9%，称这种现象为吉伯斯现象。

4) 应用案例

选取一段音乐，让其通过一个理想低通滤波器，将原始音乐与通过理想低通滤波器处理后的音乐进行比较，听二者的区别。处理后的音乐声音更低沉，由此让学生理解频率大小对乐曲音色的影响。

发散思维：进一步让学生思考经过带通、高通、带阻滤波器后音色有什么变化，鼓励学生自己仿真看效果。

> **思政元素融入点**
> 培养自主、探索精神。
> **融入方式**
> 通过对音乐的处理，教育学生要根据需求做决定，勇于尝试，不能人云亦云。

5.5.3　教学效果及反思

本次教学，不仅让学生学到理想低通滤波器的相关知识，而且通过分析推导过程，培养学生分析问题的能力和判断思维能力。在教学过程中融入思政元素，让学生知道在专业知识和理论中蕴含着人生哲理、辩证法和方法论。因此，本次课能让学生在知识、能力和素质方面受到全面的培养和浸润。

5.6　调制与解调[①]

5.6.1　案例简介与教学目标

本部分内容在傅里叶变换之后讲授，主要介绍调制与解调的基本概念以及抑制载频调幅、常规幅度调制、脉冲幅度调制这 3 种幅度调制方式的调制解调原理。本部分的教学目标如下。

1. 知识传授层面

（1）了解调制与解调的概念。

（2）掌握抑制载波调幅的调制原理、已调信号波形及频谱的特征、同步解调的原理，理解频率或相位不同步对信息传输带来的不利影响。

（3）掌握常规幅度调制的调制原理、已调信号波形及频谱的特征、包络检波的原理，理解单边带及残留边带传输方式。

（4）掌握脉冲幅度调制的调制原理、已调信号波形及频谱的特征，理解从脉冲幅度信号中完整提取出发送信号信息的条件及方法。

2. 能力培养层面

（1）培养学生分析问题的能力和思维判断能力。

---

① 完成人：江苏理工学院，贾子彦。

(2) 培养学生的仿真实验能力。
(3) 培养学生归纳和解决复杂工程问题的能力。

3. 价值塑造层面
(1) 培养学生的集体意识和大局观念。
(2) 培养学生科学、辩证的思维方式和观点。
(3) 培养学生独立自主、艰苦奋斗的精神。

5.6.2 案例教学设计

1. 教学方法

本部分内容按照实例引出、重要概念讲解、知识逐层展开、仿真探究加强认知进行教学设计,并在调制与解调的概念、抑制载频调幅、常规幅度调制、脉冲幅度调制和基于 Octave 的仿真实验 5 部分融入思政元素。

思政元素融入点

由基带信号与调制信号的关系,引申为人的个人属性与社会属性的关系,教育学生要树立正确的集体意识和大局观念。

融入方式

由基带信号需要托附到高频振荡才能实现传输,引申到个人必须遵守社会规则、融入社会才能实现自己的价值。同时,为了避免不同基带信号的相互干扰,系统需要进行总体的设计,引申到个人建立大局观念,服从总体的调度和安排。

思政元素融入点

由同步解调中的不同步对信息传输造成的不利影响,引申说明个人要与集体保持同步,进一步教育学生要树立正确的集体意识和大局观念。

融入方式

在同步解调中,只有使用与载波频率和相位完全同步的信号,才不会在解调过程中引入不利的影响。由此引申到个人必须与集体、与国家保持同步。教育学生要通过不断学习,使自己与集体、与国家保持同步,进一步树立正确的集体意识和大局观念。

2. 详细教案

教学内容

1) 调制与解调的概念

(1) 调制:把待传输的信号托附到高频振荡的过程。具体来说就是信号可以托附到高频振荡的幅度、振荡频率与初相位上。

(2) 解调:调制的逆过程,即从已调信号中恢复或提取出调制信号的过程。

2) 抑制载频调幅

(1) 抑制载频调幅的信号波形及频谱。

抑制载频调幅是基本的调制方式,已调信号 $a(t)=e(t)\cos(\omega_c t)$ 的波形及频谱如图 5-6-1 所示。

(2) 利用低通滤波器进行同步解调过程。

抑制载频调幅解调方式需要利用低通滤波器,原理见图 5-6-2。

(3) 不同步对信息传输造成的不利影响。

$$c(t)=\frac{1}{2}e(t)\cos\theta$$

其中,$c(t)$ 为接收端收到的信号,可以看出与原信号相比,此信号多了相移 $\cos\theta$,$\cos\theta$ 是解调所加的载波与调制器的载波之间的不同步而带来的相移。当 θ 随时间漂移时,输出信号将发生忽大忽小的变化。

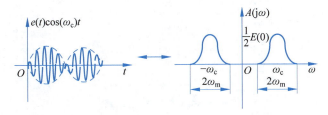

图 5-6-1　抑制载频调幅的信号波形及频谱

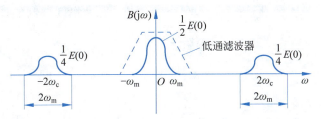

图 5-6-2　抑制载频调幅的解调

3）常规幅度调制

（1）常规幅度调制的调制原理、信号波形及频谱。

常规幅度调制中已调信号 $a(t) = (A_0 + e(t))\cos(\omega_c t)$ 的波形及频谱如图 5-6-3 所示。

$m = \dfrac{|e(t)|_{\max}}{A_0}$ 被称为调制系数。当 $m < 1$ 时，为欠调制状态；当 $m > 1$ 时，为过调制状态。在过调制状态时，已调信号的包络不能完全反映调制信号的信息，因此不能采用包络检波。

思政元素融入点

通过分析不同调制系数对常规幅度调制的影响，结合后续的仿真实验，培养学生全面看待问题的视角和能力。

融入方式

分析在不同调制系数情况下常规幅度调制呈现出的欠调制、过调制等不同状态，并在后续的仿真中引导学生自主进行仿真实验，不仅让学生进一步理解常规幅度调制的原理和过程及仿真方法，而且能培养学生全面看待问题的视角和能力。

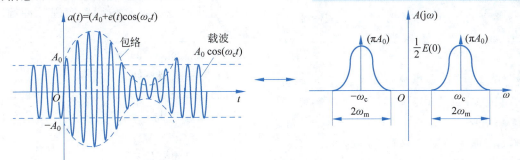

图 5-6-3　常规幅度调制的信号波形及频谱

（2）包络检波。

常规幅度调制解调可以采用包络检波电路，电路图如图 5-6-4 所示。

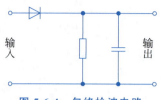

图 5-6-4 包络检波电路

4）脉冲幅度调制

（1）脉冲幅度调制的调制原理、信号波形及频谱。

脉冲幅度调制的信号波形及频谱如图 5-6-5 所示。

$$a(t) = e(t) \cdot s_T(t)$$

其中，$a(t)$ 为采样后的信号，$e(t)$ 为激励信号，$s_T(t)$ 为周期矩形脉冲信号。

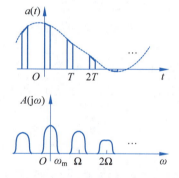

图 5-6-5 脉冲幅度调制的信号波形及频谱

思政元素融入点

由在脉冲幅度调制解调过程中加入均衡器，说明理论分析和实际工程实现存在区别，引导学生培养科学、辩证的思维方式和观点。

融入方式

通过理论分析，脉冲幅度调制在解调时似乎只需要利用低通滤波器即可，但在实际的系统中，采用平顶抽样，会带来所谓孔径效应的频率失真，因此需要加入均衡器。所以，在进行科学研究时需要充分考虑各方面的因素和问题，培养科学、辩证的思维方式。

（2）脉冲幅度调制信号的解调方法。

利用低通滤波器＋均衡器实现脉冲幅度调制信号的解调。

5）基于 Octave 的仿真实验

（1）抑制载波调幅仿真实验。

实验让学生了解调制频率变化对调制信号的影响和频率与相位不同步对解调信号的影响。

（2）常规调幅信号仿真实验。

实验让学生了解不同调制系数对调制信号的影响。

思政元素融入点

由在仿真中用 Octave 替代 MATLAB，引申出独立自主、艰苦奋斗的重要性。

融入方式

在"信号与系统"课程中使用最为广泛的仿真工具是 MATLAB，但是由于美国等西方国家对我国的封锁，部分学校已经不能继续使用 MATLAB，需要采用各种开源的替代方法。以此来引申出在我国新时代的发展建设中，学生需要树立起独立自主、艰苦奋斗的精神。

5.6.3 教学效果及反思

本次教学,不仅让学生学到调制解调的相关知识,而且知道在实际工程中需要考虑的各种因素,培养分析问题的能力和科学的思维方式。在教学过程引入思政元素,让学生知道在专业知识和理论中蕴含着哲学思想、辩证法和方法论。因此,本次课能让学生在知识、能力和素质方面受到全面的培养和浸润。

5.7 通信中的频分复用[①]

5.7.1 案例简介与教学目标

本部分内容是"傅里叶变换在系统中的应用部分",主要是频分复用的应用。列举通信系统的实例,让学生对频域分析应用有感性认识。本部分的教学目标如下。

1. 知识传授层面

(1) 掌握频分复用的概念。
(2) 掌握频分复用的原理。
(3) 了解傅里叶变换在通信中的应用。

2. 能力培养层面

(1) 培养学生应用傅里叶变换等知识的能力。
(2) 培养学生运用所学知识分析实际问题的能力。

3. 价值塑造层面

(1) 培养学生科学、辩证的思维方式和观点。
(2) 让学生感受科学知识的魅力。

5.7.2 案例教学设计

1. 教学方法

本部分内容以理论讲授为主,通过引入实例、演示图形帮助学生理解。以问题为导向,引导学生思考。

2. 详细教案

教学内容

1) 引言

在通信系统中,信号从发射端传输到接收端,为实现信号的传输,往往要进行调制和解调。为了充分利用频段,需要进行频分

> **思政元素融入点**
> 培养为产业发展不断进行科学探索的精神。
>
> **融入方式**
> 介绍生活中的应用:频率复用系统的最大优点是信道复用率高,允许复用的路数多,同时它的分路很方便。因此,它是模拟通信中最主要的一种复用方式,特别是在有线、微波通信系统及卫星通信系统内广泛应用。例如,在卫星通信系统中的频分多址方式就是按照频率的不同,把各地球站发射的信号安排在卫星频带内的指定位置进行频分复用,然后,按照频率的不同来区分地球站站址,进行多址复用。

---

① 完成人:北京邮电大学,李巍海。

复用。

频分复用的基本思想是：要传送的信号带宽是有限的，而线路可使用的带宽则远远大于要传送的信号带宽，对多路信号采用不同频率进行调制的方法，使调制后的各路信号在频率位置上错开，以达到多路信号同时在一个信道内传输的目的。因此，频分复用的各路信号是在时间上重叠而在频谱上不重叠的信号。

2）频分复用的概念

定义：频分复用（Frequency-Division Multiplexing，FDM）是以频段分割的方法在一个信道内实现多路通信的传输体制。

频分复用将用于传输信道的总带宽划分成若干子频带（或称子信道），每一个子信道传输一路信号。频分复用要求总频率宽度大于各个子信道频率之和，同时为了保证各子信道中所传输的信号互不干扰，应在各子信道之间设立隔离带，这样就保证了各路信号互不干扰（条件之一），相关原理见图 5-7-1。

> **思政元素融入点**
>
> 感受科学的魅力。培养学生从生活中发现科学技术魅力的能力。
>
> **融入方式**
>
> 电报系统采用不同频段进行通信，电报是 20 世纪应用较多的无线通信方式。通过介绍电影中电报系统的使用场景，以及李白烈士的事迹，激发学生的爱国热情，了解革命前辈的奉献精神，珍惜来之不易的生活。

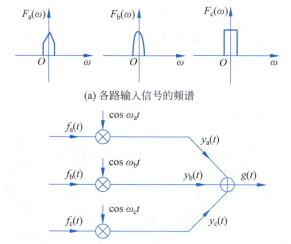

(a) 各路输入信号的频谱

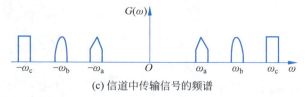

(b) 多路输入信号经过不同频率载波信号调制后进入同一个信道

(c) 信道中传输信号的频谱

图 5-7-1　频分复用的系统结构及信号的频谱

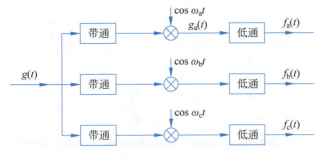

(d) 接收端用带通滤波器将不同频率信号分离

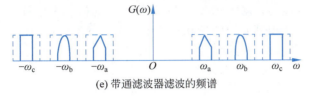

(e) 带通滤波器滤波的频谱

图 5-7-1 （续）

3）拓展

提问：频分复用的作用是什么，除了频分复用，还有其他复用方式吗？

频分复用技术的特点是所有子信道传输的信号以并行的方式工作，每一路信号传输时可不考虑传输时延，因而频分复用技术取得了非常广泛的应用。频分复用技术除传统意义上的频分复用外，还有一种是正交频分复用（Orthogonal Frequency Division Multiplexing，OFDM）。

OFDM 实际是一种多载波数字调制技术。OFDM 全部载波频率有相等的频率间隔，它们是一个基本振荡频率的整数倍，正交指各个载波的信号频谱是正交的。

频分复用可以提高无线信道的利用率，同一个频段可传输多路信号，但频分复用通信设备生产较为复杂，且因滤波特性不够理想和信道内存在非线性而易发生路间干扰，所以通信中还会采用时分复用和码分复用等方式。

时分复用是将通信信道分成多个时间段，每个时间段用来传输一路信号，其原理如图 5-7-2 所示。码分复用是在相同的频带上通过不同的编码来区分多路信号，从而达到提高信道利用率的方式。

> **思政元素融入点**
>
> 在学术界和工程界不断探索下，通信中的信道复用技术不断发展，这展现了人类的科学探索精神，新的科技进展为人们带来了生活便利。
>
> 通过简单介绍时分复用和码分复用，说明可以根据需要采用其他调制方式，由此教育学生要学会具体问题具体分析。
>
> **融入方式**
>
> 介绍频分复用和正交频分复用及其应用，以及时分复用和码分复用。

5.7.3 教学效果及反思

本次教学使学生在知识、能力和素质方面得到全面的培养，使他们理解信号与系统的频域分析，并认识到频分复用在通信中的重要性。通过实例和图形演示，加深学生对问题

图 5-7-2　时分复用

的理解,提高分析问题的能力。融入思政元素,培养学生的科学家精神和辩证思维,让他们感受科学知识的魅力,并认识到专业知识和理论中蕴含的哲学思想和辩证法。

参考文献

[1]　吕玉琴,俎云霄,张健明.信号与系统[M].北京:高等教育出版社,2014.

第 6 章

电磁场与电磁波

6.1 电磁场与电磁波课程简介

电磁场与电磁波课程是电子信息类本科专业核心课,课程内容包括矢量分析、静态场、时变场和场与物质的相互作用四大部分,教学内容如图 6-1-1 所示。电磁场理论与现代信

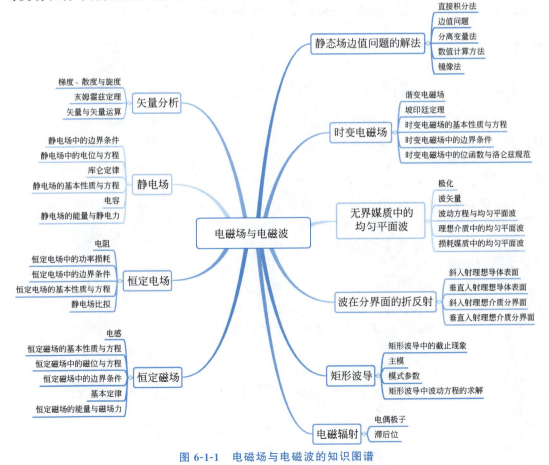

图 6-1-1 电磁场与电磁波的知识图谱

息技术的发展密切相关,在通信工程、电子信息、电气工程等领域有着广泛的应用。该课程具有概念复杂、理论性强、内容抽象、公式繁杂、高维时空等特点,有一定的教学和学习难度。

电磁场与电磁波包含丰富的课程思政元素,在教学过程中应坚持把"立德树人"融入"三全育人"的全过程,立足"学生中心",注重知识、能力和素质培养的有效融合;围绕"网络强国",面向"产出导向",结合社会主义核心价值观、辩证思维、中国精神、前沿科技、保密安全教育、工程伦理及环境可持续发展、紧迫感及危机意识等,深度挖掘思政元素,培养学生的科学素养、家国情怀;从学生的思想品德、职业道德、社会责任感、创新精神等方面开展课程思政教学方法研究。以电磁现象、电磁作用机理、电磁理论应用、电磁技术发展等为切入点,深入挖掘"哲学思想、科学精神、科技力量、工程伦理、持续发展"5个主要方面的思政元素,加强思政元素和专业知识的自然融合。探索科研反哺教学经验,让学生体验教师身边的科学力量和科学思想。通过制作教具、建立可视化电磁模型,用图形和动画直观地反映电磁场包含的规律,从抽象到具体,培养学生的建模思维能力和科学思辨能力,提高科学素养。

针对本课程的一些重要知识点,设计理论与实验课的教学思政案例,涵盖的知识点有接地电阻、麦克斯韦方程组、磁场力的计算、电磁波的极化、有耗媒质中电磁波的传播、电偶极子的辐射、电磁辐射、位移电流、电磁波反射与折射实验。

6.2 接地电阻[①]

6.2.1 案例简介与教学目标

本部分内容属于静电场部分,介绍接地电阻,主要讲授接地电阻和跨步电压的电磁计算方法。本部分的教学目标如下。

1. **知识传授层面**
(1)了解接地和跨步电压的概念。
(2)掌握不同接地极的接地电阻的计算方法。
(3)掌握接地电流对跨步电压的影响。
(4)了解不同接地极对工程建设环境的要求。

2. **能力培养层面**
(1)培养学生分析问题的能力和思维判断能力。
(2)培养学生的数值计算能力。
(3)培养学生将理论知识应用于实际工程的能力。

3. **价值塑造层面**
(1)培养学生的安全意识和正确的职业伦理观。
(2)提升学生的爱国情怀和民族自信心,树立正确的人生观、价值观。

---

① 完成人:山东大学,仲慧。

(3) 培养学生科学、辩证的思维方式和观点。

6.2.2 案例教学设计

1. 教学方法与手段

本部分内容按照知识点复习、实例引出、重要概念方法讲解、实际应用加强认知进行教学设计,并在温故知新,检查预习;创设情景,导入新课;典型接地极结构的接地电阻的计算;工程应用——输电工程接地网;跨步电压;分组讨论,学以致用6部分融入思政元素。

2. 详细教案

教学内容

1) 温故知新,检查预习

(1) 内容复习与检测。

复习静电比拟法原理测试孤立导体球电容的计算方法,并适当进行测试,测试题如图 6-2-1 所示。

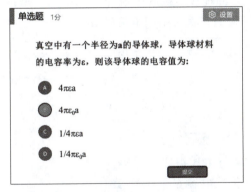

图 6-2-1 测试题

> **思政元素融入点**
> 通过静电比拟法,引出对比和演绎的科学分析方法,引导学生建立科学、辩证的思维,培养学生推理、举一反三的能力。
>
> **融入方式**
> 在学生原有的知识体系上,利用提问、计算的方法,通过类比法,以静电比拟法,逐步引导学生从静电场中电容的求解推导电阻的表达式,引导学生注意学习过程中前后知识的衔接与对比,提醒学生进行思辨学习。

(2) 检查学生对接地的分类的预习。

2) 创设情境,导入新课

2020 年 6 月 22 日,汕头澄华塑料制品厂发生接地故障事故,微信公众号报道如图 6-2-2 所示。这是一起由于设备接地线没有接地,其他设备泄漏电流引发的触电身亡事故。

图片来源:微信公众号 每日安全生产

图 6-2-2 设备未接地事故

> **思政元素融入点**
> 以"2020 年 6 月 22 日汕头澄华塑料制品厂接地故障事故"引入,以图片形式说明接地故障的形成的原因及事故后果,引导学生自发认识到接地的重要性,提高安全责任意识。
>
> **融入方式**
> 以具体接地故障的情况与后果说明安全接地的重要性和电气工程师的安全责任。

思政元素融入点

通过 4 种典型接地极的接地电阻的计算方法,培养学生的数值计算能力,分析接地极几何参数对接地电阻的影响,培养学生的知识总结归纳能力和数值计算能力,建立科学的思维方式和科学分析问题的习惯。

融入方式

借助静电比拟法和电容的计算方法,举一反三计算接地电阻。重点强调接地极形状结构对接地极电流分布的影响,强调接地极电位值与接地电阻的关系。

通过公式推导,引导学生认识影响接地电阻参数的因素,思考接地电阻与接地电位的关系。同时注意知识的衔接,在例题讲解中复习恒定电场分解面条件,并引导学生认识到在工程问题分析过程中知识归纳总结的重要性以及如何进行知识的拓展,树立科学发展观。

3) 典型接地极结构的接地电阻的计算

(1) 深埋球形接地极。

如图 6-2-3 所示,忽略地面影响,求深埋球形接地极的电阻,设 σ 为电导率。

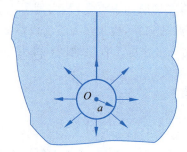

图 6-2-3 深埋球形接地极

解法一:深埋接地极的电流场与无限大区域的孤立导体球的电场相似。直接采用电流计算。

$$I \to J = \frac{I}{4\pi r^2} \to E = \frac{J}{\sigma} = \frac{I}{4\pi\sigma r^2}$$

$$U = \int_a^\infty \frac{I}{4\pi\sigma r^2} dr = \frac{I}{4\pi\sigma a}$$

$$R = \frac{1}{4\pi\sigma a}$$

解法二:静电比拟法。

孤立导体球电容 $C = 4\pi\varepsilon a$

$$\frac{C}{G} = \frac{\varepsilon}{\sigma}$$

$$G = 4\pi\sigma a \to R = \frac{1}{4\pi\sigma a}$$

(2) 浅埋半球形接地极。

求浅埋半球形接地极的电阻。

解:考虑地面的影响,可以采用镜像法处理,如图 6-2-4 所示。

采用静电比拟法:

$$\frac{C}{G} = \frac{\varepsilon}{\sigma}$$

$$C = 4\pi\varepsilon a \to G = 4\pi\sigma a$$

实际电导:

$$G' = \frac{G}{2}$$

图 6-2-4 浅埋半球形接地极

接地器接地电阻：

$$R = \frac{1}{2\pi\sigma a}$$

（3）浅埋球形接地极。

分析浅埋球形接地极的计算模型。

解：考虑地面的影响，采用镜像法处理，如图 6-2-5 所示。

（4）直立管形接地极。

求直立管形接地极的电阻。

解：考虑地面的影响，采用镜像法处理，如图 6-2-6 所示。

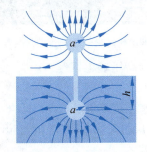

图 6-2-5　浅埋的球形接地极

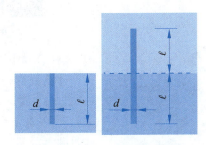

图 6-2-6　直立管形接地极

直径为 d 的直立管电容为

$$C = \frac{4\pi\varepsilon l}{\ln\dfrac{4l}{d}}$$

采用静电比拟法：

$$\frac{C}{G} = \frac{\varepsilon}{\sigma}$$

$$G = \frac{4\pi\sigma l}{\ln\dfrac{4l}{d}}$$

实际电导：

$$G' = \frac{I/2}{U} = \frac{1}{2}G$$

实际电阻：

$$R = \frac{1}{2\pi\sigma l}\ln\frac{4l}{d}$$

4）工程应用——输电工程接地网

（1）接地极和接地网的施工现场情况。

接地极和接地网施工现场如图 6-2-7 所示。

思政元素融入点

通过工程应用及国家重要工程建设情况，说明接地的重要性，强调安全责任意识，提升专业认同感和专业自豪感。

融入方式

介绍接地网对施工环境的要求,引发学生思考对电力建设与我国现有耕地面积之间的矛盾,树立全局观和环保意识。

图 6-2-7 接地极和接地网的施工现场

（2）大国重器——特高压输电视频。

播放特高压输电视频。

（3）我国特高压输电工程简介。

① 向家坝—上海 ±800kV 高压直流试验示范工程,开创世界电网特高压新时代。

② 昌吉—古泉 ±1100kV 高压直流工程,电压等级最高、输电距离最远、输电容量最大。

③ 张北柔性直流电网试验示范工程,创下 12 项"世界第一"。

思政元素融入点

培养学生的大国工匠精神和家国情怀。

融入方式

让学生观看特高压输电视频。

（4）深井接地极技术简介。

直流输电工程深井接地极案例如图 6-2-8 所示。

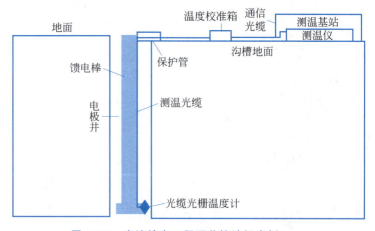

图 6-2-8 直流输电工程深井接地极案例

思政元素融入点

通过介绍深井接地极技术解决接地网占地面积大的问题以及技术的先进性,激发学生的爱国热情和民族自信心,掌握科学的辩证思维方式,了解专业的发展方向,认识到电力发展与环保的关系,建立全局观。

融入方式

介绍南方电网首个千米深井接地极工程技术的特点和先进性。

5）跨步电压

（1）跨步电压和地电位的定义。

提问学生：如果发现道路附近有输电线断落落地，应该怎么样通过最安全？

跨步电压的定义：指电气设备发生接地故障时，在接地电流流入地点周围电位分布区行走的人，其两脚之间的电压。跨步电压示意图如图 6-2-9 所示。

（2）跨步电压的理论计算。

电力系统中的接地极中有大电流通过时，存在接地电阻，可能使地面行走的人两足间的电压（跨步电压）很高，超过安全值就会有致命的危险。

以浅埋半球形接地极为例，对跨步电压进行计算，如图 6-2-10 所示。

> **思政元素融入点**
>
> 通过跨步电压的定义，说明接地电阻对跨步电压的影响，进一步说明接地的安全重要性，分析影响跨步电压的因素，进一步培养学生的知识综合应用的能力和辩证的科学观。
>
> **融入方式**
>
> 讲解跨步电压的定义和跨步电压的计算方法，介绍地电位的概念，以雷击电流形成的地电位问题和跨步电压问题，计算电力设施安全半径说明接地电阻在实际工程中的应用，进一步强调安全责任意识。

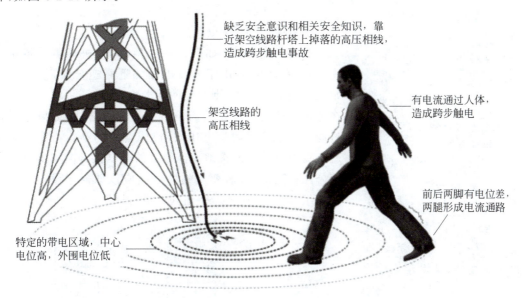

图 6-2-9　跨步电压示意图

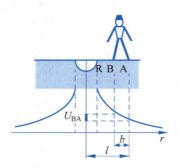

图 6-2-10　跨步电压计算图例

假设半球形接地极的半径为 R，由接地极流入大地的电流为 I，则在距球心 r 远处的电流密度为

$$J = \frac{I}{2\pi \cdot r^2}$$

电场强度：

$$E = \frac{J}{\sigma} = \frac{I}{2\pi\sigma \cdot r^2}$$

人的两脚 A、B 之间的跨步电压：

$$U_{BA} = \int_{l-b}^{l} \frac{I}{2\pi\sigma \cdot r^2} dr = \frac{I}{2\pi\sigma}\left(\frac{1}{l-b} - \frac{1}{l}\right)$$

电力系统接地极附近要注意危险区，为保护人畜安全，可取危险电压 $U_0 = 40V$。$U_{BA} < U_0$，则危险区半径：

$$X_0 = \sqrt{\frac{Ib}{2\pi\sigma U_0}}$$

思政元素融入点
通过讨论分析，培养学生积极思考的能力和知识应用能力，让学生认识到电力设施的建设和电力的发展不是一个孤立的问题，树立全局观，安全责任意识和环保意识。
融入方式
让学生将电磁场知识与工程问题联系起来，提高学生的学习热情和工程意识。从案例分析中培养学生的工程伦理、科学精神、科学方法，对学生进行价值观塑造，激发学生学习的热情。

6）分组讨论，学以致用

提出案例问题：如图 6-2-11 所示，某机场需要新建一座 220kV 变电站，由于该变电站邻近高速公路，如果变电站接地网泄漏电流，则接地网地电位升高，该地电位将施加在邻近高速公路埋设的通信电缆外皮与芯线，如果电压超过通信电缆绝缘耐受电压，将造成电缆的绝缘击穿。为了避免变电站接地网接地泄流导致的地电位升高反击邻近高速公路的通信电缆，变电站接地网应该如何建设？学生采用分组形式讨论，并对上述问题进行回答。

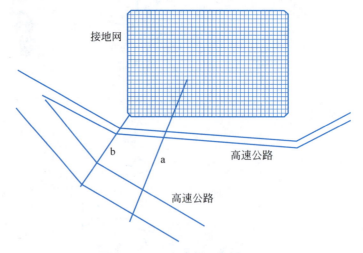

图 6-2-11 工程案例示意图

6.2.3　教学效果及反思

本次教学不仅让学生学到接地和跨步电压的相关知识,而且通过介绍理论知识在实际工程中的应用,培养学生分析问题的能力和科学的思维方式。在教学过程中引入思政元素,让学生认识到专业知识和理论学习过程中蕴含的辩证法和方法论,并给出工程案例,提升学生的民族自豪感,了解专业的发展方向,认识电力发展与环保的关系,培养安全责任意识和爱国情怀,强化学以致用、建设祖国的思想。因此,本次课能让学生在知识、能力和素质方面受到全面的培养和浸润。

对于学以致用部分,如果能进一步寻找具体算例安排学生课下进行仿真计算,学习效果会更为突出。

6.3　麦克斯韦方程组[①]

6.3.1　案例简介与教学目标

本次课程是时变电磁场的内容,主要介绍法拉第电磁感应定律、位移电流的概念以及麦克斯韦方程积分形式的物理意义。本部分的教学目标如下。

1. 知识传授层面

(1) 掌握感应电压和位移电流的概念及物理意义。
(2) 理解全电流定律的物理意义和应用。
(3) 理解麦克斯韦方程组数学形式的对称性。

2. 能力培养层面

(1) 培养学生数值计算的能力。
(2) 培养学生的科学归纳和推理能力。
(3) 培养学生将理论知识应用于实际工程的能力。

3. 价值塑造层面

(1) 引导学生认识和欣赏感受科学形态下的美学,提升学生综合素质。
(2) 培养学生科学、辩证的思维方式。
(3) 激发学生的创新精神。

6.3.2　案例教学设计

1. 教学方法

本部分内容按照知识点复习、历史故事、定理推导、工程应用举例和讨论加强认知进行教学设计,并在温故知新、麦克斯韦方程的诞生、感应电压与电磁感应定律、位移电流的定义和全电流定律、工程应用举例5部分融入思政元素。

---

① 完成人:山东大学,仲慧。

思政元素融入点

在原有的知识体系上进行延伸,加深学生对电场、磁场的理解,培养学生的思辨能力,锻炼学生的科学推理和应用能力。

融入方式

通过复习基本概念,深入理解电磁场的运行机制,引导学生建立科学、辩证的思维方式。

思政元素融入点

从麦克斯韦方程组的产生、形式、内容和它的历史过程中可以看到:物理定律在物理现象更深的层次上发展成为新的公理表达方式而被人类所掌握,所以科学的进步不会是在既定的前提下演进的,一种新的具有普遍意义的公理体系的建立是科学理论进步的标志。

融入方式

通过介绍麦克斯韦方程组产生的历史,让学生学习历史楷模人物思考问题、发现问题的科学方法,了解学科发展相互影响的关系。

思政元素融入点

通过静电场与恒定磁场的对比,掌握归纳总结对比的科学研究方法,辩证的科学思维方式。

融入方式

通过对比静电场和恒定磁场的积分形式方程,启发学生思考电场与磁场之间辩证统一的关系,感受数学与物理学结合的自然之美,通过理解电场和磁场的统一性,培养学生对于科学美的欣赏能力,激发学生对电磁学的浓厚兴趣。

思政元素融入点

从法拉第的实验研究成果说明实践应用对科学研究的重要性,引导学生认识到在实践中发掘真理,实践中了解国情,在实践中服务社会的重要性。

2. 详细教案

教学内容

1) 温故知新

(1) 基本概念。

温习静电场、恒定磁场的特点,以及变化的电荷与磁场之间的关系。进一步引导学生推测,变化的电场能否产生磁场?变化的磁场能否产生电场?

(2) 不同电荷分布情况下电场的计算。

2) 麦克斯韦方程的诞生

(1) 讲述麦克斯韦方程诞生的历史。

1845 年,关于电磁现象的 3 个最基本实验定律:库仑定律(1785 年)、毕奥-萨伐尔定律(1820 年)、法拉第定律(1831—1845 年)已被总结出来,法拉第的"电力线"和"磁力线"概念已发展成"电磁场概念"。1855—1865 年,麦克斯韦在全面审视了库仑定律、毕奥-萨伐尔定律和法拉第定律的基础上,把数学分析方法带进了电磁学的研究领域,麦克斯韦电磁理论由此诞生。这是当时物理学中一个伟大的创举,因为正是场概念的出现,使当时许多物理学家得以从牛顿"超距观念"的束缚中摆脱出来,普遍地接受了电磁作用和引力作用都是"近距作用"的思想。

(2) 对比静电场的方程与恒定磁场方程的积分形式。

静电场:

$$\oint_l \boldsymbol{E} \cdot \mathrm{d}\boldsymbol{l} = 0, \quad \oint_S \boldsymbol{D} \cdot \mathrm{d}\boldsymbol{S} = q, \quad \boldsymbol{D} = \varepsilon_0 \boldsymbol{E} + \boldsymbol{P}$$

恒定磁场:

$$\oint_l \boldsymbol{H} \cdot \mathrm{d}\boldsymbol{l} = \sum i, \quad \oint_S \boldsymbol{B} \cdot \mathrm{d}\boldsymbol{S} = 0, \quad \boldsymbol{B} = \mu_0 \boldsymbol{H} + \boldsymbol{M}$$

3) 感应电压与电磁感应定律

磁通发生变化的原因如下所述。

(1) 回路不变,磁场随时间变化。

说明变压器的工作原理,感生电动势的概念。

(2) 回路切割磁力线,磁场不变。
说明发电机的工作原理,动生电动势的概念。
(3) 既有回路切割磁力线,又有磁场变化。
(4) 感应电压的定义。
4) 位移电流的定义和全电流定律
(1) 位移电流。
在分析电容器中电流持续性问题中,引入位移电流密度的概念,并将位移电流与传导电流的定义进行类比和分析,如图 6-3-1 所示。

融入方式
通过讲述法拉第发明发电机的历史,说明电磁理论对电气设备的发明与应用的影响,引入理论与应用的关系,激发学生对科学研究和工程实践的热情。

思政元素融入点
培养学生举一反三的思维,激发学生的创新能力,培养学生的思维活跃度。

融入方式
通过演示动画和提问的形式直观地引出位移电流的定义,揭示电场与电流之间的内在关系,拓展学生的思维边界,激发学生对科学研究的兴趣。

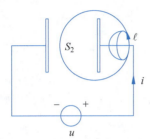

图 6-3-1　位移电流的引出

作闭合曲线 l 与导线交链,根据安培环路定律,经过 S_1 面:

$$\oint_l \boldsymbol{H} \cdot \mathrm{d}\boldsymbol{l} = \oint_{S_1} \boldsymbol{J} \cdot \mathrm{d}\boldsymbol{S} = i$$

经过 S_2 面:

$$\oint_l \boldsymbol{H} \cdot \mathrm{d}\boldsymbol{l} = \oint_{S_2} \boldsymbol{J} \cdot \mathrm{d}\boldsymbol{S} = 0$$

思考:为什么相同的线积分,结果却不同? 引出位移电流的定义。
(2) 全电流定律。
将高斯通量定理代入电流连续性方程中:

$$\oint_S \boldsymbol{J} \cdot \mathrm{d}\boldsymbol{S} = -\frac{\partial}{\partial t}\int_V \rho \mathrm{d}V = -\frac{\partial}{\partial t}\int_V \boldsymbol{D} \cdot \mathrm{d}\boldsymbol{S}$$

麦克斯韦称 $\frac{\partial \boldsymbol{D}}{\partial t}$ 为位移电流,具有磁效应,因此位移电流也应该被包含在安培环路定理之中,得

$$\oint_l \boldsymbol{H} \cdot \mathrm{d}\boldsymbol{l} = \int_S \left(\boldsymbol{J} + \frac{\partial \boldsymbol{D}}{\partial t}\right) \cdot \mathrm{d}S$$

全电流 = 传导电流 + 位移电流

因此位移电流:

$$\frac{\partial \boldsymbol{D}}{\partial t} = \boldsymbol{J}_D = \varepsilon_0 \frac{\partial \boldsymbol{E}}{\partial t} + \frac{\partial \boldsymbol{P}}{\partial t}$$

包含电场随时间的变化和束缚电荷反复极化。

全电流定律揭示不仅传导电流激发磁场,变化的电场也可以激发磁场。变化的电场激发磁场与变化的磁场激发电场形成自然界的一种对偶关系。

思政元素融入点

一方面,恰当的数学形式才能充分展示经验方法中看不到的整体性(电磁对称性),但另一方面,这种优美的对称性以数学形式反映出了电磁场的统一本质。

还应当认识到正是从数学表达式中"发现"或"看出"本质的研究思路完善了科学研究方法,带领科学进入实践理论并重的阶段。

融入方式

总结电场与磁场相互转化过程中体现的优美对称性,这种优美以现代数学形式(麦克斯韦方程组)得到充分的表达,建立辩证统一的思维方式。

思政元素融入点

让学生认识到科学发展对技术发展的推动作用,感受理论和实践结合带来的突破和进步,提高学生的学习热情和工程意识。

从实例分析中培养学生分析问题的能力,培养学生的科学精神和科学方法,激发学生的学习兴趣和创新精神。

融入方式

通过讨论分析和应用讲解,培养学生积极思考的能力和知识应用能力。

5)麦克斯韦方程组

麦克斯韦方程组的对称性:

$$\begin{cases} \oint_l \boldsymbol{H} \cdot \mathrm{d}\boldsymbol{l} = \int_S \left(\boldsymbol{J}_C + \frac{\partial \boldsymbol{D}}{\partial t}\right) \cdot \mathrm{d}\boldsymbol{S} \\ \oint_l \boldsymbol{E} \cdot \mathrm{d}\boldsymbol{l} = -\int_S \frac{\partial \boldsymbol{B}}{\partial t} \cdot \mathrm{d}\boldsymbol{S} \\ \oint_S \boldsymbol{B} \cdot \mathrm{d}\boldsymbol{S} = 0 \\ \oint_S \boldsymbol{D} \cdot \mathrm{d}\boldsymbol{S} = \int_V \rho \mathrm{d}V \end{cases}$$

麦克斯韦方程组说明变化的电场和磁场是相互联系、不可分割的,组成统一的"电磁场"整体。

麦克斯韦方程组揭示了电场和磁场的对立与统一,决定了由电荷和电流所激发的电磁场的运动规律,成为研究电磁场的重要理论基础。

6)工程应用举例

(1)提问。

请学生举例说明身边的电磁现象、电气设备并用麦克斯韦方程的内容来解释。

(2)马可尼发明电报的过程及原理解析。

(3)知识拓展。

介绍现代电磁场应用的情况,无线互联网、卫星定位、无线通信、微波遥感等信息技术,其传输信息的媒介都是电磁波。

6.3.3 教学效果及反思

本次教学通过例题讲解、案例介绍的方式让学生了解电磁理论发展的历史及应用,感受电磁对称之美。教学过程中融入思政元素,让学生知道在专业知识和理论中蕴含着美学艺术和哲学思想,再结合工程案例分析,让学生将电磁场知识与工程问题联系起来,从历史和工程实例分析中激发学生的创新精神。因此,本次课能让学生在知识、能力和素质方面受到全面的培养和浸润。

对于工程应用部分,个别学生对日常生活中的电磁现象认识不足,缺乏生活经验。应多结合日常接触的电器设备、生活现象等进行分析,引导学生发现问题,让学生都学有所获。如果能找到电磁感应造成电力系统事故的视频让学生看,印象会更深刻。

6.4 磁场力的计算[①]

6.4.1 案例简介与教学目标

本次课为恒定磁场的内容,主要介绍磁场力的计算方法。本部分的教学目标如下。

1. 知识传授层面

(1) 掌握磁场力的计算方法。
(2) 理解影响磁场力大小的因素。
(3) 理解磁场能量与磁场力的关系。

2. 能力培养层面

(1) 培养学生分析问题的能力和思维判断能力。
(2) 培养学生的数值计算能力。
(3) 培养学生将理论知识应用于实际工程的能力。

3. 价值塑造层面

(1) 培养学生树立正确的人生观、价值观。
(2) 提升学生的专业自豪感、爱国情怀和民族自信心。
(3) 培养学生科学、辩证的思维方式和观点。

6.4.2 案例教学设计

1. 教学方法

本部分内容按照磁电对比学习、实例计算、工程案例导入、仿真分析逐层展开、重要概念讲解、实际应用加强认知进行教学设计,并在磁电比拟,温故知新;磁场力的 3 种计算方法;磁场力的工程应用——电磁弹射;磁场力的仿真分析 4 部分融入思政元素。

2. 详细教案

教学内容

1) 磁电比拟,温故知新

介绍电场力的 3 种计算方法。

(1) 库仑定律计算电场力。

$$F = qE$$

(2) 虚位移法计算电场力。
(3) 法拉第观点计算电场力。
(4) 压强与能量密度的关系。

采用磁电比拟,导入磁场力的计算。

> **思政元素融入点**
>
> 通过对电场力的 3 种计算方法的回顾,采用类比法、磁电比拟法,引出对比和演绎的科学分析方法,引导学生建立科学、辩证的思维方式,培养学生推理、举一反三的能力。
>
> **融入方式**
>
> 在学生原有的知识体系上,采用提问的方式,通过类比法,以磁电比拟法,逐步引导学生类比电场力推导出磁场力的表达式及相应的意义。

---

① 完成人:山东大学,仲慧。

思政元素融入点

发现磁电比拟中的物理量对应关系,提升计算能力,引导学生注意学习过程中前后知识的衔接与对比,提醒学生进行思辨学习。

融入方式

启发学生对比安培力与库仑力,分析静电场与磁场对应的特性,认识到在知识学习过程中归纳总结的重要性。

2) 磁场力的3种计算方法

(1) 基于安培力公式的磁场力计算。

电场力与磁场力的计算示例如图 6-4-1 所示。

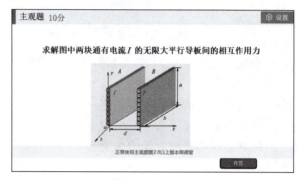

图 6-4-1 求解安培力例题

电场力:电荷之间的相互作用力通过电场传递。

$$\boldsymbol{F}_e = q \frac{1}{4\pi\varepsilon_0} \int_V \frac{\rho \mathrm{d}V}{R^2} \boldsymbol{e}_R = q\boldsymbol{E}$$

磁场力:电流之间的相互作用力通过磁场传递。

$$\boldsymbol{F}_m = \oint_l I \mathrm{d}\boldsymbol{l} \times \frac{\mu_0}{4\pi} \oint_{l'} \frac{I' \mathrm{d}\boldsymbol{l} \times \boldsymbol{e}_R}{R^2} = \oint_l I \mathrm{d}\boldsymbol{l} \times \boldsymbol{B}$$

思政元素融入点

介绍基于虚位移法的磁场力计算时,对比电场力的计算,引导学生建立科学、辩证的思维方式。

以电磁系仪表的工作原理为计算实例,提升学生的专业素养和专业责任感,激发学生的学习热情,提升专业责任感。

融入方式

学生思考影响电磁系仪表精度的因素,分析电磁系仪表计量不准会出现的问题,提升学生的专业素养和专业责任感,打开学生解决实际工程问题的新思路,激发学生的学习热情,同时注意到工程中细节会影响整个环节,提升专业责任感。

(2) 基于虚位移法的磁场力计算。

假设系统中 n 个载流回路分别通有电流 $I_1, I_2, \cdots, I_n$,仿照静电场,当回路仅有一个广义坐标发生位移 $\mathrm{d}g$,该系统中发生的功能计算如下:电源提供的能量=磁场能量的增量+磁场力所做的功,即

$$\mathrm{d}\left(\sum_{k=1}^n I_k \psi_k\right) = \mathrm{d}\left(\frac{1}{2}\sum_{k=1}^n I_k \psi_k\right) + f\mathrm{d}g$$

对于常电流系统:

$$\mathrm{d}W_m \bigg|_{I_k = 常量} = \frac{1}{2}\sum_{k=1}^n I_k \mathrm{d}\psi_k = \frac{1}{2}\mathrm{d}W$$

表明外源提供的能量,一半用于增加磁场能量,另一半提供磁场力做功,广义力的计算如下:

$$f = \frac{\partial W_m}{\partial g}\bigg|_{I_k = 常量}$$

对于常磁链系统:由于各回路磁链保持不变,故各回路没有感应电动势,电源不提供增加的能量,所以只有减少

磁能来提供磁场力做功,故有

$$f\mathrm{d}g + \mathrm{d}W_m \big|_{\psi_k=\text{常量}} = 0$$

$$f = -\frac{\partial W_m}{\partial g}\bigg|_{\psi_k=\text{常量}}$$

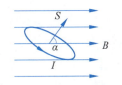

图 6-4-2　电磁系仪表的工作原理

引入电磁系仪表的工作原理,如图 6-4-2 所示,计算磁场力。

(3) 基于法拉第力线观点的磁场力计算。

按照法拉第力线观点,沿磁感应线被视为一根被拉伸的通量管,沿其轴向方向受到纵张力,同时在垂直方向受到侧压力,单位面积上纵张力和侧压力均等于该处的磁场能量密度。应用法拉第力线观点,可以简便算出磁场力和分析回路受力情况。

3) 磁场力的工程应用——电磁弹射

以航空母舰舰载飞机为例介绍电磁弹射原理,如图 6-4-3 所示,引入"中国电磁弹射之父"马伟明院士的事迹。

思政元素融入点

让学生从案例分析中了解电磁力应用的前景,以楷模的事迹,对学生进行价值观塑造,培养学生的爱国情怀,激发学生学习科学的热情,引导学生树立远大的职业理想。

融入方式

以航空母舰舰载飞机的电磁弹射架为例讲解电磁弹射的原理,分析电磁弹射优于蒸汽弹射的原因,引入被誉为"中国电磁弹射之父"马伟明院士的事迹,播放视频《一分钟了解马伟明》,引导学生认识到科技创新的重要性及科技创新对国家安全和国防建设的积极影响,学习航空航天领域的杰出代表事迹,激发学生科技创新热情,认识到个体的努力和探索对国家科技进步可以产生深远的影响,培养学生的民族自豪感和为中华民族伟大复兴的使命感。

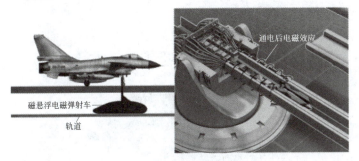

图 6-4-3　电磁弹射的原理

4) 磁场力的仿真分析

(1) 基于解析表达式的仿真分析。

如图 6-4-4 所示,基于解析分析法,进行电磁力计算仿真。

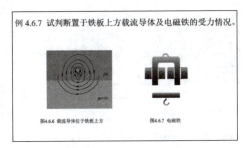

图 6-4-4　磁场力仿真分析例题

思政元素融入点

理论与实践相结合,鼓励学生独立思考,勇于创新的精神。

> **融入方式**
>
> 利用解析表达式和仿真软件，让学生对吊装电磁铁的磁场进行仿真分析和磁场图绘制，从而掌握科学的分析方法。

由法拉第力线观点可知，空气隙中的 B 管有沿轴向收缩的趋势，因而在气隙铁心表面上表现为吸力，如图 6-4-5 所示。

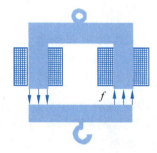

图 6-4-5　电磁铁受力分析图

空气气隙中的磁通与铁心中的磁通相等，但由于铁心磁导率远大于空气磁导率，因此铁心内磁场强度远远小于气隙磁场强度，所以在实际工程分析中忽略铁心的磁场强度。因此，衔铁的起重力仅为气隙中 B 管沿轴向收缩的吸力：

$$f = 2f' \cdot S = 2\frac{B_2^2}{2\mu_0}S = \frac{B^2 S}{\mu_0}$$

（2）磁流体发电机的仿真建模。

磁流体发电机的仿真建模如图 6-4-6 所示。

> **思政元素融入点**
>
> 通过磁流体发电机的特点，提醒学生认识新能源的多种形式，强化环保意识。
>
> **融入方式**
>
> 讲解磁流体发电机的基本原理，让学生利用有限元软件对磁流体发电机建模并进行仿真分析，将电磁力的原理与实际能源转换相结合，从而认识到电磁力在能源领域的潜在应用，同时激发学生勇于创新、敢于挑战，为社会发展做出积极贡献。

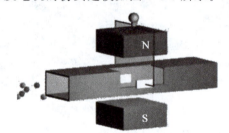

图 6-4-6　磁流体发电机的仿真建模

磁流体发电机的工作原理如图 6-4-7 所示。

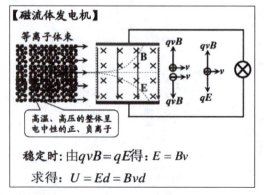

图 6-4-7　磁流体发电机的工作原理

6.4.3 教学效果及反思

本次教学不仅让学生学到电磁力计算的相关知识,而且知道理论知识在实际工程中的应用,培养了学生分析问题的能力和科学的思维方式。在教学过程中引入思政元素,介绍马伟明院士的经历、成就,让学生了解我国行业领军人物的卓越成就,感受马伟明院士的人格魅力,增强学生的民族自豪感和爱国主义热情,引导学生对自己专业方向发展做出规划,树立爱国敬业的社会主义核心价值观。因此,本次课能让学生在知识、能力和素质方面受到全面的培养和浸润。

仿真分析部分,需要寻找更贴近学生课程内容与日常生活的实例进行仿真计算,学生的印象会更为深刻,从而进一步提高学习效果。

6.5 电磁波的极化[①]

6.5.1 案例简介与教学目标

本部分内容处于电磁波传播的后半部分,主要介绍极化的概念、极化的形式、判断极化形式、极化的应用等。本部分的教学目标如下。

1. 知识传授层面
(1) 理解和熟知极化的概念和极化的形式。
(2) 通过电场瞬时值形式判断线极化、圆极化,从而进一步理解极化的概念。
(3) 利用电场的复数形式判断线极化、圆极化和椭圆极化。
(4) 了解线极化、圆极化和椭圆极化在工程中的作用。

2. 能力培养层面
(1) 从理解极化的概念出发,层层递进,培养学生分析问题的能力。
(2) 能够判断极化的形式,培养学生的计算和逻辑能力。
(3) 学习极化在工程中的应用,培养学生理论联系实际的能力。

3. 价值塑造层面
(1) 培养学生的科学素养和创新能力。
(2) 提升学生爱岗敬业、科技报国的责任感和使命感。

6.5.2 案例教学设计

1. 教学方法

本部分教学过程包括课堂引入、极化概念的讲解、理论公式推导等;针对极化的概念、极化形式的判断、极化的工程应用,进行课堂教学设计;在课堂引入、极化的概念和形式、利用电场强度瞬时值和复数形式判断极化、极化的工程应用 4 部分融入思政元素。

---

① 完成人:烟台大学,胡学宁、贺鹏飞。

> **思政元素融入点**
>
> 课堂引入：飞船、通信卫星的信号特点是什么？其重要的一个特点是本节提到的极化特性。
>
> **融入方式**
>
> 结合我国航天技术发展的成就，激发学生爱国情怀。
>
> 这部分内容会与后面"4）极化的工程应用"呼应讲解。

2．详细教案

教学内容

1）课堂引入

飞船等飞行器（如图 6-5-1）与地面通信，通信卫星的信号有什么特性？

图 6-5-1　飞行器

在雷达目标探测（如图 6-5-2）技术中，如何实现目标的识别？这些应用与极化有什么关系？

图 6-5-2　雷达

2）极化的概念和形式

（1）极化的概念。

极化：在电磁波传播空间给定点处，电场强度矢量的端点随时间变化的轨迹。

波的极化表示在空间给定点上电场强度矢量的取向随时间变化的特性，是电磁理论中的一个重要概念。

（2）极化的 3 种形式。

线极化：电场强度矢量 E 的端点轨迹为一直线段（如

> **思政元素融入点**
>
> 结合极化的合成与分解，通过"分析与综合"的科学方法及事物的多样性分析培养学生的科学思维；通过线极化、圆极化、椭圆极化等动画演示，结合抽象思维和形象思维，培养学生认识和把握事物规律的思想意识。

图 6-5-3)。

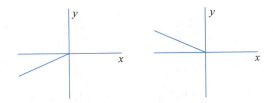

图 6-5-3 线极化

圆极化:电场强度矢量 **E** 的端点轨迹为一个圆(如图 6-5-4)。

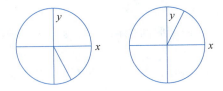

图 6-5-4 圆极化

椭圆极化:电场强度矢量 **E** 的端点轨迹为一个椭圆(如图 6-5-5)。

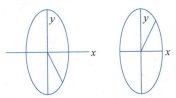

图 6-5-5 椭圆极化

> **融入方式**
> 电磁波的极化形式分为线极化、圆极化、椭圆极化,任一形式都可以合成和分解,在一定的条件下还可以相互转化,这蕴含着"分析与综合"的科学分析和科学思维方法;其中左旋极化和右旋极化可以合成新的极化,反映了事物的多样性和矛盾的二重性。通过仿真和动画,可直观展示线极化、圆极化、椭圆极化等形式,这是结合抽象思维和形象思维把握事物本质的过程。

3) 利用电场强度瞬时值和复数形式判断极化

(1) 利用电场瞬时值揭示极化形式的物理意义。

平面电磁波的电场为

$$\boldsymbol{E} = \boldsymbol{e}_x E_x + \boldsymbol{e}_y E_y$$
$$E_x = E_{xm} \cos(\omega t - kz + \phi_x)$$
$$E_y = E_{ym} \cos(\omega t - kz + \phi_y)$$

设传播方向为 z 轴正向,由纸面内部垂直指向外部,其电场分解示意图如图 6-5-6 所示。

> **思政元素融入点**
> 利用瞬时值和复数形式,在不同角度深入理解极化的概念和形式;通过分析讲解如何判断极化,培养学生分析问题的能力、计算思维、逻辑能力和科学素养。
>
> **融入方式**
> 利用电场瞬时值,推导合成电场随时间的变化规律,层层递进,深入理解极化的概念和形式,培养学生分析问题的能力。

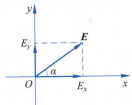

图 6-5-6 电场强度矢量分解

① 线极化。

条件：$\phi_x - \phi_y = 0$ 或 $\pm \pi$。

合成波电场的模（$z=0, \phi_x = \phi_y$）$E = \sqrt{E_{xm}^2(0,t) + E_{ym}^2(0,t)} \cos(\omega t + \phi_x)$。

合成波电场与 $+x$ 轴的夹角 $\alpha = \arctan\left(\dfrac{E_y}{E_x}\right) = \arctan\left(\dfrac{E_{ym}}{E_{xm}}\right)$。

特点：合成波电场的大小随时间变化但矢端轨迹与 x 轴的夹角始终保持不变。

结论：任何两个同频率、同传播方向且极化方向互相垂直的线极化波，当它们的相位相同或相差为 $\pm \pi$ 时，其合成波为线极化波。

② 圆极化。

条件：$E_{xm} = E_{ym} = E_m$，$\phi_x - \phi_y = \pm \pi/2$。

特点：合成波电场的大小不随时间改变，但方向随时间变化，电场的矢端在一个圆上以角速度 ω 旋转。

结论：任何两个同频率、同传播方向且极化方向互相垂直的线极化波，当它们的振幅相同、相位差为 $\pm \pi/2$ 时，其合成波为圆极化波。

a. 右旋圆极化波：若 $\phi_x - \phi_y = \pi/2$，电场矢端的旋转方向与电磁波传播方向成右手螺旋关系，称为右旋圆极化波（如图 6-5-7）。

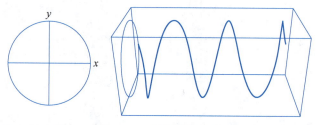

图 6-5-7　右旋圆极化波

b. 左旋圆极化波：若 $\phi_x - \phi_y = -\pi/2$，电场矢端的旋转方向与电磁波传播方向成左手螺旋关系，称为左旋圆极化波（如图 6-5-8）。

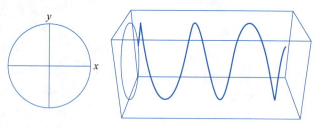

图 6-5-8　左旋圆极化波

③ 椭圆极化。

条件：$\phi_x - \phi_y = \phi$。

特点：合成波电场的大小和方向都随时间改变，其端点在一个椭圆上旋转。

a. 右旋椭圆极化波：电磁波传播方向为 e_z，若 E_x 分量的相位超前于 E_y 分量，即由 e_x 旋向 e_y，则 $(e_x \times e_y) \cdot e_z > 0$。

b. 左旋椭圆极化波：$(e_x \times e_y) \cdot e_z < 0$。

* 直线极化和圆极化是椭圆极化的特例。

(2) 利用电场强度复数形式判断极化。

判断沿任意方向传播的平面波的极化（前面讲的都可以用这个方法判断）。

平面波电场为

$$E = E_m e^{-jk \cdot r} = (e_x E_{xm} + e_y E_{ym} + e_z E_{zm}) e^{-j(k_x x + k_y y + k_z z)}$$

令 $E = E_m e^{-jk \cdot r} = (e_R E_{mR} + e_I j E_{mI}) e^{-jk \cdot r}$

① 线极化。
- $E_{mI} = 0$ 或 $E_{mR} = 0$。
- $E_{mI} \neq 0$ 和 $E_{mR} \neq 0$，但 e_R 与 e_I 同向或反向。

② 圆极化。

若 $E_{mR} = E_{mI}$ 且 $e_R \cdot e_I = 0$，则为圆极化波（其他情况为椭圆极化）。

右旋：E_{mI} 相位超前 E_{mR}，$(e_I \times e_R) \cdot e_k > 0$。

左旋：$(e_I \times e_R) \cdot e_k < 0$，满足左手螺旋。

4）极化的工程应用

(1) 神舟十四号、神舟十五号乘组太空会师。

神舟十四号、神舟十五号乘组太空直播授课如图 6-5-9、图 6-5-10 所示。

> **融入方式**
> 利用电场强度复数形式判断极化形式，简化计算的过程，理解并对标(1)中的方法，培养学生计算思维、逻辑能力和科学素养。

> **思政元素融入点**
> 介绍极化的工程应用，分析神舟飞船和雷达的通信问题，强调如何应用电磁波的极化特性进行通信。
>
> **融入方式**
> 与"课堂引入"呼应，讲述神舟十四号和十五号飞船会师、太空直播授课、雷达装备系统，引导学生将本节课所学的极化知识与最新的工程应用相结合，培养学生的创新能力和科学素养；提升学生爱岗敬业、科技报国的决心、甘于奉献的爱国情怀。

图 6-5-9　太空直播授课(1)

(2) 通信卫星转发电视信号由圆极化波载送。

通信卫星转发电视信号在建筑物墙壁上的反射波是反旋向的，采用圆极化波，这些反射波便不会由接收原旋向波的电视天线所接收，从而可避免城市建筑物的多次散射引起的电视图像的重影效应（通过大气电离层，线极化波角度会偏转）。

图 6-5-10　太空直播授课（2）

(3) 在雨雾天气里，雷达采用圆极化波工作，具有抑制雨雾干扰的能力。

因为水滴近似呈球形，对圆极化波的反射是反旋的，不会被雷达天线接收；而雷达目标（如飞机、船舰、坦克等）一般是非简单对称体，其反射波是椭圆极化波，必有同旋向的圆极化成分，因而仍能收到。

6.5.3　教学效果及反思

通过本次教学，学生不仅学到极化的相关知识，而且能用所学知识分析实际工程中极化的形式，学生分析问题的能力、创新能力和科学素养得到进一步提升。在教学过程中将课程思政元素紧密与课程内容相结合，通过分析我国航天飞机和雷达装备系统中的先进通信技术，激发学生科教报国的责任感和使命感，学生在学习的过程中自然而然地接受了素质教育和思政教育，从而实现了润物无声的课程思政教育，充分体现了教育部印发的《高等学校课程思政建设指导纲要》中关于工科类课程思政的要求。

在工程应用案例分析过程中，如果能通过丰富的图像或视频，形象地展示极化的特性，教学效果会更好，这是今后努力改进的方向。

6.6　有耗媒质中电磁波的传播[①]

6.6.1　案例简介与教学目标

本部分内容处于整门课程的后半部分，位于理想介质中均匀平面波的介绍之后，对电磁波传播特性的进一步扩充完善。本部分主要介绍电磁波在有耗媒质中传输时表现出的衰减、色散和不同步等现象、特性和典型问题。本部分的教学目标如下：

1. 知识传授层面

(1) 了解衰减和色散的概念。

(2) 掌握有耗媒质中电磁波传播的衰减特性；掌握衰减常数、趋肤深度等参数的定义及其物理意义；掌握频率和有耗媒质的电导率对衰减的影响。

---

① 完成人：北京邮电大学，沈远茂、张洪欣。

(3) 掌握有耗媒质中电磁波的频率对相速度的影响,掌握色散的定义。
(4) 掌握有耗媒质电导率对波阻抗的影响,掌握复数波阻抗的物理意义。
(5) 了解有耗媒质中电磁波的衰减、色散和不同步等在实际工程应用中的利弊。

2. 能力培养层面
(1) 培养学生善于观察、发现问题的能力。
(2) 培养学生利用数学公式,分析物理现象,理解物理规律的能力。
(3) 培养学生学以致用,理论联系实际的能力。

3. 价值塑造层面
(1) 培养学生科学、严谨、辩证的思维。
(2) 培养学生团结协作的精神,强调我党在社会主义建设中的领导作用。
(3) 提升学生的国家民族自豪感,增强学生的时代担当和使命感,引导学生热爱祖国,树立科研报国的志向。

6.6.2 案例教学设计

1. 教学方法

本部分内容按照问题导入、方程求解与衰减特性、相速度与色散、复数波阻抗、工程应用的环节进行教学设计,并在问题导入、方程求解与衰减特性、相速度与色散、复数波阻抗和工程应用 5 部分融入了思政元素。

2. 详细教案

教学内容

1) 问题导入

(1) 通过航空母舰、潜艇等应用,引出"海水对无线通信中的电波传播会带来什么影响?"的问题。

(2) 帮助学生对问题展开分析,剖析发现"海水电导率不等于零"的关键点,从本构方程发生变化、材料和电磁场相互作用的角度,导入课程的研究对象——有耗媒质中的电磁波。

2) 方程求解与衰减特性

(1) 回顾理想介质中波的典型分析过程,强调理想介质中波的无衰减、非色散和同步特性。

电场波动方程:
$$\nabla^2 \boldsymbol{E} + \omega^2 \mu\varepsilon \boldsymbol{E} = 0$$

相速度:
$$v_p = \frac{1}{\sqrt{\mu\varepsilon}}$$

思政元素融入点

海水是典型的有耗媒质,因此在介绍有耗媒质中电磁波传输特性的时候,可以将电磁波在海洋中的相关应用作为思政要素的融入点。

融入方式

陆上、海上和太空无线通信有哪些区别?比如,基站的架设、通信介质等。进一步引入海事应用场景,在介绍电磁波的海洋应用时,适时融入我国在航空母舰、潜艇等大国重器方面的进展,激发学生的学习兴趣,提升学生的民族自豪感。

思政元素融入点

求解方程过程中会回顾"理想介质中波的传播特性",因此可以利用"类比法"将两种场景下问题分析的类比作为思政要素的融入点,培养学生的科学思维能力。

融入方式

带领学生分析、思考两种场景下方程的主要区别，得出"方程形式不变，系数有所不同；通解形式不变，参数有所不同"的结论。

上述内容不仅能让学生体会到类比分析的实际效果，也能培养学生在问题分析中灵活使用类比方法解决问题的科学思维方式。进一步介绍类比法、归纳法、演绎法等各自的特点，培养学生的科学思维能力。

思政元素融入点

色散会导致接收信号畸变，如果将色散现象中不同频率的波联想成为一群各行其是、无法协作、缺乏引导的"乌合之众"，就能以此将"集中力量办大事"为思政的融入点，突出团结协作的重要性，强调我党在社会主义建设中的领导作用。

融入方式

根据色散的定义，不同频率的波的相速度不同。此时，不同频率的信号，也就无法保证同时到达接收端，从而导致接收信号的畸变。这就好像一个混乱的社会，充斥着各行其是、无法协作、缺乏引导的"乌合之众"。不论这个社会表面上多么强大光鲜，终究无法成就大事。

对比而言，拔河中"大家按节奏，保证同时发力"的比赛技巧则告诉我们，团结协作非常重要，凸显"集中力量办大事"，我党的引领在对我国发展的历史、当下和未来至关重要。

思政元素融入点

对比理想介质和损耗介质的波阻抗不同、电场和磁场的相位差不同等，结合"求异思维"进行课程思政，从不同的条件下了解和认识电磁波的性质。

融入方式

理想介质和损耗介质的波阻抗、电场和磁场的相位差等表达式不同，为什么会产生这样的差异？结合"求异思维"进行课程思政，在不同的条件下了解和认识电磁波的性质。

波阻抗：
$$\eta = \sqrt{\frac{\mu}{\varepsilon}}$$

（2）明确有耗媒质给波动方程带来的变化，引入等效复介电常数，求解方程，获得通解。

波动方程：
$$\nabla^2 \boldsymbol{E} + (\omega^2 \mu\varepsilon - j\omega\mu\sigma)\boldsymbol{E} = \nabla^2 \boldsymbol{E} + \omega^2 \mu \varepsilon^e \boldsymbol{E} = 0$$

波动方程的解：
$$\boldsymbol{E} = \boldsymbol{e}_x E_0 e^{-\alpha z} e^{-j\beta z} \text{ 或 } \boldsymbol{e}_x E_0 e^{-\alpha z} \cos(\omega t - \beta z)$$

其中，α 为衰减常数，β 为相位常数。

（3）解读通解各部分的物理含义，强调衰减特性，理解衰减常数的定义、物理意义和影响因素。

$$\alpha = \omega \sqrt{\frac{\mu\varepsilon}{2}\left(\sqrt{1 + \frac{\sigma^2}{\omega^2 \varepsilon^2}} - 1\right)}$$

（4）介绍趋肤效应，理解趋肤深度（δ_c）的定义、物理意义和影响因素。
$$\delta_c = 1/\alpha$$

3）相速度与色散

（1）根据相速度的定义，写出有耗媒质中波的相速度表达式。

$$v_p = \omega/\beta = 1 \bigg/ \sqrt{\frac{\mu\varepsilon}{2}\left(\sqrt{1 + \frac{\sigma^2}{\omega^2 \varepsilon^2}} + 1\right)}$$

（2）分析频率对相速度的影响，掌握色散的定义。

4）复数波阻抗

（1）损耗媒质中波阻抗的表达式。

$$\eta = \frac{\dot{E}}{\dot{H}} = \frac{j\omega\mu}{\gamma} = \sqrt{\frac{\mu}{\varepsilon\left(1 - j\frac{\sigma}{\omega\varepsilon}\right)}}$$

（2）复数波阻抗表明，电场和磁场并不相同，电场会超强磁场一个角度 ϕ。

$$\phi = \frac{1}{2}\arctan\left(\frac{\sigma}{\omega\varepsilon}\right)$$

5）工程应用

呼应问题导入，结合潜艇使用的极低频通信，展示相关工程应用，如表 6-6-1 所示。

表 6-6-1　不同通信方式

通信方式	通信距离	通信速率	作战应用	备注
战略通道	4000～8000km	极慢，VLF：50～200b/s；ELF：0.0167b/s	单向通信，仅接收	VLF 广泛普及，ELF 仅美、俄应用
声纳通信	极近，小于 200nmile	水声通信速率和距离乘积 40km·kb/s	潜对潜、舰	易暴露，使用有严格限制
浮标通信	水下：受限于光纤长度/声纳通信距离；水面：极远	最大 128kb/s，试验值约 32kb/s	潜对舰、空、天、岸	系留浮标易暴露，非系留隐身性较好
网络通信	受限于网络节点数量，节点距离大于 20km	网络间速率最大 15.36kb/s	潜对潜、舰、空、天、岸	在研，兼顾隐身和通信距离

> **思政元素融入点**
>
> 海水对电磁波的衰减会造成潜艇通信困难，结合选择有利的频段进行海水通信，培养学生的工程思维能力。以我国在航空母舰、舰艇等方面的成就作为思政融入点，激励学生求学报国。
>
> **融入方式**
>
> 深潜大洋的潜艇，其无线电通信非常困难，为此可以基于衰减的特性，利用极低频来完成通信。结合如何选择频段，利用电磁波在有耗介质中进行更长距离的通信等培养学生的工程思维能力。介绍我国海军建设、改革重塑、奋斗强军，以及海军舰艇、辽宁舰、山东舰、福建舰等方面取得的成就，响应时代使命，勇于担当，引导学生树立科研报国的志向。

6.6.3　教学效果及反思

本次教学不仅让学生学习到有耗媒质中波的传播特性的相关知识，而且还了解了理论知识在实际工程中的应用，培养了学生分析问题的能力和科学的思维方式。另外，在教学过程的各环节适时融入思政元素，让学生知道在专业知识和科学理论中蕴含着价值观和方法论。因此，本次课能让学生在知识、能力和素质方面得到全面的培养和提升。

当然，在工程拓展方面，如果能找到更多、更丰富的资源（案例、视频），在复数波阻抗方面，如果能设计出相应的思政融入点，学生学习的效果应该会更好。

6.7　电磁辐射[①]

6.7.1　案例简介与教学目标

本部分是时变电磁场的工程应用部分内容，主要介绍电磁辐射的概念和天线的基本工作原理，本部分的教学目标如下。

1. 知识传授层面

（1）了解电磁辐射的概念。

---

① 完成人：山东大学，仲慧。

(2) 了解近区与远区的时变电磁场分布特点。
(3) 掌握基本天线-单元偶极子的工作原理与特性。

2. 能力培养层面
(1) 培养学生分析问题的能力和思维判断能力。
(2) 培养学生数值计算的能力。
(3) 培养学生将理论知识应用于实际工程的能力。

3. 价值塑造层面
(1) 培养学生的科研创新精神。
(2) 提升学生的爱国情怀和民族自信心,树立正确的人生观、价值观。
(3) 培养学生的大局观和环保意识。

6.7.2 案例教学设计

1. 教学方法
本部分内容按照概念分析、实例引入、楷模人物事迹介绍、实际应用加强认知进行教学设计,并在温故知新、辐射、单元偶极子天线、天线的应用——天眼工程、单元偶极子天线的特性和辐射方向线的工程应用 6 部分融入思政元素。

思政元素融入点

通过对知识的回顾,对本节课内容的理论依据进行了巩固,进行了知识之间的衔接,有助于学生对电场磁场和能量之间的关系进行理解,让学生进行思辨学习,意识到知识间的联系,激发学生的学习兴趣。

融入方式

在学生原有的知识体系上,利用提问的方式,逐步引导学生对电场、磁场、能量之间的关系进行更加深刻的理解和认识,并在此过程中注意知识的衔接,让学生对电磁场的知识有更系统性的理解,培养学生对学科体系的整体认识。

2. 详细教案
教学内容
1) 温故知新
(1) 内容复习与检测。
复习平行平面波中电场磁场和能量传播方向的关系,测试对时变电磁场位函数表达式的理解。

时间上推迟 r/v 秒:

$$A = \frac{\mu}{4\pi}\int_{V'} \frac{J(r')\cos\omega\left(t-\frac{r}{v}\right)}{r} dV'$$

$$\varphi = \frac{1}{4\pi\varepsilon}\int_{V'} \frac{\rho(r')\cos\omega\left(t-\frac{r}{v}\right)}{r} dV'$$

相位上滞后 $(\omega r/v) = \beta r$ 弧度:

$$\dot{A} = \frac{\mu}{4\pi}\int_{V'} \frac{\dot{J}(r')e^{-j\beta r}}{r} dV'$$

$$\dot{\varphi} = \frac{1}{4\pi\varepsilon}\int_{V'} \frac{\dot{\rho}(r')e^{-j\beta r}}{r} dV'$$

(2) 检查学生对近区电磁场特点的预习。
如图 6-7-1 所示,测试学生对电磁辐射近区电磁场特点的掌握情况。

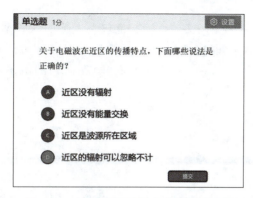

图 6-7-1　电磁辐射近区电磁场检测题目

2）辐射

（1）从黑洞的发现引入辐射定义。

为什么黑洞没有电磁辐射？电磁波从波源出发，以有限速度 v 在媒质中向四面八方传播，一部分电磁波能量脱离波源，单独在空间波动，不再返回波源，这种现象被称为辐射。

（2）对辐射的认知。

列举电磁波波谱（图 6-7-2），对比日常所说的辐射和电磁场理论辐射定义的差异性，讨论分析日常医疗检测设备的辐射强度。

> **思政元素融入点**
>
> 在讲解黑洞的时候，以黑洞照片的版权问题引申说明学习过程中使用资料的诚信问题。
>
> 对比日常所说的辐射和电磁场理论辐射定义的差异性，让学生科学严谨分析问题，以专业知识来解决专业问题。引导学生思考电磁辐射对人类社会的重要作用，举例介绍电磁辐射技术在医疗、通信等领域的应用，培养学生的社会意识和社会责任感，激发学习兴趣。
>
> **融入方式**
>
> 通过引入定义、举例说明、列举参数、讨论分析的模式让学生理解辐射的概念，区分日常用语中的辐射与电磁场理论辐射定义的差异性，引入黑洞的发现和电磁波波谱，涵盖医疗诊断到通信技术等实际案例的学习，拓展学生的科学视野，引导学生将所学知识应用在实际场景，为今后的学习和生活奠定理论基础。

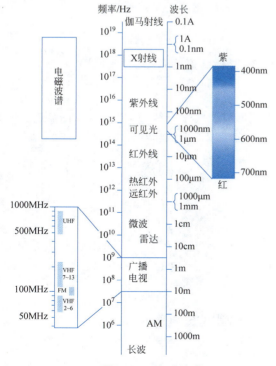

图 6-7-2　电磁波谱

电磁波谱既包含自然产生的电磁场来源,也包含人造的。频率和波长反映电磁场的特性。X射线、伽马射线一类的电离性辐射包含能量足以破坏分子间化学键的光子。工频(各种电力设备、电源、电器的频率,主要是极低频)和射频的电磁波的光子的能量则低得多,没有电离性作用。

> **思政元素融入点**
>
> 通过天线形成过程,了解模型抽象化处理和过程,学习对工程问题的抽象分析方法。
>
> 通过数学推导和分析,培养学生的计算思维和严谨的工作态度。
>
> **融入方式**
>
> 以动画演示的形式展示单元偶极子天线的形成过程以及偶极子天线的辐射,推导电偶极子的电磁场表达式,培养学生的数学计算能力,并将数值计算与理论知识结合应用在实际工程案例中,培养学生的创新精神和实践能力。

3) 单元偶极子天线

(1) 总结辐射概念,引入天线。

辐射过程是能量的传播过程;希望在给定的方向产生指定的场→辐射。

研究辐射的方向性和能量传播→辐射电磁场的特性。

辐射的波源包括天线、天线阵,其中八木天线如图 6-7-3 所示。

发射天线和接收天线是互易的,天线的几何形状、尺寸是多样的。

图 6-7-3 八木天线

(2) 偶极子天线的形成过程。

从 LC 电路的振荡频率 $f = \dfrac{1}{2\pi}\dfrac{1}{\sqrt{LC}}$ 可知,要提高振荡频率、开放电路,就必须降低电路中的电容值和电感值。

以平行板电容器和长直载流螺线管为例形成偶极子天线,形成过程如图 6-7-4 所示,单元偶极子天线如图 6-7-5 所示。

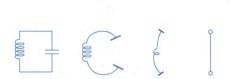

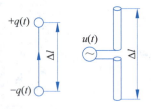

图 6-7-4 偶极子天线的形成过程　　图 6-7-5 单元偶极子天线

(3) 偶极子天线的辐射。

电偶极子 $p = qd$ 以简谐方式振荡时向外辐射电磁波(图 6-7-6)。

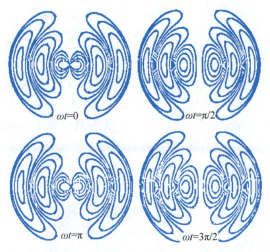

图 6-7-6　一个电偶极子在不同时刻的 E 线分布

4）天线的应用——天眼工程

简单介绍天眼工程 FAST 装置（图 6-7-7）和"天眼之父"南仁东先生（图 6-7-8）的事迹，播放相关视频。

> **思政元素融入点**
>
> 从案例分析中让学生了解天线的作用，天眼工程对国家的重要意义，培养学生的爱国主义情怀和民族自豪感，通过感受榜样的力量，塑造学生爱国敬业的社会主义核心价值观。
>
> **融入方式**
>
> 通过视频等资料，学生了解天眼工程的多重用途，包括民事、科技与军事用途，感受南仁东等国家榜样的力量，引导学生认识科技事业发展对我国的重要性，培养学生的社会责任感和家国情怀，让学生能够在未来的学习和工作中积极投身国家建设。

图 6-7-7　"天眼"图片

图 6-7-8　榜样的力量——南仁东

思政元素融入点

通过对动态位函数的分析和参数变化的处理,推导近区和远区的电磁场物理量表达式及其关系,培养学生对问题进行合理化简的能力,培养学生在物理学领域运用工程思维解决实际问题的能力。

融入方式

根据动态位函数的表达式,对距离尺度引起的参数变化,进行部分量值的忽略,逐步引导学生从公式推导中认识到理论知识和实际问题的紧密联系,以及在解决工程问题中忽略某些影响因素的必要性,鼓励学生提问和讨论,对所学知识进行系统性思考,从理论上对电磁学有较为完整的认识,培养其辩证思维能力。

思政元素融入点

从数学表达式看物理特性,让学生了解数学公式的简化带来的物理的意义变化,在工程中妥善应用参数简化,能够把数学知识和物理知识、电气知识进行融合,理解学科交叉融合的意义。

融入方式

从公式推导和动画演示说明辐射的方向性,进一步指导学生对四维空间场建立概念,掌握数学与物理的关系,理解学科交叉融合的意义。

5)单元偶极子天线的特性

(1)电偶极子的电磁场表达式。

设 $i(t)=I_m\cos(\omega t+\psi)$,复数形式为 $\dot{I}=Ie^{j\psi}$。

对单元偶极子天线的电磁场做如下假设:天线几何尺寸远小于电磁波波长,即 $\Delta l \ll \lambda$;

天线上不计延迟效应;场点远离天线 $r \gg \Delta l$;则远离天线 P 点的动态位为

$$\dot{\boldsymbol{A}}(r)=\frac{\mu_0}{4\pi}\int_{\Delta l}\frac{\dot{I}e^{-j\beta r}}{r}\mathrm{d}\boldsymbol{l}'=\frac{\mu_0\dot{I}\Delta l}{4\pi r}e^{-j\beta r}\cdot\boldsymbol{e}_z$$

(2)单元偶极子天线的特性。

① 近区场的特性。

在 $\beta r \ll \Delta l$,即 $r \ll \lambda$ 的区域:

$$\dot{H}_r=\dot{H}_\theta=\dot{E}_\alpha=0$$

$$\dot{H}_\alpha=\frac{\dot{I}\Delta l\beta^2\sin\theta}{4\pi}\left[\frac{1}{(\beta r)^2}+\frac{j}{\beta r}\right]e^{-j\beta r}$$

$$\dot{E}_r=\frac{\dot{I}\Delta l\beta^3\cos\theta}{j2\pi\omega\varepsilon_0}\left[\frac{1}{(\beta r)^3}+\frac{j}{(\beta r)^2}\right]e^{-j\beta r}$$

$$\dot{E}_\theta=\frac{\dot{I}\Delta l\beta^3\sin\theta}{j4\pi\omega\varepsilon_0}\left[\frac{1}{(\beta r)^3}+\frac{j}{(\beta r)^2}-\frac{1}{\beta r}\right]e^{-j\beta r}$$

电偶极子近区电磁场分布如图 6-7-9 所示。

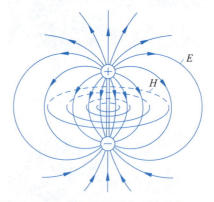

图 6-7-9 电偶极子近区电磁场分布

② 远区场的特性。

满足条件 $\beta r \gg 1$,或 $r>\lambda$ 的区域:

$$\dot{H}_r=\dot{H}_\theta=\dot{E}_\alpha=\dot{E}_r=0$$

$$\dot{H}_\alpha = j\frac{\dot{I}\Delta l \beta}{4\pi r}\sin\theta e^{-j\beta r}$$

$$\dot{E}_\theta = j\frac{\dot{I}\Delta l \beta^2}{4\pi\omega\varepsilon_0 r}\sin\theta e^{-j\beta r}$$

③ 辐射的方向性。

辐射的方向性用两个相互垂直的主平面上的方向图(图 6-7-10)表示,即 E 平面(电场所在平面)和 H 平面(磁场所在平面)。E 平面与 H 平面的方向性函数分别为

$$f_E(\theta) = \frac{E_\theta(\theta)}{E_\theta(\theta)_{\max}} = \sin\theta$$

$$f_H(\alpha) = \frac{H_\alpha(\alpha)}{H_\alpha(\alpha)_{\max}} = 1$$

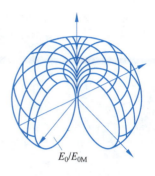

图 6-7-10 立体方向图

6) 辐射方向性的工程应用

(1) 以微波接力通信和同步卫星通信说明方向性对电磁波传播的影响。

视距与天线高度的关系(图 6-7-11)为

$$d = \sqrt{(h_1+R)^2 - R^2} + \sqrt{(h_2+R)^2 - R^2}$$
$$= \sqrt{2Rh_1} + \sqrt{2Rh_2}$$

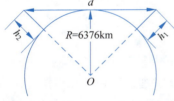

图 6-7-11 视距与天线高度的关系

> **思政元素融入点**
>
> 理解辐射的方向性,通过对方向性特性的理解,了解任何事物都有两面性,建立辩证的科学观。
>
> **融入方式**
>
> 通过微波接力通信和同步卫星通信说明方向性对电磁波传播的影响及其利与弊。

全球微波接力通信示意图如图 6-7-12 所示。

图 6-7-12 全球微波接力通信示意图

同步轨道通信卫星如图 6-7-13 所示,同步卫星全球通信示意图如图 6-7-14 所示。

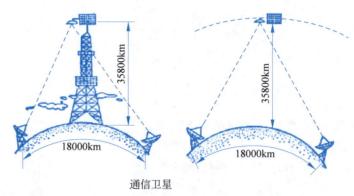

图 6-7-13 同步轨道通信卫星

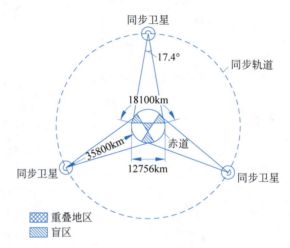

图 6-7-14 同步卫星全球通信示意图

思政元素融入点

列举龙伯透镜天线在通信、军事等重要领域中的应用,让学生意识到先进的科学技术在国家安全中的重要性,培养学生的社会责任感和民族使命感,激发学生的科研热情,树立科技发展与社会责任相统一的思想观念。

融入方式

介绍龙伯透镜天线如何克服天线辐射方向问题及其在通信、军事等重要领域中的应用,让学生意识到先进的科学技术在国家安全中的重要性,

(2) 龙伯透镜天线的原理及其应用。

龙伯透镜天线(图 6-7-15)在军事上的应用:美国舰艇 SPG-59 雷达装配的就是龙伯透镜天线。我国龙伯透镜天线应用如图 6-7-16 所示。

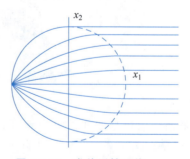

图 6-7-15 龙伯透镜天线

图 6-7-16　我国龙伯透镜天线

> 培养学生的社会责任感和民族使命感，激发学生的科研热情，树立科技发展与社会责任相统一的思想观念。

6.7.3　教学效果及反思

本次教学不仅让学生学到电磁辐射的相关知识，而且知道理论知识在实际工程中的应用，培养学生分析问题的能力和科学的思维方式。通过在教学过程中引入思政元素，关注国家重点建设工程和科技发展前沿技术，结合楷模人物事迹，增强学生的民族自豪感和爱国情怀，强化学以致用、建设祖国的思想，通过案例分析，讨论实际工程与理论应用的差异，了解实践与理论的关系，学生知道在专业知识和理论中蕴含着哲学思想、辩证法和方法论。因此，本次课能让学生在知识、能力和素质方面受到全面的培养和浸润。

对于学以致用部分，如果能找到具体案例让学生课下进行仿真计算，印象会深刻，学习效果会更为突出。

6.8　位移电流[①]

6.8.1　案例简介与教学目标

本部分内容处于整门课程的后半部分，是学习时变电磁场的重要起点。本节主要介绍位移电流的概念、公式推导、全电流定律的物理意义及位移电流所蕴含的科学思维。本部分的教学目标如下：

1. **知识传授层面**

（1）能够描述位移电流的概念及其意义。

（2）能够推导位移电流方程和全电流定律方程。

（3）能够以实例针对位移电流说明理论和工程实践之间的关系。

2. **能力培养层面**

（1）培养学生分析问题的能力和思维判断能力。

---

① 完成人：同济大学，张文豪、胡波、汪洁、金立军。

(2) 培养学生针对问题进行建模和求解的能力。
(3) 培养学生将理论知识应用于实际工程的能力。

3. 价值塑造层面
(1) 培养学生科学、辩证的思维方式和观点。
(2) 实现科学精神和工程能力的统一。
(3) 实现人文情怀与专业素养共同塑造。

6.8.2 案例教学设计

1. 教学方法

本部分内容采用历史分析、理论演绎、系统分析、模型建构、案例教学等方法进行教学设计,持续加深对位移电流这一知识点的认识,在问题引入、位移电流、工程应用和课外拓展阅读 4 部分融入思政元素。

把数学建模、物理特性、哲学思维、工程问题以及科学史有机融入课程教学中,将创新思维与工程能力相结合,融入人文情怀与专业素养,实现价值观引领,使课程内容变得更鲜活、更有感染力。

思政元素融入点

立足科学思辨的思维方式进行课程思政。从辩证法角度验证科学理论的严谨性。

对电磁理论在不同场合的适应性进行分析,探讨真理的相对性。

融入方式

从哲学的对立统一规律和电磁理论的对称性问题角度提出变化的电场是否产生磁场。

带领学生一起分析、思考,对物理问题建立数学模型并进行推导,从结论的矛盾性发现安培环路定律的不完备性,适用于稳恒场,在非稳恒场中不适用。启发学生探讨真理的相对性。

利用图解法,同样可以得到一致的结论。

思政元素融入点

(1) 立足矛盾的普遍性与特殊性进行课程思政。从稳恒场和时变场之间的关系,以及相关数学定理应用的适应性出发,探讨矛盾的普遍性与特殊性。

2. 详细教案

教学内容

1) 问题引入

电磁感应定律的微分形式如下:

$$\nabla \times \boldsymbol{E} = -\frac{\partial \boldsymbol{B}}{\partial t}$$

其表示时变磁场可以产生感应电场。

提出问题:时变电场是否可以产生磁场?

根据安培环路定律

$$\oint_l \boldsymbol{H} \cdot \mathrm{d}\boldsymbol{l} = I = \int_S \boldsymbol{J} \cdot \mathrm{d}\boldsymbol{S}$$

得到微分形式:$\nabla \times \boldsymbol{H} = \boldsymbol{J}$。

由矢量恒等式 $\nabla \cdot (\nabla \times \boldsymbol{H}) = 0$ 得到 $\nabla \cdot \boldsymbol{J} = 0$。

电荷守恒定律 $\nabla \cdot \boldsymbol{J} = -\partial \rho / \partial t$。

若 $\partial \rho / \partial t \neq 0$,则出现两个结论不一致的情况。

2) 位移电流

对于恒定磁场,I_C 是传导电流,安培环路定律成立。取包围电流的闭合曲线,以环路为边界作曲面 S_1 和 S_2(图 6-8-1),根据斯托克斯定理,恒定电流条件下磁场强度的环路积分与闭合回路的边界面 S 无关。而 S_2 右端包围极板时,右端为 0,

与理论分析出现了矛盾。

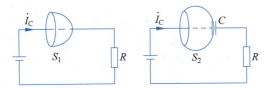

图 6-8-1　斯托克斯定理示意图

根据斯托克斯定理,闭合曲线转化为曲面积分后,结果应该一致,但电容器中不存在传导电流。

原因分析:通过对包含电容器的连续电路的电流分析可知,恒定磁场的环路积分在此处不适用。包含电容器的电路在极板放电过程中,产生了时变电流(图 6-8-2),而恒定磁场的安培环路定律对时变电流不适用。

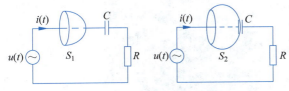

图 6-8-2　全电流定律示意图

根据 $\nabla \cdot \boldsymbol{J} = -\dfrac{\partial \rho}{\partial t}$ 和 $\nabla \cdot \boldsymbol{D} = \rho$,可得 $\nabla \cdot \left(\boldsymbol{J} + \dfrac{\partial \boldsymbol{D}}{\partial t}\right) = 0$。进而得到 $\nabla \times \boldsymbol{H} = \boldsymbol{J} + \dfrac{\partial \boldsymbol{D}}{\partial t}$。其中 $\dfrac{\partial \boldsymbol{D}}{\partial t} = \boldsymbol{J}_D$ 为位移电流密度。全电流安培环路定律的积分形式如下。

$$\oint_l \boldsymbol{H} \cdot \mathrm{d}\boldsymbol{l} = \int_S \left(\boldsymbol{J} + \dfrac{\partial \boldsymbol{D}}{\partial t}\right) \cdot \mathrm{d}\boldsymbol{S} = i_C + i_D$$

3)工程应用

全电流安培环路定律有着广泛的应用,如在电力变压器中。图 6-8-3 为电力电容器,图 6-8-4 为其模型。内蒙古乌海 35kV 框架式并联电容器成套装置如图 6-8-5 所示。

图 6-8-3　电力电容器

> (2)立足科学家精神进行课程思政。介绍科学家和科学史,让学生了解科学研究中最重要的创新精神,以及对客观真理的探求过程。
>
> **融入方式**
>
> 静止是运动的特殊状态,如果把稳恒场看作特殊矛盾,时变场看作普遍矛盾,这就涉及哲学中的矛盾的普遍性和矛盾的特殊性之间的关系,即"矛盾的普遍性寓于矛盾的特殊性之中,并通过特殊性表现出来,没有特殊性就没有普遍性。"通过斯托克斯定理应用的适应性问题,得到安培环路定律和全电流定律之间的关系,并掌握其差异的来源。
>
> 介绍科学家麦克斯韦,阐述数学和电磁学交叉的创新思维,阐释哲学思维,并由学生介绍电磁波引发的信息技术革命。
>
> **思政元素融入点**
>
> 掌握理论联系实际的能力,厚植爱国情怀。理解理想电容器和非理想电容器之间的差异,以电力电容器在我国的大国工程高压输电中的应用为例,介绍相关工程应用及我国电力行业从落后到世界领先的发展历程,培养工程实践中的求实精神,让学生理解作为未来的工程师将要承担的重大使命。

融入方式

以电力电容器为例,建立物理模型和数学模型,提出其性能指标,探讨其基本结构、材料性能、测试方法,了解其性能指标,并且了解工程实际中电容器性能和经济性之间的平衡。

后续的"平面电磁波在导电媒质中的传播"会讨论损耗角正切这一概念,本节中可以提前引出。

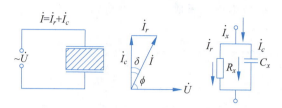

图 6-8-4　非理想电容器模型

$\dot{I}_c$:电容电流,对电容充电的电流。

$\dot{I}_r$:电阻电流,电容的漏电流,被消耗成了热能。

电容损耗角正切值:$\tan\delta = |\dot{I}_r|/|\dot{I}_c|$。

图 6-8-5　内蒙古乌海 35kV 框架式并联电容器成套装置

思政元素融入点

历史分析与理论演绎,结合实际应用探讨"科学-技术-工程-产业-经济-社会"的知识链体系,认识科学的基础性作用和工程的核心作用。

融入方式

通过对位移电流提出的历史进行分析,结合数学模型建构、基础理论演绎以及现代测量方法等实际应用,使学生清楚地认识到从科学发现到技术发明的发展历程。进一步拓展到相关电磁技术的提出与设备的研发,以及对产业和社会发展的促进作用,培养学生的工程精神,提升学生的创新实践能力。

4)课外拓展阅读

(1)阅读文献 A revisiting of scientific and philosophical perspectives on maxwell's displacement current。麦克斯韦提出的位移电流概念被公认为物理科学发展史上最具创新性的概念之一。文献介绍了位移电流概念提出的过程,并从科学内容和哲学方法论的角度对这一概念及其发展给予了高度评价,也提到了一些学者的批评意见。通过了解这一概念的历史渊源和科学内涵,学生开展思考,培养创新思维。

(2)阅读文献 Measurement of Maxwell's displacement current。文献介绍了一种通过磁场直接检测位移电流的实验装置,将铁棒一端放在平板电容器中,绕有感应线圈的另一端置于电容器之外,通过测量其感应电压来测量位移电流,还讨论了边缘电场影响、耦合系数校正等测量过程的技术细节问题。

6.8.3 教学效果及反思

本次教学从物理模型分析,电容器中的位移电流与导体中的传导电流共同满足了电流连续性原理;从数学模型分析,位移电流假说实现了电磁理论数学形式的统一;从科学思维分析,时变磁场产生时变电场,时变电场产生时变磁场,时变电场和时变磁场是相互依存的;从哲学思辨分析,满足矛盾的对立统一规律。通过多种方式的讲授和引导,学生学到具体知识的同时,能够了解知识发展的历程,培养科学的思维方式和分析问题的能力,并将理论知识应用于实际工程应用。通过在教学过程中思政元素的引入,学生可以发现在专业知识中蕴含的科学思维、哲学思辨、方法论和工程观,厚植爱国情怀,了解重大使命,从而在知识、能力和素质方面得到全面的提升。

6.9 电偶极子的辐射[①]

6.9.1 案例简介与教学目标

本部分内容处于整门课程的最后部分,是电磁辐射和天线理论的基础,主要介绍电磁辐射的概念、过程和本质,电偶极子辐射近区场和远区场的划分及特点,辐射功率和辐射电阻等。本部分的教学目标如下。

1. 知识传授层面

(1) 了解电磁辐射的概念和辐射过程。
(2) 掌握近区场和远区场的划分、特点和异同,理解电偶极子单元和天线的关系。
(3) 理解辐射功率、辐射效率和辐射电阻。
(4) 了解辐射电阻在实际天线工程中的应用和利弊。

2. 能力培养层面

(1) 培养学生分析问题的能力和思维判断能力。
(2) 把握电磁辐射在工程应用中的基本思想和方法。
(3) 培养学生将理论知识应用于实际工程的能力。

3. 价值塑造层面

(1) 培养学生电磁环境可持续发展和电磁安全意识,环境大局观念。
(2) 树立正确的人生观、价值观。
(3) 培养学生科学、辩证的思维方式和观点。

6.9.2 案例教学设计

1. 教学方法

本部分内容按照无线通信中天线发射电磁波的实例引入、知识逐层展开,通过重要概

[①] 完成人:北京邮电大学,张洪欣、杨雷静;烟台大学,贺鹏飞。

念讲解、仿真演示加深理解,结合天线工程应用加强认知进行教学设计。并在电磁辐射的引入,电磁辐射的概念、过程及特点,电偶极子的近区场与远区场,方向图、辐射功率和辐射电阻,工程应用5部分融入思政元素,结合辩证思维、社会责任、工程伦理、工匠精神、家国情怀等思政元素开展立德树人教育。

思政元素融入点

信息与通信是网络强国的基础。在战争年代,电子对抗、保密通信往往是战争的制高点,在社会主义建设时期,通信网络更是国家中的基础建设工程。

以李白革命烈士事迹和叶培大先生在微波、光通信领域的贡献,我国在5G通信技术中取得的辉煌成就为背景,以通信的源头为切入点,引入电磁辐射的概念。

融入方式

以"永不消逝的电波"的原型——李白革命烈士事迹,叶培大先生在微波、光通信领域的成就和我国在5G通信技术中取得的辉煌成就为切入点,传播红色传统精神,培养学生的爱国主义情怀和民族自豪感,树立正确的世界观、人生观和价值观。

2. 详细教案

教学内容

1)电磁辐射的引入

(1)北京邮电大学校园肃立着李白烈士的塑像(图6-9-1)。

图 6-9-1 革命先辈的事迹

(2)1949年,叶培大先生参加了开国大典天安门广场新广播系统的设计和建设工作。

(3)在移动通信普及的今天,人们是如何利用手机进行通信的?

讨论:电磁波是如何发射的?发射出去又是如何传播和接收的?引入电磁辐射。

思政元素融入点

哲学思想:运动是绝对的,电磁场的运动就是电磁波。

辩证唯物主义思想:电场和磁场相互转化,电场和磁场是一对矛盾的对立统一体,统一于电磁场这种物质中。

科学精神:位移电流是麦克斯韦创新思想的代表,麦克斯韦方程组的建立富有敢于挑战传统、大胆探索的精神,科学无止境。

建模思维:电磁辐射模型-电偶极子。

科学方法:滞后位与静电场位函数的类比法。

2)电磁辐射的概念、过程及特点

标量电位 φ 和矢量磁位 A 的波动方程分别为

$$\nabla^2 \varphi - \mu\varepsilon \frac{\partial^2 \varphi}{\partial t^2} = -\frac{\rho}{\varepsilon}$$

$$\nabla^2 \boldsymbol{A} - \mu\varepsilon \frac{\partial^2 \boldsymbol{A}}{\partial t^2} = -\mu \boldsymbol{J}$$

其中,ρ 为电荷密度,J 为电流密度,μ、ε 分别为磁导率和介电常数。

从上述方程 φ 和 A 的解出发,引出点电荷产生的标量位,通过与静电场比拟、类比,给出 φ 和 A 的滞后位的形式,分别如下:

$$\varphi(\boldsymbol{r},t) = \frac{1}{4\pi\varepsilon} \int_{V'} \frac{\rho\left(\boldsymbol{r}',t-\frac{|\boldsymbol{r}-\boldsymbol{r}'|}{v}\right)}{|\boldsymbol{r}-\boldsymbol{r}'|} \mathrm{d}V'$$

$$A(r,t) = \frac{\mu}{4\pi}\int_{V'} \frac{J\left(r', t - \frac{|r-r'|}{v}\right)}{|r-r'|} dV'$$

其中，r 为场点坐标矢量，r' 为原点坐标向量。

进一步给出电磁辐射的概念和电磁辐射过程的讲解。

从达朗贝尔方程的解引出点电荷产生的标量位，通过与静电场比拟、类比，给出滞后位（图 6-9-2）的形式。讲解电磁辐射的概念和电磁辐射过程（如图 6-9-3 所示）。

融入方式

带领学生一起分析、思考太阳光的发射，由此得出结论。以太阳光为例说明运动是绝对的，某时刻见到的日光是在约 8 分 20 秒前太阳发出的。

麦克斯韦在继承和发扬前人理论和实验积累的基础上，通过逻辑推理、数学抽象，归纳总结出了麦克斯韦方程组，电场和磁场是相互对立又相互依存的矛盾统一体。

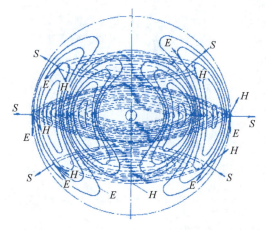

图 6-9-2　滞后位的形式

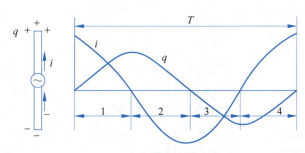

图 6-9-3　电磁辐射过程

以 0～T/4、T/4～T/2、T/2～3T/4、3T/4～T 时 4 个时间段内的电流和电荷、电场和磁场的变化过程，揭示电磁辐射的过程。

电场能和磁场能相互转化。

3）电偶极子辐射的近区场与远区场

球坐标下，空气中电偶极子辐射的电场和磁场表达式为

思政元素融入点

时空观：3个场区的划分与观察点（位置）、电磁波波长有关，反映了时空观。

矛盾的普遍性和特殊性：3个场区的场说明矛盾的普遍性，即多样性决定事物的复杂性，特殊性决定事物的本质。

类比法：电偶极子和磁偶极子的性质。

主要矛盾和次要矛盾：主瓣和旁瓣。

提纲挈领：看问题、做事情要抓住事物的主要矛盾。

融入方式

电偶极子的辐射具有统一公式，在不同的条件下通过近似划分为3个场区，反映时空观、矛盾的普遍性和特殊性。

近区场和远区场类似于部队队伍开拔前的队头和队尾。

天线辐射方向图的主瓣和旁瓣反映了主要矛盾和次要矛盾。

判断场区的实质要"牵牛鼻子"，根据电场和磁场的相位关系理解电磁振荡和电磁传播。

$$\begin{cases} E_r = \dfrac{2Ilk^3\cos\theta}{4\pi\omega\varepsilon_0}\left[\dfrac{1}{(kr)^2} - \dfrac{j}{(kr)^3}\right]e^{-jkr} \\ E_\theta = \dfrac{Ilk^3\sin\theta}{4\pi\omega\varepsilon_0}\left[\dfrac{j}{kr} + \dfrac{1}{(kr)^2} - \dfrac{j}{(kr)^3}\right]e^{-jkr} \\ H_\phi = \dfrac{Ilk^2}{4\pi}\left[\dfrac{j}{kr} + \dfrac{1}{(kr)^2}\right]\sin\theta e^{-jkr} \end{cases}$$

其中，I 为电流强度，l 为电偶极子长度，k 为波数，j 为虚数单位，θ 为极角，ω 为角频率，r 为场点径向坐标。

电偶极子周围空间区域的划分如图 6-9-4 所示，主要分为 $kr \ll 1$ 的近区场、$kr \gg 1$ 的远区场和中间场。

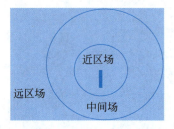

图 6-9-4 电偶极子周围空间区域的划分

近区场的表达式为

$$E_r = -j\dfrac{Il\cos\theta}{2\pi\omega\varepsilon_0 r^3}, \quad E_\theta = -j\dfrac{Il\sin\theta}{4\pi\omega\varepsilon_0 r^3}, \quad H_\phi = \dfrac{Il\sin\theta}{4\pi r^2}$$

远区场的表达式为

$$E_\theta = j\dfrac{Il\eta_0\sin\theta}{2\lambda r}\cdot e^{-jkr}, \quad H_\phi = j\dfrac{Il\sin\theta}{2\lambda r}\cdot e^{-jkr}$$

（1）近区场和近区场的特点。

近区场被称为准静态场，电场和磁场存在 90° 的相位差，无能量辐射出去。远区场被称为辐射场，电场和磁场同相位，有能量辐射出去。远区场具有方向性，方向性函数说明了天线的方向图，并具有主瓣和旁瓣。半功率波瓣宽度为天线的工作带宽。

（2）电偶极子和磁偶极子在近区场的情况不同。

（3）不同场区划分的实质。

电场和磁场的相位关系决定了场区，相位差 90° 表示电场和磁场能量的交换，电磁振荡，同相表示能量的传播——电磁波。

4）方向图、辐射功率和辐射电阻

（1）方向性函数和方向图。

电偶极子的方向性函数为

$$F(\theta, \varphi) = F(\theta) = |\sin\theta|$$

思政元素融入点

通过分析影响电磁辐射功率、辐射电阻的参数，明确天线的辐射能力有关因素。

对应的方向图如图 6-9-5 所示。

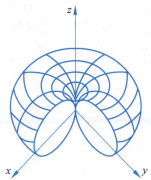

图 6-9-5　电磁辐射远区场的方向图

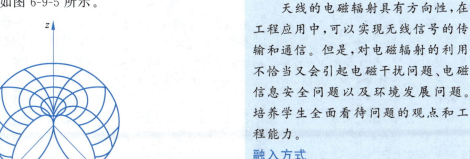

天线的电磁辐射具有方向性,在工程应用中,可以实现无线信号的传输和通信。但是,对电磁辐射的利用不恰当又会引起电磁干扰问题、电磁信息安全问题以及环境发展问题。培养学生全面看待问题的观点和工程能力。

融入方式

让学生进一步理电磁辐射的实质和特点,以及如何考量电磁辐射对工程和环境的影响,并进一步体会工程伦理的重要性;让学生了解理论知识如何在实际中应用,并体现环境保护意识。

E 面方向图具有方向性,H 面方向图具有全向性。

(2) 辐射功率。

电偶极子的辐射功率为

$$P_r = \oint_S \mathbf{S}_{av} \cdot d\mathbf{S} = \oint_S \mathbf{e}_r \frac{1}{2} \text{Re}[E_\theta H_\phi^*] \cdot d\mathbf{S}$$
$$= 40\pi^2 I^2 \left(\frac{l}{\lambda}\right)^2$$

可见,电偶极子的辐射功率与电长度 l/λ 有关。

(3) 辐射电阻。

电偶极子的辐射电阻为

$$R_r = 80\pi^2 \left(\frac{l}{\lambda}\right)^2$$

辐射电阻的大小可以用来衡量天线的辐射能力,是天线的基本电参数之一。

(4) 实际天线的辐射。

实际天线的辐射(图 6-9-6)具有方向性,其中,天线的波瓣宽度定义为最大辐射方向两侧半功率点之间的夹角 $2\theta_{0.5}$。

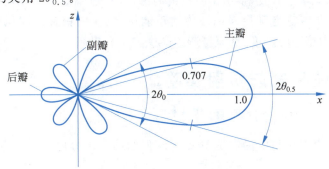

图 6-9-6　实际天线的辐射

思政元素融入点

5G 是网络强国的重点,智能天线是 5G 网络的核心设备。

新质生产力:智能天线等创新技术是新质生产力的源泉。

协作精神:天线阵元和天线阵之间的工作协作,个体和整体。

大国工匠精神:5G、天眼、北斗系统、电磁弹射等体现的中国精神。

科学力量:5G、天眼、北斗系统等推动社会进步和发展。

工程伦理和环境可持续发展:电磁辐射生物效应,低碳和绿色电磁环境。

保密安全教育:电磁辐射信息泄露导致信息安全问题。

危机意识:电磁软件使用受限问题。

融入方式

利用电磁场理论可以设计新型 MIMO 天线,推动 5G 技术的发展和应用,为实现网络强国发挥重要作用。通过 5G、天眼、北斗系统、电磁弹射等方面取得的成就,表明科学技术是第一生产力。展望网络强国宏伟蓝图,展现大国工匠精神,增强学生的家国情怀和民族自豪感。

通过东润枫景事件、电磁污染等介绍工程伦理和电磁环境可持续发展,通过电磁保密安全培养保密意识。通过电磁软件危机感培养自强自立的民族精神。

5)工程应用

(1) 5G 技术是网络强国的重要技术。电偶极子是最小的辐射单元,辐射单元是天线的基元,利用辐射单元组成 MIMO 等天线阵是 5G 的关键技术,在卫星通信中有重要应用。

(2)高频辐射大于一定限值(场强大于 10V/m)时,会使人产生失眠、嗜睡或其他植物神经功能紊乱等,产生电磁生物效应,造成电磁污染。

(3)电磁辐射引发电磁信息安全问题,引起信息泄露,保密场所不能用手机打电话。

(4) CST 和 HFSS 是比较常用的 3D 电磁仿真软件,但国内软件较少,存在电磁软件使用受限问题。

6.9.3 教学效果及反思

本次教学使学生了解和掌握电磁辐射的原理和应用,学习电磁辐射理论相关知识,并理解电磁辐射理论知识在实际工程中的应用,培养分析问题的能力和科学的思维方式。在教学过程中引入思政元素,让学生知道在专业知识和理论中蕴含着哲学思想、辩证法和方法论。因此,本次课能让学生在知识、能力和素质方面受到全面的培养和浸润。

电磁场与电磁波课程不仅是理论联系实际的教学课堂,而且是艰苦奋斗、团结协作、严谨求实和求真精神的素质教育课堂。一门课程最高的评价是学生的认可。长期以来,电磁场与电磁波课程深受学生喜爱,学生学习热情高涨,课程思政效果明显,主要体现在教师和学生思想两方面的提高。老师授课积极传播正能量,学生的精神面貌积极向上,学生在掌握知识的深度、能力培养的广度、价值塑造的高度上都有提高。

6.10 电磁波反射与折射实验[①]

6.10.1 案例简介与教学目标

本部分内容是电磁场与电磁波测量实验课程的第一部分电磁场与电磁波空间传播特

---

① 完成人:北京邮电大学,李莉、赵同刚。

性的研究中的第一个实验,主要内容有微波分光仪和 DH1121B 型三厘米固态信号源的介绍、电磁波反射与折射实验。通过实验验证电磁波的反射定律和折射定律,掌握反射系数和折射系数的测量方法。本次课程的教学目标如下。

1. 知识传授层面
(1) 了解微波分光仪和 DH1121B 型三厘米固态信号源的原理,掌握这些设备的使用方法。
(2) 掌握利用微波分光仪进行反射系数和折射系数的测量方法。
(3) 验证反射定律和折射定律。

2. 能力培养层面
(1) 培养学生使用电磁场微波实验设备及工程测量的能力。
(2) 培养学生应用测量来验证理论知识和进行研究的能力。
(3) 培养学生对实验数据的分析、总结及报告撰写的能力。

3. 价值塑造层面
(1) 树立学术诚信的正确信念。
(2) 培养学生通过实验进行主动研究的学习态度。
(3) 锻炼学生团队合作的精神。

6.10.2 案例教学设计

1. 教学方法
本部分利用雨课堂测试、提问等方式对学生预习情况进行检查。教师对实验的重点内容与问题进行讲授,通过学生独立实验、教师实验辅导等方式开展实验课程,在雨课堂签到、实验预习测验、主要设备和测试仪表、实验原理、实验内容与步骤、实验报告、思考题 7 部分融入思政元素。

2. 详细教案
教学内容
1) 雨课堂签到
通过雨课堂的签到功能进行签到,签到情况为学生平时成绩的一部分内容。

> **思政元素融入点**
> 规范学生的行为,培养学生诚实守信,遵守约定的品格。
> **融入方式**
> 通过雨课堂签到,掌握学生的出勤情况,强调不要代替他人签到,要诚实守信,遵守约定。

2) 实验预习测验
通过对学生的提问和雨课堂测试,了解学生的预习情况。

3) 主要设备和测试仪表
(1) DH926B 型微波分光仪的部件。
DH926B 型微波分光仪如图 6-10-1 所示。

> **思政元素融入点**
> 培养学生认真的学习态度和科学精神。
> **融入方式**
> 通过对学生提问和雨课堂测试,督促学生课前对实验内容及实验原理进行预习,培养学生认真学习的态度和科学精神。

思政元素融入点

通过介绍系统与部分的关系说明,只有各部分紧密配合,才能完成一个整体的任务。教育学生要有集体精神,共同为一个目标而努力奋斗。

融入方式

介绍系统组成及各部分的功能。

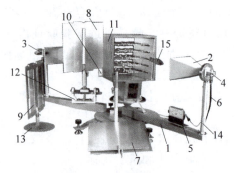

图 6-10-1 DH926B 型微波分光仪

1.分度转台,2.喇叭天线(矩形),3.可变衰减器,4.晶体检波器,5.电流信号读数机构,6.视频电缆,7.反射板,8.单缝板,9.双缝板,10.半透射板,11.模拟晶体(模拟晶体及支架),12.距离读数机构,13.支座,14.支柱,15.模片

(2)微波分光仪部分部件介绍。

晶体检波器:微波测量中,为指示波导(或同轴线)中电磁场强度的大小,是将电磁场强度经过晶体二极管检波变成低频信号或直流电流,用直流电表的电流 I 来读数的。从波导宽壁中点耦合出两宽壁间的感应电压,经微波二极管进行检波,调节其短路活塞位置,可使检波管处于微波的波腹点,以获得最高的检波效率。但是,晶体二极管是一种非线性元件,即检波电流 I 同场强 E 之间不是线性关系,通常表示为

$$I = kE^n$$

式中,k 和 n 是与晶体二极管工作状态有关的参量。当 $n=1$,$I \propto E$ 时,称晶体二极管检波为直线律检波;当 $n=2$,$I \propto E^2$ 时,称晶体二极管检波为平方律检波。当微波场强

思政元素融入点

讲解电磁辐射对人体的影响,让学生注意保护电磁环境和个人的身体健康。

融入方式

从喇叭天线辐射方向性的介绍出发,引导学生学会如何避免喇叭的最大辐射方向对人体的辐射,即在喇叭工作时不能正对着喇叭看喇叭里的结构。同时当不进行测量时,应把电源关掉以避免喇叭在空间的辐射。

较大时呈现直线律,当微波场强较小(功率 $P<1\mu W$)时呈现平方律。处在大信号和小信号两者之间,检波律 n 就不是整数。因此,当微波功率变化大时,n 和 k 不是常数,所以在精密测量中必须对晶体检波器进行校准。在本部分实验中,由于微波功率很小,可近似认为 $n=2$,为平方率检波。

喇叭天线:角锥喇叭天线是由矩形波导逐渐张开而形成的。由于矩形波导的主模是 TE10 模,当矩形波导的宽边与大地平行时,与大地垂直的角锥喇叭天线口面上的电场与大地垂直,此时角锥喇叭天线为垂直极化天线;当矩形波导的宽边与大地垂直时,与大地垂直的角锥喇叭天线口面上的电场与大地平行,此时角锥喇叭天线为水平极化天线。发射天线与接收天线的极化匹配时可收到最大的信号,若极化正交则收不到信号。即水平极化天线发射的电磁波要用水平极化天线来接收,垂直极化天线发射的电磁波要用垂直极化天线来接收,这样才能收到最大的信号。喇叭天线的增益大约是 20dB,波瓣的理论半功率点宽度

大约为：H 面是 200，E 面是 160。

(3) DH926B 型三厘米固态信号源。

DH926B 型三厘米固态信号源如图 6-10-2 所示，其频率范围为 8.6～9.6GHz；功率输出（等幅工作状态）不小于 20mW；工作电压为直流+12V；工作方式为等幅波；内方波调制重复频率为 1000(±15%)Hz；输出形式为波导型号 BJ-100；法兰盘型号 FB-100；输出电压驻波比≤1.20。

> **思政元素融入点**
> 通过对工程实验设备和测量仪器的介绍，说明测量是科学研究的另外一个重要方法，从而提高学生的工程测量能力与意识。
> **融入方式**
> 介绍工程实验设备和测量仪器。

图 6-10-2　DH926B 型三厘米固态信号源

4) 实验原理

电磁波在传播过程中如果遇到障碍物，必定要发生反射，本处以一块大的金属板作为障碍物来研究当电磁波以某一入射角投射到此金属板上所遵循的反射定律，即反射线在入射线和通过入射点的法线所决定的平面上，反射线和入射线分居在法线两侧，反射角等于入射角。

> **思政元素融入点**
> 实践是检验真理的唯一标准，对电磁场的认识是从实验开始的，引导学生重视实验课程。
> **融入方式**
> 从电磁场的发展历史，说明对电磁场的认识是从实验开始的。并引入我党的"实践是检验真理的唯一标准"的理论，说明实验课程的重要性。

5) 实验内容与步骤

实验测试系统如图 6-10-3 所示。

(1) 熟悉分光仪的结构和调整方法。

(2) 连接仪器，调整系统。

(3) 测量入射角和反射角。

> **思政元素融入点**
> 通过电磁波实验过程，培养学生的团队合作精神。
> **融入方式**
> 通过教师或学生对实验步骤的介绍，引导学生要团结一致，互相配合来完成实验。

图 6-10-3　实验测试系统

思政元素融入点

通过电磁波实验,了解测量数据与理论值的内涵,培养诚实守信的科学精神。

融入方式

通过对实验测量中可能产生的误差的原因的讲解,说明测量数据与理论结果之间的差别,强调不要修改数据,要诚实守信。

思政元素融入点

温故而知新,加深学生对测量与理论知识的理解。

融入方式

通过思考题的练习,加深学生对测量与理论知识的掌握。

6) 实验报告

记录实验测得的数据,验证电磁波的反射定律。

(1) 金属板反射实验。

入射角从 30°到 65°,每隔 5°测一次反射角度。

(2) 观察介质板(玻璃板)上的反射和折射实验。

将金属板换作玻璃板,观察、测试电磁波在该介质板上的反射和折射现象,请自行设计实验步骤和表格,计算反射系数和透射系数,验证透射系数的平方和反射系数的平方相加是否等于1。

7) 思考题

(1) 在衰减器旁边的螺钉有什么作用?

(2) 电磁波的反射和激光的反射有何相同和不同之处?

(3) 透射系数的平方和反射系数的平方相加是否等于1?为什么?进行误差分析。

6.10.3 教学效果及反思

本次课是电磁场与电磁波测量实验课程的第一次实验。对学生的预习情况进行测试和提问,并针对预习情况进行实验设备与步骤的讲解,使学生对实验的相关知识有所掌握,并开始进行实验测量,记录实验数据,课后完成实验报告及思考题。结合实验课程内容融入课程思政,从系统与部分的关系、电磁环境、实践是检验真理的唯一标准、实验中的团队合作、实验数据的误差分析、思考题的练习等方面对学生进行思政教育,以培养学生诚实守信、遵守约定的品格,认真的学习态度和科学精神、集体精神,注意保护电磁环境和个人的身体健康,培养工程测量能力与意识,引导学生重视实验课程。

对于测量实验误差部分,在课时允许的情况下,可进一步让学生通过软件仿真的方法进行研究。

参考文献

[1] FORBES N. 法拉第、麦克斯韦和电磁场:改变物理学的人[M]. 宋峰,宋婧涵,杨嘉,译. 北京:机械工业出版社,2020.

[2] 谢处方. 电磁场与电磁波[M]. 5版. 北京:高等教育出版社,2019.

[3] 张洪欣,沈远茂,韩宇南. 电磁场与电磁波[M]. 3版. 北京:清华大学出版社,2022.

[4] 焦其祥,顾畹仪. 电磁场与电磁波[M]. 3版. 北京:科学出版社,2019.

[5] 杨坤,杜度. 国外对潜通信技术发展研究[J]. 舰船科学技术,2018,40(2):153-157.

[6] 高攸纲. 电磁兼容总论[M]. 北京:北京邮电大学出版社,2001.

[7] 吕英华. 计算电磁学的数值方法[M]. 2版. 北京:清华大学出版社,2023.

［8］ 张洪欣.电磁辐射过程认识规律的教学探讨[J].高教学刊,2016,3：55-56.
［9］ 张洪欣.电磁场理论课程中的科学方法教育思想[J].高教学刊,2020,3：191-193.
［10］ 张洪欣.电磁场理论与实践中的唯物辩证法思想[J].高教学刊,2020,4：191-193.
［11］ 臧雅丹,朱永忠,宋晓鸥,等.龙伯透镜天线的原理及其研究进展[J].电讯技术,2021,61(11)：1459-1466.
［12］ SELVAN K T,A revisiting of scientific and philosophical perspectives on Maxwell's displacement current[J]. IEEE Antennas and Propagation Magazine,2009,51(3)：36-46.
［13］ SCHELER G,PAULUS G G. Measurement of Maxwell's displacement current[J]. European Journal of Physics,2015,36(5)：055048.
［14］ 赵同刚,李莉,张洪欣.电磁场与微波技术测量及仿真[M].北京：清华大学出版社,2014.
［15］ 李莉,赵永滨,赵同刚,等.电磁场课程思政建设的探索与思考[J].电气电子教学学报,2023,45(4)：98-101.

第 7 章 创新创业实践

7.1 电子电路创新设计课程[①]

7.1.1 课程简介与教学目标

电子电路创新设计课程(2学分/48学时)是依托北京邮电大学电子工程学院 EE 实创创新基地,面向电子工程学院本科大二学生开设的学院特色创新创业教育课程,覆盖电子科学与技术、电子信息科学与技术、光电信息科学与工程 3 个专业。课程侧重于工程实践能力、创新思维、创新能力的培养,通过跨专业融合,引入新工科中的新技术和新工艺,结合创新思维和创新方法,采用项目驱动,进而提升学生的创新素质和工程能力、拓宽学生的创新视野,是培养高素质创新型人才的重要创新实践教学环节。

本课程通过介绍移动支付、无人零售店等我国创新案例,使用我国自主创新研发的先进电路打印技术,基于 openEuler 国产操作系统进行设计开发,进而提升学生的民族自信和创新素质。通过介绍讨论大数据、物联网、人工智能下的应用实例及工程伦理问题,提升学生的工程素养。通过基于项目的学习驱动,提升学生的工程创新能力、团队合作能力和工匠精神。课程打通了校内外的教学界限,引入企业导师和企业技术工程师共同授课、与学生面对面交流等教学方式,在知识传授的同时强化学生的职业道德伦理意识,帮助学生形成良好的职业道德操守。

电子电路创新设计课程在注重培养学生创新能力的同时,通过发掘课程中蕴含的思政要素,进一步探索新工科特色的育人方式,通过采用翻转课堂、对分课堂、小组讨论、案例教学等教学方法,结合集成电路、人工智能中的工程创新实例和工程实践,将民族自信、工匠精神、工程素养、工程伦理、职业道德等转化为育人育德资源,使知识传授与价值观教育同频共振,实现教学和育人的"协同效应",将"三全育人"理念贯穿教育教学。

[①] 完成人:北京邮电大学,崔岩松、高英。

7.1.2 案例蕴含的思政元素分析

本课程结合新工科建设中对工科人才培养的新要求,采用构思设计实现运作(CDIO)和基于学习产出的教育模式(OBE)工程教育理念,以创新思维→创新方法→工程思维→工程能力→工程实践为主线,以项目研发到项目运行的生命周期为载体,从项目构思、设计、实现、运行全过程对学生进行创新实践训练,以激发学生的创新潜能、提升学生的工程创新能力,培养德学兼修、德才兼备的高素质新工科创新型人才,并在各个环节充分融入思政元素。

1. 树立课堂思政的理念

高校的所有课程都要有育人功能,所有教师都负有育人职责,知识传授与价值观教育必须同频共振。作为创新实践课程的教师,不仅需要在专业领域内做好专业技能的传授,更需要在教授学生的过程中嵌入诸如工匠精神、团队合作、爱国主义精神、谦虚谨慎的做人标准。

2. 结合丰富的创新案例和实践开展思政教育

结合新工科和创新实践课程的特点,本课程利用案例分析法和创新实践开展思政教育。具体包括以下内容。

(1) 介绍移动支付、共享单车、无人零售店等我国的创新案例,《中国制造 2025》及物联网、大数据、云计算、人工智能等新兴技术,帮助学生树立民族自信。

(2) 介绍中美科技战、芯片之争,告诉学生"核心技术是国之重器",激励学生要结合电子工程学院的专业特色"撸起袖子加油干",培养学生的爱国之情和创新精神、探索精神。

(3) 创新性地引入了我国自主研发、国际领先的液体金属柔性电路打印技术和华为 openEuler 国产操作系统,有效激发学生的创新热情、创新能力以及民族自豪感、自信心等爱国主义情感。

3. 融入工程伦理教育

为了增强学生的道德敏感性,培养学生社会责任的担当,进行工程师职业道德的培植,在课程中引入工程素养和工程伦理教育。具体包括如下内容。

(1) 在课程中介绍工程素养和工程伦理并进行案例分析,培养学生的工程思维。

(2) 组织学生对人工智能、大数据、无人驾驶等方面的工程伦理问题进行分组讨论。

(3) 引导学生在完成课程项目的过程中,进一步反思项目涉及的技术风险,做好前瞻性的伦理评估从而避免伦理缺位,使机器"算法"遵循"善法"并按人类伦理道德规范行事。

在课程中融入工程伦理教育,可以起到价值理性的引领作用,使学生牢记不能为了利益丢掉技术开发的初心。

4. 探索产教融合协同育人

本课程采用双创教师与企业导师共同授课的产教融合协同育人机制,通过企业导师与学生从技术、产业、职业素养等多角度的相互交流,学生可以在踏入企业之前强化自身职业道德伦理意识,逐渐形成良好的职业道德操守,做到内化于心、外化于行。

7.1.3 案例整体设计

1. 教学设计

本课程充分发掘教学中蕴含的思政要素,准确把握思政内容和课程内容的融合点,在传授专业知识的同时,达到潜移默化、润物无声的育人效果,更好地实现高等教育立德树人的根本目标。课程内容与思政元素的结合点如表 7-1-1 所示。

表 7-1-1 课程内容与思政元素的结合点

课程内容	课程思政要素	思政主题
创新设计导论	介绍科技创新发展史、移动支付和无人零售店等我国的创新案例、中美科技战和芯片之争	树立民族自信,开拓创新视野,激发学生结合专业特色"撸起袖子加油干"的专业兴趣
创新思维及方法	介绍联想思维、检核表法等常用创新思维和创新方法,采用小组方式讨论实战	提升学生的创新思维及创新素质,培养学生的团队协作能力
工程思维及工程伦理	介绍工程素养的要求,组织学生对人工智能、无人驾驶等方面的工程伦理问题进行讨论	培养学生的大工程观,引导学生反思技术风险、做好伦理评估、避免伦理缺位,不能为了利益丢掉技术开发的初心
系统设计方法	介绍物联网、人工智能及其创新应用实例,给出电路设计规范、代码规范、技术文档规范	激发创新能力,提升学生的工程素养和工程能力
创新实践技能训练	介绍企业导师,体验我国自主研发、国际领先的液态柔性电路打印技术,柔性软体机器人,生物神经修复等前沿技术	激发学生的创新热情、民族自豪感、自信心等爱国主义情感。强化学生的职业道德伦理意识,形成良好的职业道德操守
创新实践技能提升	介绍华为 openEuler 国产操作系统,强调发展国产操作系统和软件生态的必要性与紧迫性,学生基于该操作系统进行项目的开发与设计	培养学生的历史使命感和民族责任感
项目实践	团队协作完成创新实践项目的原型设计、开发与实现	提升学生的多学科知识应用能力、复杂工程系统的设计开发能力等工程技术能力和团队合作能力,培养工匠精神
项目交流展示	创新项目的交流、展示与分享	提升学生的演讲能力,推动学生的终身学习能力

2. 教学实践

1) 采用项目驱动,提升工程素养

以项目驱动教学法为主,采用 CDIO 工程教育理念,学生基于协作学习和分享交流,完成从构思到产品原型的实现及展示。在整个学习过程中,通过团队协作,提升学生的多学科知识应用能力、复杂工程系统的设计开发能力等工程技术能力和团队合作能力,并培养学生的创新思维、提升学生的创新能力。

为了增强学生的道德敏感、进行职业道德的培植,在课程中引入工程素养和工程伦理教育。介绍流程化思维、风险把控、成本控制,培养学生的工程思维;介绍项目规划、原型测试方法、技术文档要求等内容,提升学生的工程能力。组织学生对人工智能、大数据隐私、无人驾驶等方面的工程伦理问题进行分组讨论,引导学生牢记不能为了利益丢掉技术开发的初心,培养学生的大工程观。课程中引入的工程素养和工程伦理教育如图 7-1-1 所示。

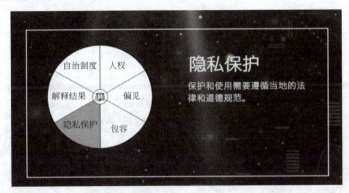

图 7-1-1　课程中引入工程素养和工程伦理教育

2) 领略中国智慧,激发创新思维

(1) 介绍移动支付、无人零售店等我国的创新案例,《中国制造 2025》及物联网、大数据、云计算、人工智能等我国领先的新兴科技和科研成果,并介绍中美科技冲突、华为事件、芯片之争,激发学生"撸起袖子加油干"的爱国主义热情和专业兴趣。

(2) 结合北京邮电大学电子工程学院的专业特色,引入我国自主创新研发、国际领先的液态金属柔性电路打印技术和华为 openEuler 国产操作系统(如图 7-1-2 所示),使学生在使用国产前沿技术进行电子电路创新设计与开发的同时,提升学生的民族自信和民族使命感,激发学生的创新热情。

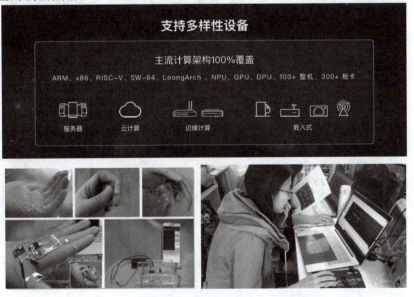

图 7-1-2　课程中柔性电路和国产操作系统实践

3）改变教学模式，提高学生的参与感

创新教学模式，实现线上和线下、课内和课外教学相结合，采用对分课堂、翻转课堂等方式，以及案例分析、情景模拟、专题讨论等教学法，增强学生自主获取知识的成就感、快乐感，唤醒学生内心的共鸣。

在课程中采用与企业导师共同授课的产教融合协同育人机制，通过企业导师"现身说法"与学生从技术、产业、职业素养等多角度的相互交流（如图 7-1-3 所示），学生可以强化自身的职业道德伦理意识，逐渐形成良好的职业道德操守，做到内化于心、外化于行。

图 7-1-3　授课教师、企业专家与学生小组交流

7.1.4　教学实施过程

下面以课程中的"工程素养与工程伦理"内容的教学为例，具体介绍课程思政与教学的融合。

思政要素融入点

培养学生的工程思维和工具思维。

教学环节

1. 课程导入

结合工程素养面试题引导学生进行粗调、细调的思考和讨论。

2. 教学内容

（1）工程思维的特征及工程思维能力。

（2）工程伦理的概念及具体表现，并从工程伦理的角度分析切尔诺贝利核电站事故。

（3）大数据下出现的工程伦理问题，并结合脸书具体案例介绍保护隐私的伦理责任。

（4）自动驾驶中出现的工程伦理问题，并结合多种双输场景介绍保护乘客和行人安全的伦理责任。

3. 讨论及展示

学生分组结合自动驾驶中的双输场景进行正反两方辩论，并进行过程记录。

4. 课后评价

学生提交课堂讨论结果，查找资料，撰写工程素养心得体会，并进行线上交流和学生互评。

> **思政元素融入点**
> 使学生深入理解道德价值尺度、公众安全义务、社会责任等要素，培养学生的工程观，增强工程责任意识和创新意识。

> **思政元素融入点**
> 培养学生的表达能力、倾听能力、团队合作能力，提升批判质疑的科学精神。

> **思政元素融入点**
> 提升学生的工程素养，培养学生乐于分享的奉献精神。

7.1.5 教学反思

教学中的课程思政融入点数目要适度，过犹不及；课程思政内容不能生硬，要结合学生的学习、专业等感兴趣的问题进行融入；课程思政要注意"留白"，给学生独立思考和判断的机会，引导学生能静下心来思考原理、领悟道理、明白事理。

7.2 创新设计与工程实践课程[①]

7.2.1 课程简介与教学目标

创新设计与工程实践课程（2学分/48学时）是面向大二本科生，覆盖电子科学与技术、电子信息科学与技术、光电信息科学与工程3个专业的学院特色创新创业教育课程，是培养高素质创新型人才的重要创新实践教学环节。课程结合新工科建设中对工科人才培养的新要求，基于CDIO和OBE工程教育理念，采用设计思维方法论，以项目研发到项目运行的生命周期为载体，以解决具有现实意义的问题为目标导向，从构思、设计、原型、路演全过程对学生进行创新实践训练。

本课程介绍电路系统、开源硬件、物联网、人工智能、无人机、3D打印等专业知识和开发设计流程，并融入创新思维、工程思维和设计思维等内容，使学生能够完成满足社会真实需求、解决真实问题的创新项目。同时课程深度发掘课程思政要素，结合社会热点问题和弱势群体，通过构建"思、教、学、做、创"共同体，采用产教融合协同育人机制，从工程素养、工

---

① 完成人：北京邮电大学，高英、崔岩松、赵同刚。

程伦理、工匠精神、社会责任感、民族自信、人文情怀、团队合作、职业道德等多个维度将思政内容融入教学中,以培养德学兼修、德才兼备的高素质新工科创新型人才。

创新设计与工程实践课程以解决真实问题为出发点,以新工科发展趋势为导向,突出创新性、前沿性、实用性。采用"用户体验、创意产生、设计实现、原型测试、项目路演"环环相扣的教学方式安排教学内容,便于学生掌握创新的规律和方法,发挥学生的主动性和创造性。课程重视思政教育,结合双创教育的特点,以"春风化雨润物无声"的形式融入课程教学,探索双创教育方面的课程思政建设方法,注重价值塑造、知识传授与能力培养相统一。

7.2.2 案例蕴含的思政元素分析

创新设计与工程实践课程结合社会实践、发现社会真实问题、面向社会弱势群体,将工程素养、工程伦理、工匠精神、社会责任感、民族自信、职业道德等思政元素融入教学中,帮助学生形成正确的人生观、价值观和职业观,使学生能够运用所学知识认识社会、研究社会、理解社会、服务社会,使"技术实践"和"价值引领"有机统一。

1. 坚定民族自信、勇担历史使命

课程以新工科为背景,讲解我国的创新案例,使学生领略中国智慧,激发学生的创新热情,培养学生的创新思维,开拓学生的创新视野,帮助学生树立民族自信,提升创新能力。介绍芯片、EDA 软件等"卡脖子"问题,引导学生关注行业发展前沿,勇担时代使命。

2. 培养社会责任、引领科技向善

课程通过老年人、盲人等用户体验装置和社会实验,使学生关注老龄化问题和社会弱势群体,培养学生的社会责任感和公民意识,引导学生关注社会热点问题和公共事务,培养学生的社会参与能力和创造力。

3. 聚焦以人为本、培育人文精神

课程通过设计思维中以人为本的设计理念和同理心地图分析,强调创新以人为本、以用户为中心,进而对学生进行情感教育,培养学生的人文素养和情感智能。

4. 厚植工程素养、融入工程伦理

课程基于项目的学习和原型的开发设计,进而提升学生的多学科知识应用能力、复杂工程系统的设计开发能力和工程创新能力。为了增强学生的道德敏感、进行职业道德培植,引入了工程伦理教育,引导学生进一步反思技术风险、避免伦理缺位,培养了学生的大工程观。

5. 注重集体利益、树立团队精神

课程采用合作学习模式和团队式创新实践,结合开源硬件、开源平台,加强学生的团队合作意识及协同创新能力,引导学生注重集体利益,培养开放共享的合作精神和交流沟通能力。

7.2.3 案例整体设计

1. 教学设计

课程结合新工科建设中对工科人才培养的新要求,采用 CDIO+OBE 工程教育理念,

以创新方法→设计思维→创意构思→工程设计→原型实现→项目展示为主线,结合教学重点、社会热点及学生特点,从项目构思、设计、实现、原型展示等各个环节充分融入思政元素,使"知识传授"和"价值引领"有机统一。课程内容与思政元素的结合点如表 7-2-1 所示。

表 7-2-1 课程内容与思政元素的结合点

课程内容	课程思政内容	思政元素
创新设计导论	介绍物联网、大数据、云计算、人工智能、数字孪生等我国的创新案例,并体验我国自主研发、国际领先的液态金属柔性电路打印技术	树立民族自信,开拓创新视野,激发学生的创新热情、民族自豪感、自信心等爱国主义情感
创新方法训练	介绍常用创新方法,采用小组方式进行讨论	提升学生的创新思维,培养学生的团队协作能力
设计思维训练	模拟体验老年人、盲人等人群的日常生活状态,进行用户分析	关注弱势人群,培养社会责任感
系统设计方法	介绍开源硬件的使用,并结合工程实例介绍物联网、人工智能等相关技术	激发创新能力、提升学生的工程素养和工程能力
实践技能训练	介绍国产 EDA 软件和国产 EDA 生态,并结合实例介绍 PCB 设计流程及制造工艺	提升学生的专业兴趣,培养学生的工匠精神、家国情怀和历史使命感
工程素养提升	组织学生结合工程伦理问题进行小组讨论	培养学生的大工程观,使学生牢记不能为了利益丢掉技术开发的初心
创新专题讲座	与企业导师从技术、产业、职业素养等多角度地相互交流	强化学生的职业道德伦理意识,形成良好的职业道德观
创新项目实践	团队协作完成创新实践项目的原型设计、开发与实现	提升复杂工程系统的设计开发能力和团队合作能力
项目交流展示	创新项目的交流、展示与分享	提升学生的演讲能力,推动学生的终身学习能力

2. 教学实践

1) 以学生为本,深度发掘思政元素

课程介绍物联网、大数据、云计算、人工智能、数字孪生等我国的创新案例(如图 7-2-1 所示),激发学生的创新热情,开阔学生的创新视野。结合电子信息类专业的特色,引入我国自主创新的液态金属柔性电路打印技术(如图 7-2-2 所示)和国产 EDA 软件,使学生在使用新型电路打印技术进行可穿戴设备的创新设计过程中,提升民族自信和民族自豪感。

课程将设计思维方法论与创新实践进行融合,让学生体验、共感、分析老年人和盲人等社会弱势群体的痛点(如图 7-2-3 所示),并通过科技助老、科技助盲等主题实践,充分调动学生的思维活性,提升学生的社会责任感,实现"润物细无声"地立德树人。

课程通过介绍大数据、物联网、人工智能、无人驾驶中的工程伦理问题,引导学生做好前瞻性的伦理评估,提升学生的工程素养,帮助学生形成正确的价值观,树立学生的大工程观。

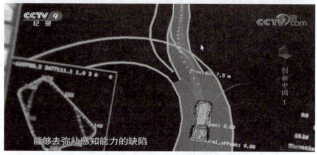

图 7-2-1　我国的创新案例

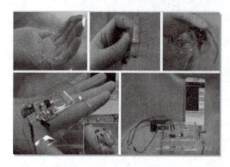 

图 7-2-2　液态金属柔性电路的创新实践

图 7-2-3　学生进行社会实践

2）面向新工科，重构教学内容

新工科更加强调学科的实用性、交叉性与综合性，尤其注重新技术与传统工业技术的结合。课程从工程应用角度出发，引入开源硬件、物联网、人工智能、无人机、柔性电路、3D打印等各种新技术和新工艺，使学生在本科低年级阶段就可以与前沿科技近距离接触，从而拓宽学生的知识体系，开拓学生的创新思维。并且采用项目驱动的方式，通过进行物联网、智能家居、可穿戴设备等应用的创新原型设计实现（如图7-2-4所示），提升学生的技术开发能力、工程系统能力和工程创新能力。

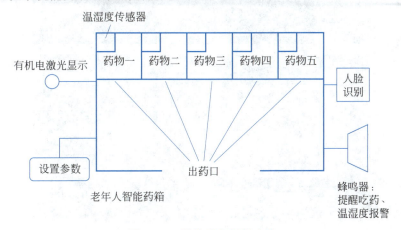

图 7-2-4　科技助老创新实践

3）教学共生，构建课堂新生态

课程由以教师为中心转变为以学生为中心，由以课本为中心转变为以项目为中心，由以课堂为中心转变为以创新工程实践为中心。通过师生互动、生生互动、小组互动，充分调动学生的主体能动性，鼓励学生主动建构新知。学生不仅是知识的接受者，也是知识的提供者、教学内容的贡献者。通过学生之间的互教互学、交流讨论与创新实践（如图7-2-5、图7-2-6所示），培养学生的团队合作意识及协同创新能力。通过构建开放的学习社区和交流平台，打造教学共生的课堂新生态，培养学生勤于思考、善于总结、乐于分享的精神。

图 7-2-5　学生之间协作共学

图 7-2-6　学生、团队之间进行分享交流

4)打破界限,产教协同育人

课程打通校内外教学界限,引入企业导师共同教学、开设课程讲座,对学生进行创新方法、工程素养、职业道德、技术开发、多学科交叉融合的多层次训练,如图 7-2-7 所示。企业导师给学生讲授专业技能,同时教师和企业导师的言传身教融入职业道德教育,使学生能够以正确的态度对待自己的专业与未来职业,以培养学生的职业情感、职业道德以及职业规范,使学生能够尽职尽责、脚踏实地地工作学习。

图 7-2-7　企业导师协同育人

7.2.4 教学实施过程

下面以课程中的"创新设计思维"内容的教学为例,具体介绍课程思政与教学的融合。

教学环节

1. 课程导入

学生下载安装腾讯公益游戏《见》,通过游戏化方法体验视障人士的生活与出行。

> **思政要素融入点**
> 引导学生关注弱势人群,增强学生的社会责任感。

2. 教学内容

(1) 结合老年人产品设计案例介绍创新设计思维的流程和特征。
(2) 介绍用户分析的流程及工具。
(3) 介绍以人为本、以用户为中心的同理心地图的构建方法。
(4) 结合"盲人智能导航鞋""老人用药智能管理系统""智能垃圾分类管理系统"等创新案例,介绍使用创新设计思维进行原型方案设计的方法。

> **思政元素融入点**
> 引导学生进一步审视和关注社会问题,树立责任意识和使命感,帮助学生形成正确的人生观和价值观。

3. 专题实践

(1) 学生分组结合模拟装置体验老年人、盲人的多种生活状态。
(2) 各组进一步讨论、分析、构建老年人及盲人等用户的同理心地图。
(3) 各组结合头脑风暴法,基于开源硬件及物联网平台,面向老年人、盲人等目标用户,讨论提出创意和解决方案。

> **思政元素融入点**
> 培养学生的协作意识和团队合作能力,学会尊重接纳不同观点,提升学生的多学科知识应用能力。

4. 交流展示

各组分享专题实践环节所产生的创意和解决方案。

> **思政元素融入点**
> 培养学生的表达能力,并帮助学生形成乐于进行知识分享的氛围。

5. 课后评价

各组通过查阅资料,结合功能、指标、成本等进一步优化迭代课堂讨论结果,并进行线上交流和组间互评。

> **思政元素融入点**
> 培养学生精益求精的工程思维和系统思维,开阔学生的创新视野,提升学生的创新素质和创新能力。

7.2.5 教学反思

本教学激发了学生的创新实践能力和社会责任感,并且有部分学生进一步申报了青年红色筑梦之旅的大创项目;教学中的课程思政融入点数目要适度,注意"留白",给学生独立思考和价值判断的机会;课程思政内容不能生硬,要结合学生的学习兴趣、专业方向以及社会热点进行柔性融入;可采用游戏化、体验式、情景式等多样化的教学方法,进一步引起学生的情感共鸣。